TRAITÉ
D'AGRICULTURE PRATIQUE

ET

D'HYGIÈNE VÉTÉRINAIRE GÉNÉRALE

PAR

J.-H. MAGNE,

Professeur d'agriculture et d'hygiène à l'École Impériale vétérinaire d'Alfort ;
ex-professeur à l'École Impériale vétérinaire de Lyon, et à l'Institut agricole de la Saulsaye ;
Membre correspondant de la Société Royale d'agriculture de Turin ;
des sociétés impériales d'agriculture de Lyon et de Seine-et-Oise ; des sociétés
centrales d'agriculture de Nancy, des Bouches-du-Rhône,
de Vaucluse, de l'Aude, de l'Aveyron...

TROISIÈME ÉDITION,

Augmentée et refondue ; ornée de gravures intercalées dans le texte.

TOME PREMIER.

Agrologie et Climatologie.

PARIS.

LIBRAIRIE AGRICOLE | LABÉ
DE LA MAISON RUSTIQUE, | LIBRAIRE DE LA SOCIÉTÉ VÉTÉRINAIRE
Rue Jacob, 26. | Place de l'École de médecine.

1859

TRAITÉ

D'AGRICULTURE PRATIQUE.

ET D'HYGIÈNE VÉTÉRINAIRE GÉNÉRALE.

TRAITÉ

D'AGRICULTURE PRATIQUE

ET

D'HYGIÈNE VÉTÉRINAIRE GÉNÉRALE

PAR

J.-H. MAGNE,

Professeur d'agriculture et d'hygiène à l'École Impériale vétérinaire d'Alfort ;
ex-professeur à l'École Impériale vétérinaire de Lyon, et à l'Institut agricole de la Saulsaye ;
Membre correspondant de la Société Royale d'agriculture de Turin ;
des sociétés Impériales d'agriculture de Lyon et de Seine-et-Oise ; des sociétés
centrales d'agriculture de Nancy, des Bouches-du-Rhône,
de Vaucluse, de l'Aude, de l'Aveyron...

TROISIÈME ÉDITION,

Augmentée et refondue ; ornée de gravures intercalées dans le texte.

TOME PREMIER.

Agrologie et Climatologie.

PARIS.

LIBRAIRIE AGRICOLE.	**LABÉ.**
DE LA MAISON RUSTIQUE,	LIBRAIRE DE LA SOCIÉTÉ VÉTÉRINAIRE
Rue Jacob, 26.	Place de l'École de médecine.

1859

PRÉFACE.

Dans les premières éditions de cet ouvrage, nous disions, après les plus célèbres agronomes, que l'agriculture et l'hygiène vétérinaire, quoique distinctes en théorie, ne sauraient être séparées dans la pratique; et nous ajoutions que pour compléter leur instruction professionnelle, les vétérinaires ont un grand intérêt à étudier l'agriculture.

Ce que l'étude des Maîtres nous avait appris, nous a été démontré par les faits. Plus nous avons cherché à élucider les questions vétérinaires, à trouver dans les diverses régions de la France et dans les différentes positions agriculturales, la cause de la réussite des uns et de l'insuccès des autres dans le gouvernement des animaux, plus nous nous sommes convaincu que la perfection des races, et même la constitution, la force et la santé des individus, sont liées à la manière dont on pratique les travaux de la ferme.

Et ce ne sont pas seulement les questions fondamentales, le choix de l'assolement, l'extension des cultures fourragères, l'entretien du bétail à l'étable... qui intéressent au point de vue de la production et de la conservation des animaux ; ce sont les détails de la culture : la forme de la charrette, la profondeur des labours, la nature des engrais, la manière de moissonner, les procédés de battage, etc., etc.

Le succès dans l'entretien du bétail, dans l'amélioration des races, ne tient pas à quelques opérations particulières, — croisement, appareillement — ni à quelques dépenses faites en vue exclusive des animaux — achat d'étalons, construction d'étables — ; il ne peut être qu'une conséquence de la manière dont on conduit l'ensemble des opérations de la ferme.

Pour réussir, le cultivateur doit, en pratiquant ses travaux, songer à les rendre moins pénibles pour ses attelages ; en soignant ses récoltes, songer à donner aux fourrages un goût agréable et des qualités alimentaires bien développées ; en préparant et en distribuant la nourriture, réfléchir aux effets que produisent les aliments et aux besoins des animaux, selon les produits qu'il veut en obtenir.

Le chef d'exploitation qui donne cette tendance à ses travaux, obtient des succès assurés parce qu'il ne néglige rien de ce qu'il faut faire pour réussir ; tandis que celui qui croit avoir tout fait pour son cheptel, quand il a distribué des rations et bien ou mal pratiqué le pansage, échoue constamment.

Les soins donnés au bétail ne sont assez suivis, assez réguliers pour être efficaces, qu'autant qu'ils sont la conséquence d'un plan général de conduite suscité par l'étude de l'hygiène, et j'ajoute, par un sentiment de bienveillance envers les animaux.

Dans l'ouvrage que nous publions aujourd'hui, nous avons cherché, à l'occasion de chaque opération rurale, à indiquer en quoi elle se rattache à l'hygiène vétérinaire : en cela, notre livre diffère, croyons nous, des Traités d'agriculture publiés jusqu'à ce jour.

Quant aux sentiments que l'homme doit ressentir pour les êtres qui lui sont inférieurs, nous ne saurions les communiquer à celui qui ne les possède pas.

Mais nous pouvons prédire au cultivateur qui abuse de sa force envers ses animaux, ou qui même néglige d'appliquer son intelligence à diminuer les fatigues qu'il est obligé de leur imposer et à augmenter le bien-être qu'il peut leur donner, nous pouvons lui prédire, qu'il échouera, dans l'entretien de son cheptel, et partant, qu'il exploitera sa ferme sans profit et travaillera sans fruit.

TRAITÉ

D'AGRICULTURE PRATIQUE

ET D'HYGIÈNE VÉTÉRINAIRE GÉNÉRALE.

INTRODUCTION.

Ce n'est pas seulement à produire d'abondantes récoltes et à élever des animaux irréprochables, au double point de vue des formes et du rendement, que doit tendre le cultivateur; il faut surtout qu'il subordonne toutes ses opérations aux règles de l'économie rurale, afin de les rendre lucratives.

De là résulte la nécessité de rattacher les travaux de la terre à l'hygiène vétérinaire, et l'hygiène vétérinaire aux diverses cultures pratiquées dans les exploitations rurales; car, de même que pour connaître le prix de revient d'un champ de blé ou de betteraves, il faut tenir compte du travail des animaux employés aux labours, de la nourriture qu'ils consomment, du fumier qu'ils produisent; de même pour pratiquer avec méthode l'élevage des chevaux et l'engraissement des bœufs, il faut rattacher ces opérations au produit des diverses cultures, et en particulier des cultures fourragères.

Pour le vétérinaire, les deux grandes branches de la richesse publique que nous étudions dans cet ouvrage, ont entre elles d'autres rapports; la plupart des maladies qu'il est appelé à traiter sont produites par le travail et par la nourriture, de sorte qu'il ne peut pas espérer d'en trouver les causes et de les faire cesser, sans connaître le jeu des instruments aratoires assez bien pour apprécier la fatigue qu'ils occasionnent aux animaux, et sans avoir étudié l'influence que la composition du sol, la nature des engrais, les procédés de récolte, exercent sur les qualités des plantes employées à la nourriture du bétail.

Du reste, l'agriculture et l'hygiène vétérinaire ont entre elles

les plus intimes connexions et nécessitent les mêmes connaissances scientifiques : l'étude du sol, de l'air, de l'eau, des météores, que fait le vétérinaire pour se mettre à même de traiter les maladies, est absolument celle que doit faire, de ces agents, l'agriculteur pour être en état de raisonner la production des denrées végétales ; de même le cultivateur qui cherche à connaître son terrain et ses récoltes pour savoir quels sont les engrais les plus appropriés à ses cultures, fait des études semblables à celles que doit faire le vétérinaire pour apprécier les propriétés nutritives des plantes fourragères.

Nous n'avons pas même à faire, pour la distribution de nos matières, une classification autre que celle que nous adopterions si nous nous occupions exclusivement, ou d'agriculture, ou d'hygiène vétérinaire. Nous commencerons par étudier les sols, l'atmosphère, les climats, et les saisons : cette première partie, que nous intitulons *agrologie* et *climatologie*, est une préparation à l'étude de l'hygiène comme à celle de l'agriculture ; nous traiterons ensuite des instruments aratoires et des travaux dont la pratique constitue l'*agriculture* proprement dite ; enfin, dans notre troisième partie, *hygiène vétérinaire*, nous étudierons les agents — aliments, boissons, étables, pansage — qui exercent une action directe sur les animaux.

Nous ferons remarquer, ce que du reste démontreront tous les chapitres de ce livre, que les questions qui paraissent le plus exclusivement agricoles intéressent le vétérinaire, et que celles qui semblent ne se rapporter qu'à la conservation de la santé des animaux et au perfectionnement des races, se rattachent aussi à l'agriculture.

AGROLOGIE ET CLIMATOLOGIE.

CHAPITRE PREMIER.

DES TERRAINS ET DES SOLS QUI EN RÉSULTENT.

Le mot *terrain* est synonyme en géologie des mots *couche, formation*, et désigne un ensemble de matières formées pendant une certaine période et occupant une certaine épaisseur de l'écorce du globe terrestre. Il est quelquefois employé aussi en agriculture pour désigner des parties de terre limitées, et caractérisées par la nature des éléments qui les constituent : ainsi, on dit indistinctement : *terrain, terre*, ou *sol argileux* ; *terrain, terre* ou *sol calcaire.....*

Dans ce dernier cas, nous emploierons de préférence le mot *sol*, qui pour nous sera synonyme des mots *terre, terre arable, terre végétale*. Il désignera particulièrement la couche de terre qui, remuée par la charrue et engraissée par le fumier, reçoit les racines des plantes et leur fournit les principaux éléments de leur nutrition. Nous donnerons la dénomination de *sous-sol* aux couches qui supportent les sols, et nous en parlerons quand nous aurons étudié ces derniers.

Avant d'aborder l'étude des sols au point de vue de leur nature et de leur constitution, nous allons dire un mot de leurs propriétés physiques.

SECTION PREMIÈRE.
Propriétés physiques des sols.

Les propriétés physiques exercent une grande influence sur la fécondité et la salubrité des sols ; la valeur d'une terre dépend quelquefois plus de l'état des parties qui la constituent que de sa composition chimique.

VOLUME DES PARTIES. — Le sol sera composé de particules très ténues, de particules graveleuses, et même de pierres en telles proportions, que l'eau puisse le traverser, mais difficilement. Si les premières sont en trop forte quantité, comme dans les glaises, le sol est imperméable, les plantes y pourrissent ; si le gravier prédomine trop fortement, l'eau le traverse comme un crible, et les plantes y souffrent de la sécheresse. Dans les climats maritimes, un excès de sable produit souvent un très bon effet à cause des pluies fréquentes et de l'humidité de l'air; tandis que dans les climats continentaux, on préfère les terres un peu fortes.

Les sols formés de matière minérale impalpable et de terreau, ont encore l'inconvénient de se resserrer trop fortement pendant les chaleurs, à mesure qu'ils se dessèchent ; il en résulte qu'ils se fendillent, se fendent même quelquefois très profondément, ce qui occasionne la rupture des racines et l'évaporation trop rapide de l'humidité.

Un sol à particules trop ténues s'améliore avec le sable et par le drainage, et un sol trop poreux, par l'arrosage avec des eaux limoneuses, et par la fumure avec des engrais végétaux, avec des feuilles.

Du rapport entre la matière limoneuse et le gravier, résulte la TÉNACITÉ ou la LÉGÈRETÉ des terres. Un sol arable doit être assez consistant pour soutenir les plantes contre les efforts des orages, et assez léger, assez perméable cependant, pour se laisser pénétrer facilement par les racines et par les agents atmosphériques, — les brouillards, l'oxygène, l'acide carbonique, — sans lesquels ne sauraient se produire dans le sein de la terre, entre les engrais et les principes constituants du sol, les réactions chimiques d'où naissent les éléments nutritifs des plantes.

Les terres d'une ténacité moyenne sont d'un travail assez facile et ont en général une composition chimique favorable à la végétation : une terre trop légère est ordinairement siliceuse et une terre trop compacte se distingue presque toujours par une prédominance d'argile.

La CAPILLARITÉ, qui résulte également du rapport entre les particules ténues et les particules volumineuses, joue un grand rôle dans l'action du sol : c'est par elle que l'humidité s'élève des couches inférieures vers la surface. Pour être fertile, une terre doit avoir cette propriété bien développée. On l'augmente en mettant du sable dans un fonds limoneux et en déposant du limon dans les sols graveleux. Les façons, en divisant, émiettant, les sols compactes, en augmentent la capillarité.

Certaines substances, le terreau, les matières organisées, exercent, par la propriété qu'elles ont d'absorber et de retenir l'humidité, une action appelée HYGROSCOPICITÉ, dont il faut également tenir compte.

On appelle *hygrométriques* les substances qui ont la propriété d'absorber l'humidité de l'air. Nous confondons cette propriété avec l'hygroscopicité. Quand les matières hygrométriques dominent, les sols conservent longtemps la fraîcheur. C'est une qualité.

La COULEUR des terres fournit des indices sur leur composition chimique et sur leur état hygrométrique : brunes, elles contiennent ordinairement beaucoup de terreau ; noires, de la tourbe ; blanches, de la craie ou du gypse ; et rouges, des composés de fer. Les terres blanches réfléchissent les rayons solaires, s'échauffent lentement ; tandis que celles dont la nuance est foncée, rouge ou brune, les absorbent plus rapidement et s'échauffent plus vite : les plantes y sont plus précoces.

RETRAIT. — Les terres éprouvent en se desséchant une diminution de volume appelée *retrait*. Celles qui comme le terreau, la tourbe, la magnésie, les argiles, diminuent beaucoup par la dessiccation, se crevassent, dilacèrent les racines des plantes, et laissent perdre l'humidité ; si en même temps elles sont tenaces, elles sont impénétrables à l'oxygène, à l'acide carbonique, aux vapeurs aqueuses, retardent l'action des engrais, et pressent les plantes au collet de la racine. On prévient ces effets en donnant, après les pluies, de légers coups de herse au sol, en y mêlant un peu de sable, de la chaux, ou d'autres substances pulvérulentes, dont l'adhérence est presque nulle, et le retrait, par la dessiccation, très peu marqué.

PROFONDEUR. — Puisque les sols sont destinés à contenir les engrais, plus ils sont profonds, à fertilité égale, plus est vaste la réserve alimentaire qu'ils mettent à la disposition des plantes. Aussi agissent-ils jusqu'à une certaine limite, en raison de leur épaisseur : s'ils sont épais et mauvais, comme les craies de quelques parties de la Champagne, ils sont stériles et presque sans amélioration possible ; s'ils sont épais et de bonne nature, comme quelques alluvions de nos vallées, ils sont d'une fertilité inépuisable.

Cependant la valeur des sols n'augmente en proportion de la couche de terre arable que jusqu'à une profondeur de 30 à 40 cent. D'après Thaer, elle augmente de 8 pour cent pour chaque accroissement de 3 centimètres d'épaisseur. Au-delà de 35 centimètres, l'augmentation de l'épaisseur a moins d'importance parce que les racines des principales récoltes, du blé, de l'avoine, ne dépassent pas ordinairement cette limite.

Un sol profond absorbe une plus forte quantité d'humidité et la retient plus longtemps: les plantes y craignent moins la sécheresse, et parce que leurs racines descendent plus bas, et parce qu'elles trouvent un milieu plus frais; elles y souffrent moins aussi des pluies abondantes : l'eau qui tombe dans un temps donné, se mêlant à une plus forte quantité de terre, délaye moins la couche du sol dans laquelle sont plongées les racines.

Les plantes ont moins à craindre du froid dans les terres où elles poussent de longues racines. Elles y sont fortes, vigoureuses, et ne se laissent que difficilement soulever par les gelées. En outre, les racines plongées dans les couches profondes qui se refroidissent moins que la surface, y puisent du calorique qu'elles communiquent au nœud vital.

Plus les racines s'enfoncent profondément dans la terre, moins elles s'étendent horizontalement; de sorte qu'on peut semer plus dru dans les terres profondes.

Pour apprécier l'avantage de la profondeur, il faut tenir compte de la nature du sol et surtout du climat : dans le Nord et dans les contrées maritimes, 35, 40 centimètres de profondeur conservent longtemps des luzernières; tandis que ces prairies auraient peu de durée dans le Midi, sur des terres qui n'auraient que cette épaisseur.

SECTION II.

Etude des sols au point de vue de leur formation et de leur composition.

Les sols agissent sur la végétation, comme soutien pour les racines; comme récipient destiné à contenir l'eau et les engrais; comme aliment, en fournissant quelques-uns de leurs principes à la nutrition des végétaux ; enfin comme laboratoire: c'est là que se produisent les phénomènes chimiques de la germination, et la transformation des engrais en principes susceptibles d'être absorbés. Ils agissent sur les animaux, d'abord par les qualités, la composition des plantes qu'ils produisent; par l'humidité qu'ils retiennent ou qu'ils dégagent dans l'atmosphère avec plus ou moins de facilité; enfin par les eaux qui en y séjournant ou en les traversant, se chargent des matières qui les constituent.

Les sols ont pour base, ou des matières terreuses qui proviennent des couches qui les supportent et qui ont été désagrégées par la chaleur, les agents atmosphériques et la main de l'homme: ou des terres, des sables, du limon, déposés par les eaux et différant, quelquefois d'une manière complète, des terrains sous-jacents.

Quelle que soit leur origine, ils ont une composition chimique fort compliquée. Outre les matières qui en forment la base, ils renferment toujours de l'humus, des substances organiques imparfaitement désorganisées, et des sels solubles.

Pour l'étude particulière des diverses espèces de sols, nous les diviserons en ayant égard principalement aux matières terreuses insolubles ou peu solubles — silice, chaux, sable, argile — qui les constituent en grande partie.

Même en faisant abstraction des corps qui comme les phosphates, les nitrates, les composés ammoniacaux, sont en très petite quantité et n'impriment pas des caractères saisissables aux terres arables, on trouve que la composition de ces terres varie à l'infini. Mais nous ne pensons pas qu'il soit nécessaire de tenir compte de toutes les variétés; il suffit, au point de vue pratique, d'avoir égard aux types. Les différences, dans la salubrité et la fécondité des terres de chaque espèce, dépendent plutôt des propriétés physiques, de l'orientement, de la pente, du climat, de la distance des mers, et du sous-sol, que de quelques centièmes de plus ou de moins d'argile, de silice ou de calcaire.

Nous rapporterons les divers terrains que nous avons à étudier aux roches dont ils dérivent; premièrement, pour en faciliter la connaissance, car en remontant à l'origine d'une terre arable dont les éléments minéraux sont difficiles à déterminer, on peut mieux en constater la nature; et ensuite parce qu'on ne peut bien s'expliquer l'action d'une terre sur les plantes et sur les animaux, qu'en tenant compte de l'influence exercée, sur cette terre, par les terrains qui la supportent et l'avoisinent.

Les études géologiques sont d'ailleurs, en agriculture, d'une grande importance; elles font connaître d'une manière positive quelles sont les améliorations que chaque sol réclame et quels sont les moyens les plus propres à produire ces améliorations; elles indiquent s'il existe, dans le voisinage, des amendements appropriés au sol que l'on cultive; enfin, elles fournissent sur l'eau souterraine, sur sa nature, son abondance, et sa profondeur, des données d'où l'on peut déduire les moyens de la faire parvenir à la surface de la terre, ou de la faire écouler au loin, si cela était nécessaire.

Tous ces sujets d'un si grand intérêt au point de vue de l'agriculture et de la zootechnie, supposent la connaissance des roches qui constituent la partie solide du globe terrestre.

On sait qu'on appelle *minéraux*, les matières homogènes qui

Terrains quaternaires. — Forment 2 étages. On trouve pour la première fois des traces de l'existence de l'homme sur la terre dans l'étage post-diluvien.

T. ALLUVIENS. Volcans modernes, sables, cailloux roulés, récifs, tufs calcaires, stalactites postdiluv.

T. DILUVIENS. Couche marneuse, argileuse.
 Blocs erratiques, cailloux roulés, dépôts auriferes de la Californie, de l'Oural.

Terrains tertiaires. — Comprennent 3 étages. On y trouve beaucoup de mammifères.

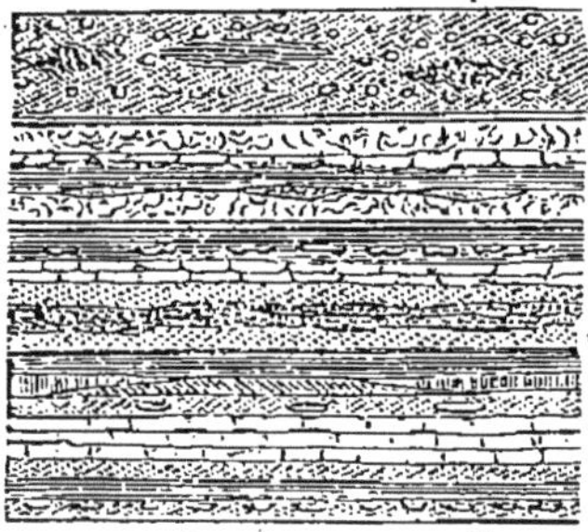

T. TERTIAIRE SUPÉRIEUR ou *Etage subapennin.*
Sables des Landes, sables de la Bresse, cailloux roulés du Rhône.

T. TERTIAIRE MOYEN ou *étage des molasses.*
 Faluns de la Touraine.

 Calcaire d'eau douce, meulière, lignite.

 Grès de Fontainebleau.

T. TERTIAIRE INFÉRIEUR ou *étage parisien.*
 Marnes et gypse à ossements.
 Calcaire grossier; pierre de taille.

 Argile plastique, lignites du Soisonnais.

Terrains secondaires. — Comprennent 4 étages et renferment beaucoup de reptiles.

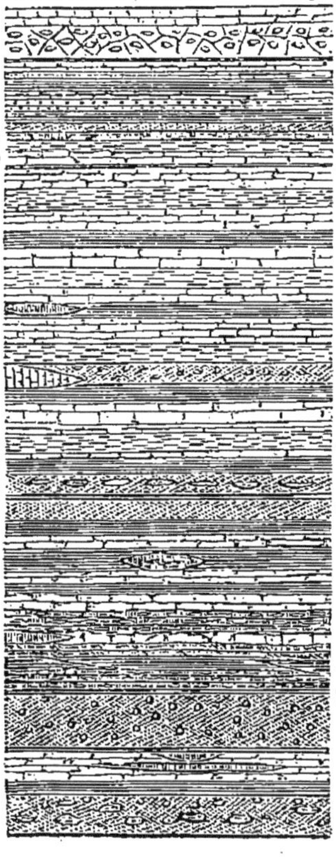

T. CRÉTACÉ. *Etage crayeux.*
 Calcaire pizolitique.
 Craie blanche avec silex, craie sans silex.
Etage glauconieux. Craie tufau.

 Grès vert.
Etage néocomien. Grès et sables ferrugineux.

T. JURASSIQUE. *Oolitique supérieur.*
 Calcaire de Portland.

 Argile de Honfleur.
Oolitique moyen.
 Calcaire de Lizieux, oolite d'Oxford.
 Argile d'Oxford, Argile de Dives.

Oolitique inférieur.
 Calcaire à polypiers.
 Marne et calcaires à belemnites, lignites du Tarn, de la Lozère.

Lias ou *calcaire à gryphites.*
 Calcaire à gryphées arquées.
 Grès du lias, dolomies, coprolites.

T. TRIASIQUE ou *Keuprique.*
 Marnes irisées avec amas de gypse et de sel.
Muschelkalk. Calcaire compacte, souvent fétide, magnésien et très coquillier; lignites en Lorraine, dans la Haute-Saône.

 Grès bigarré, nouveau grès rouge des Anglais.
 Grès argileux; psammites.

T. PÉNÉEN.
 Grès des Vosges.

 Calcaire magnésien.
 Marnes riches en cuivre, bitumineuses.
 Grès rouge avec porphyres et agathes.

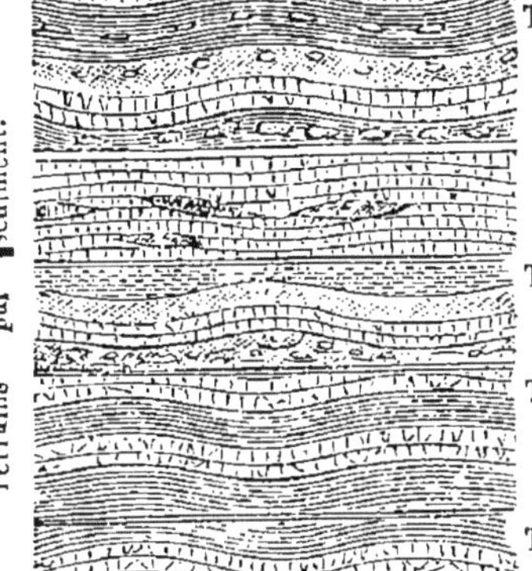

Terrains de transition. — Des êtres organisés s'y montrent pour la première fois, ce sont successivement : des végétaux cryptogames, des zoophytes, des coquilles et quelques poissons.

T. CARBONIFÈRE.
Grès et schistes houlliers renfermant beaucoup de fougères.

Calcaire carbonifère, anthracite de la Sarthe.

T. DE TRANSITION SUPÉRIEUR (Système dévonien). Vieux grès rouge.

T. DE TRANSITION MOYEN (Syst. silurien). Terrain ardoisier, calcaire de Brest.
Ardoises d'Angers.
Grès caradoc.

T. DE TRANSITION INFERIEUR (S. cumbrien). Phyllades, grauwackes; calc. squilleux. Schistes argileux.

Terrains primitifs. — On n'y trouve aucune trace d'êtres organisés.

Talschiste.

Micaschiste.

Gneiss.

Granite.

Matières inconnues.

Fig. 1. Superposition des divers terrains.

sont en masses trop peu considérables pour agir sur la forme extérieure de la terre; *roches,* celles qui sont composées de plusieurs minéraux et forment des masses considérables adhérentes; *étages,* toutes les matières constituant des couches qui ont la même position relativement à d'autres : *formation,* tous les produits qui se sont formés pendant une certaine durée de temps : *terrain* est synonyme, ou bien il a une signification plus générale et s'applique à l'ensemble des formations qui correspondent à une longue période.

Ainsi, un grenat est un minéral, le granite, une roche, et la craie supérieure, un étage; les diverses couches jurassiques sont une formation, et toutes les formations comprises entre les terrains houillers et le terrain parisien, constituent les terrains secondaires.

On divise les terrains d'après leur ancienneté (*fig.* 1), en *terrains primitifs* ou primordiaux, en *terrains de transition,* en *terrains secondaires,* en *terrains tertiaires* et en *terrains quaternaires.* On sait aujourd'hui que parmi les roches considérées jadis comme primitives, il en est qui n'ont été produites qu'après les terrains de transition et même après les terrains secondaires.

Généralement, de nos jours, on divise les terrains, d'après leur mode de formation, en terrains *par cristallisation* et terrains *par sédiment.*

Les terrains *par cristallisation* sont ceux qui ont surgi fluides ou mi-fluides du sein de la terre, ou qui se sont formés par le refroidissement de la surface extérieure du globe. On rapporte à cette catégorie les terrains primitifs, primordiaux, tels que les *talschistes,* les *micaschistes* et les *gneiss;* les terrains par épanchement, tels que le *granite,* la *syénite,* les *leptynites ;* les terrains par éruption ou terrains volcaniques, tels que les *porphyres,* les *trachytes,* les *basaltes,* et les *laves* qui se forment encore de nos jours.

Les terrains *par sédiment* ont été produits par le dépôt de matières terreuses, tenues en suspension dans des liquides. Dans ces terrains se classent les *schistes,* les *phyllades,* les *grauwackes,* les différentes *roches calcaires,* les *marnes,* les *argiles,* les *grès* divers, et les *sables.*

Le sol si varié de la France présente tous les principaux terrains connus. La *fig.* 2 indique, autant que le permet son extrême réduction, la place relative que chacun d'eux occupe dans les différents départements.

§ 1er. *Des roches siliceuses et des sols qu'elles fournissent.*

Ces roches appartiennent en grande partie aux terrains primitifs et aux terrains de transition. En tenant compte de leur mode de formation, nous les classerons en trois groupes.

1. Roches formées par refroidissement.

On suppose que le globe terrestre, d'abord en état de fusion, a produit, en se refroidissant, le talschiste, le micaschiste et le gneiss. Quelques auteurs pensent que les deux premières de ces roches ont été formées par sédiment, mais qu'une fois à l'état solide, elles ont été soulevées et fondues par des matières sorties en fusion du sein de la terre, d'où est résultée la disposition cristalline qu'elles offrent très-généralement.

Quoi qu'il en soit, ces diverses roches constituent ce qu'on appelait *terrains primitifs,* et sont caractérisées par une disposition cristalline, quoique souvent confuse, et par l'absence de fossiles. Elles ont été produites avant l'existence des êtres organisés et n'en offrent aucuns débris. En France, elles sont superficielles dans beaucoup de localités ; elles constituent une partie des montagnes et des collines du Limousin, de la Lozère (*fig.* 2).

TALSCHISTES. — Ces roches sont composées de talc, de quartz, d'un peu de feldspath et de mica ; elles ont éprouvé de grandes variations de forme, sont très-sensiblement stratifiées, et présentent de nombreuses variétés. Elles s'appuient contre les roches de micaschiste, de gneiss, et quelquefois de granite. Il s'en trouve dans la Vendée et la Bretagne.

Tenaces, flexibles, même quand elles forment des lames d'une certaine épaisseur, elles sont onctueuses : la craie de Briançon, appelée *savon des bottiers*, est formée par le talc.

D'une décomposition difficile, elles constituent des sols pauvres, ayant tous les défauts des terres siliceuses légères.

MICASCHISTES. — Roches composées de mica, de quartz et de très-peu de feldspath. Le mica y domine et les rend feuilletées.

Formées par refroidissement et d'une manière irrégulière, elles présentent une disposition stratifiée très-prononcée. On les trouve appuyées contre les montagnes formées par le gneiss et par le granite, qui, en s'élevant, les a redressées, fondues, modifiées. Comme les précédentes, elles sont formées en partie par le feu. Il ne faut pas confondre les roches homogènes, plus ou moins cristallisées que nous étudions, avec les *schistes micacés* dont nous aurons à parler.

Ces roches sont d'une structure fissile, même feuilletée, ou compacte, lisse, mais non onctueuse ; elles ne prennent pas de poli et ne se désagrègent pas : elles se fléchissent si elles sont en lames minces. A cause des parcelles brillantes de mica qu'elles renferment, le vulgaire les prend selon leur couleur, pour de l'or ou de l'argent dont elles ne renferment pas un atôme. Elles sont ordinairement noires ou brunes et offrent plusieurs variétés.

Les micaschistes sont dits *quartzeux* quand le quartz y domine, comme dans le Finistère ; *phylladiens*, quand ils se divisent en feuillets, comme on le remarque dans le Lyonnais ; *granitoïdes*, s'ils ont l'aspect du granite ; *talqueux*, quand ils renferment du talc, comme dans la Bretagne.

Ils diffèrent des talschistes en ce qu'ils ne contiennent que peu de talc, par conséquent peu de magnésie. Du reste, les éléments qui constituent ces deux roches sont en proportion variable, et souvent, du micaschiste au talschiste, il n'y a pas de transition sensible.

Le sol qui provient de la désagrégation des micaschistes renferme des lamelles brillantes. Il se dessèche avec facilité ; mais il est très humide après une légère pluie.

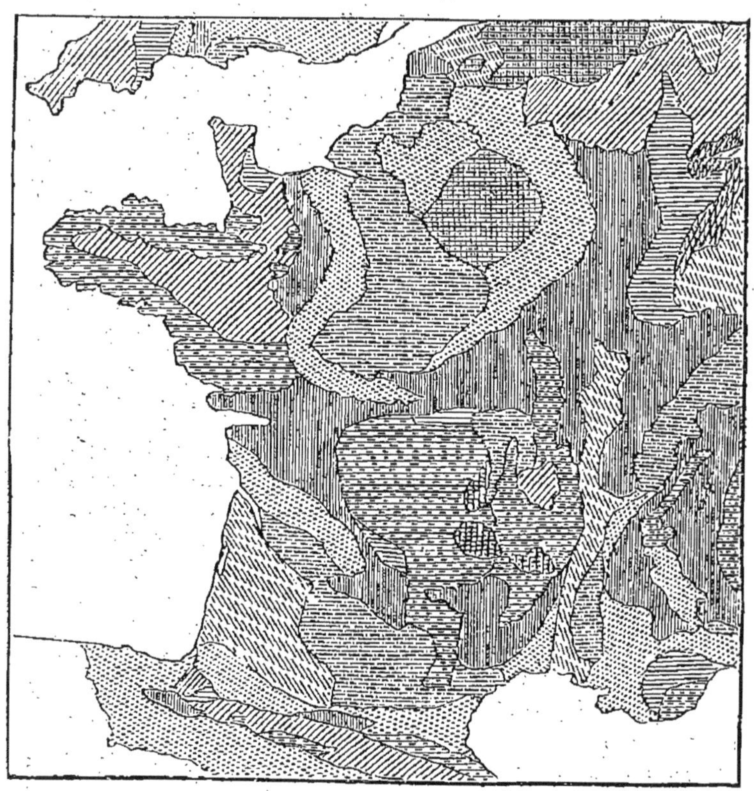

Fig. 2. Carte géologique de la France.

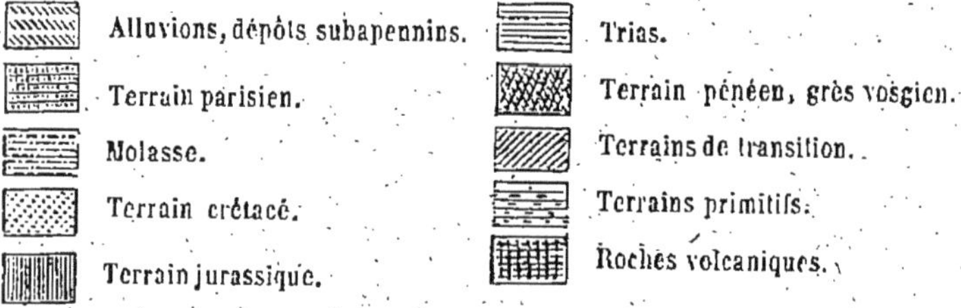

Explication de la carte géologique.

GNEISS. — Cette roche forme des masses d'une grande épaisseur. Elle est composée de feldspath et de beaucoup de mica qui la rend feuilletée et l'avait fait appeler *granite schisteux* : elle a de la ressemblance avec le granite dont elle diffère en ce qu'elle ne contient pas de quartz ou qu'elle en contient très peu. Elle est souvent en rapport avec cette roche qui même l'a quelquefois recouverte par épanchement. Très commune en France, elle forme les cimes, les crêtes aiguës, les pointes anguleuses, des plus hautes montagnes ; avec le protogyne, elle constitue les parties les plus élevées de la chaîne des Alpes.

Le gneiss est plus **dur**, plus résistant que le granite ; on le reconnaît à ses escarpements, à sa structure anguleuse, déchiquetée, aux pentes abruptes des montagnes qu'il forme. Il se trouve dans la Bretagne, la Vendée, le Limousin, le Rouergue, les Pyrénées, le Var, les Vosges.

Composé de mica et de feldspath, il donne, par sa décomposition, un sol léger et peu fertile. Placé au sommet des hautes montagnes, il ne saurait recevoir les débris des autres roches. Aussi est-il presque toujours recouvert exclusivement par la terre qui résulte de sa désagrégation. Légère et peu fertile, cette terre ne peut pas en raison de son élévation, être améliorée par les phénomènes naturels : les pluies, les orages, tendent à l'entraîner et à la priver des matières fertilisantes qui s'y produisent.

Toutes les roches que nous venons de passer en revue renferment de la potasse, de la soude, de la chaux, de l'alumine ; mais comme elles se décomposent très lentement, elles ne sauraient fournir, à l'absorption des plantes, la quantité de ces principes sans laquelle il ne peut pas y avoir une agriculture active. Il faut par la jachère, laisser aux agents atmosphériques le temps d'agir sur le mica, le feldspath, le talc, l'amphibole, et de dégager la potasse, le fer, la chaux, l'alumine, contenus dans ces minéraux. Nous verrons que l'on peut hâter ces réactions par l'emploi des amendements.

II. Roches formées par épanchement.

Provenant de matières sorties fluides de l'intérieur du globe, ou soulevées en masses après leur solidification, ces terrains sont disposés en couches épaisses, en filons, et souvent en montagnes considérables ; les roches précédentes, qu'ils cachent dans quelques localités, s'appuient sur leur base. Ils se sont produits pendant la formation de tous les autres terrains : dans la Bretagne, la Vendée, ils sont contemporains des premières formations, et dans les Pyrénées comme dans les Alpes, ils appartiennent à la seconde et même à la troisième période géologique. Quoique relativement assez récents, ils ne présentent jamais des êtres organisés, ce qui s'explique par la manière dont ils se sont formés.

GRANITE. — Cette roche si connue est formée, en parties à peu près égales, de mica, de quartz et de feldspath en paillettes et en petits grains. Quoique pauvre en filons métalliques, elle contient un grand nombre de minéraux : des grenats, de la tournaline, des topazes, de la chaux fluatée, de la chaux phosphatée, du plomb, du zinc, de l'argent, du molybdène, du fer et de l'étain ; les silicates forment la base de sa composition.

Elle est en rapport, le plus souvent, avec le gneiss et le mica-schiste, cependant quelquefois avec des schistes et même avec diverses roches calcaires.

En masses plutôt qu'en couches, elle s'altère à l'air avec plus ou moins de rapidité ; ses angles s'usent ; aussi ne constitue-t-elle que des montagnes à sommet arrondi et à pente peu rapide. Elle est très commune en France : elle forme des chaînes de montagnes au sud de la Bretagne et des mamelons au nord, s'étend en large bande de Pornic à Chollet, constitue presque le département de la Creuse, une grande partie de celui de la Lozère, se retrouve dans le Limousin, les Pyrénées, l'Auvergne, les Alpes, le Morvan, les Vosges...

Le granite offre de nombreuses variétés ; il est à grains fins, à gros grains, à grains moyens. On appelle *commun* celui dont les éléments sont en grains à peu près uniformes ; *porphyroïde*, celui qui par la grosseur des cristaux de feldspath, ressemble à un porphyre.

Le granite le plus riche en alcalis, en chaux, forme les sols les moins mauvais ; celui qui contient beaucoup de quartz, qui est coupé par des filons quartzeux, ne donne qu'un sol caillouteux infertile, et même un sable graveleux, si le granite est grossier comme dans quelques parties du Morvan. Celui qui contient beaucoup de feldspath se désagrège, se pulvérise plus rapidement sous l'influence de l'acide carbonique et de l'humidité : la potasse de ce minéral se sépare, la roche s'émiette, et donne une terre alumineuse plus consistante.

Cette roche est susceptible de prendre un beau poli, mais elle se ternit à l'air plus ou moins rapidement. Les variétés les moins susceptibles de se désagréger, se reconnaissent à ce que, en place, elles ont conservé leur structure anguleuse, à ce qu'elles forment des pentes abruptes, des rocs pointus.

ROCHES GRANITOÏDES. — On rapportait anciennement au granite, des roches que l'on considère aujourd'hui comme formant des espèces particulières. Les principales sont les suivantes :

Syénite. Composée de quartz, de feldspath lamelleux et d'amphibole avec très-peu de mica, cette roche est disposée en masses ou en strates. Elle constitue quelquefois des montagnes qui sont arrondies. Le ballon d'Alsace et celui de Servance sont formés par une syénite porphyroïde. La syénite est intercalée dans des schistes argileux du Lyonnais et se mêle au granite de la Bretagne.

Leptynite. Cette roche, composée de quartz et de feldspath grenus, est à grains fins. On la trouve, soit en masses, soit en filons, dans les Vosges, la Bourgogne, le Lyonnais, l'Ardèche où elle est mêlée au granite, au grès ou au micaschiste. Elle est souvent schistoïde.

Pegmatite. Le quartz qui entre dans la composition de cette roche, est disposé en lignes brisées qui entourent du feldspath, ce qui la fait ressembler à une carte géographique. De là le nom de *granite graphique* qu'on lui donnait. Elle se trouve en masses à côté du granite dont elle diffère en ce qu'elle contient peu de mica et beaucoup de feldspath, ce qui explique la désagrégation qu'elle éprouve rapidement à l'air, et la nature fortement argileuse du terrain qu'elle produit. Il y a des pegmatites dans le Lyonnais, la Bourgogne, la Corrèze, les Pyrénées : à Limoges, l'argile qui en provient appelée *kaolin*, sert à faire la porcelaine.

Protogyne. C'est une roche composée de feldspath, de quartz, de talc, de chlorite en lamelles, et quelquefois de mica : on l'appelle *granite talqueux* à cause du talc qu'elle contient. Elle est grenue et à cristallisation confuse. On lui avait donné le nom de *protogyne*, parce qu'elle constitue le Mont-Blanc que l'on considérait comme la plus ancienne de nos montagnes : on sait aujourd'hui qu'il appartient aux plus récentes.

On trouve encore le protogyne au Mont-Cenis, au Saint-Gothard, dans le Dauphiné, l'Auvergne, les Vosges, où il est beaucoup plus ancien que celui du Mont-Blanc.

Pour le cultivateur, il diffère du granite en ce qu'il fournit aux terres arables de la magnésie par la décomposition du talc.

Amphibolite. En masses, et quelquefois schisteuse, cette roche est formée de quartz, de feldspath, de mica, et d'une grande quantité d'amphibole. Elle constitue des montagnes dans le centre de la France, et des amas ou des filons dans le Lyonnais et dans la Bretagne. Elle est employée pour les constructions, et par sa décomposition, elle donne une terre dans laquelle se trouvent de la chaux, de la magnésie, du fer avec beaucoup de silice et d'alumine.

Sauf les particularités que nous avons indiquées, toutes les *roches granitoïdes*, en y comprenant le type, se ressemblent au point de vue de l'agriculture. Les terrains qu'elles forment ne sont cependant pas complétement identiques. Ils offrent plusieurs variétés : si le quartz à grains fins domine dans les roches, on a un sol léger, perméable, *terre à bruyère* ; s'il est à grains volumineux, si la roche contient des filons de quartz, le terrain est graveleux, plus ou moins rocailleux. Si le feldspath est en grande quantité, la désagrégation de la roche produit une terre argilo-siliceuse : la potasse du silicate se transforme en carbonate qui est entraîné par l'eau avec un peu de silice, et l'argile devient prédominante.

III. Roches siliceuses formées par sédiment et par fusion.

Ces roches se sont produites par sédiment, par le dépôt de matières qui étaient tenues en dissolution ou en suspension dans un liquide ; mais après leur dépôt formé horizontalement, elles ont été soulevées et fondues par des masses sorties incandescentes du sein de la terre. La chaleur les a profondément modifiées ; quelques unes sont difficiles à distinguer des roches cristallines.

Les roches que nous étudions sont quelquefois appelées *roches schisteuses* ; elles sont très anciennes et correspondent à ce qu'on appelle terrains de transition ou intermédiaires (*fig. 1*). Les principales sont les phyllades, les grauwackes, et les schistes.

Les terrains de transition se sont formés quand il y avait déjà sur la terre des êtres organisés ; on y trouve une grande quantité de cryptogames vasculaires et peu de plantes dicotylédonées : la grande production houillère correspond à leur étage supérieur. Il y a de nombreuses coquilles dans ces terrains, mais les animaux vertébrés n'y sont représentés que par quelques poissons.

PHYLLADES. — Composées de mica dont les paillettes adhèrent entre elles, ces roches sont foliacées mais disposées en couches épaisses, dures, luisantes, rougeâtres ou brunes, et à surfaces irrégulières. Elles sont formées de dépôts qui ont été métamorphysés sous l'influence de la chaleur, et s'appuient sur les roches cristallisées avec lesquelles elles sont plus ou moins mêlées.

Elles varient par la couleur, la consistance, l'épaisseur des lames et leur direction : elles sont contournées ou droites. Il en existe en lames assez minces et assez unies pour être employées comme ardoises sans surcharger les charpentes.

Se divisant mal, les phyllades forment une terre très peu fertile, pierreuse, feuilletée, souvent parsemée de paillettes brillantes.

GRAUWACKES. — Ces roches sont composées de fragments de quartz, de granite, de porphyre et de schiste micacé d'un volume très varié, et incorporés dans un ciment formé d'argiles ou d'un schiste argileux. Elles contiennent quelquefois du mica ou du talc.

Les grauwackes se trouvent dans les terrains de transition, et quelquesuns ne diffèrent pas des grès métamorphysés. Il n'est pas rare de rencontrer des roches qui passent graduellement du grauwacke au grès, selon qu'elles ont éprouvé une fusion plus ou moins forte, sous l'influence des matières incandescentes qui les ont soulevées.

Souvent granitoïdes et sablonneux, les grauwackes ne renferment pas les principes nécessaires pour former de bonnes terres arables; mais comme ils sont stratifiés avec des calcaires et des argiles, ils se mêlent, en se divisant, à des produits qui les rendent fertiles. A cause de leur position au fond des vallées, ils donnent, surtout ceux qui sont argileux, des sols assez favorables à l'établissement des prairies.

SCHISTES. — Roches fissiles, tabulaires, disposées par couches, feuilletées ; d'un aspect terne, terreux ; d'une cassure à grains fins ; molles, tendres, mais n'étant pas susceptibles de se délayer dans l'eau et de former pâte comme l'argile.

Les schistes présentent souvent des empreintes de fougères et de poissons. Les variétés de forme et de composition en sont nombreuses.

Schiste ardoisé. Se divise en feuillets qu'on employe pour couvrir les bâtisses ; il en existe dans les Ardennes, et dans l'Ouest, entre Carhaix et Langonnet, et entre Rennes et Nantes. Du côté d'Angers, sur une surface de 4,000 mètres carrés, se trouvent des carrières exploitées à ciel ouvert; il en est qui ont plus de 100 mètres de profondeur.

Schiste argileux. Moins dur que le précédent, il se divise en feuillets très petits. Il contient beaucoup de carbone et peut servir de crayon noir. Dans la Vendée, on exploite de ces roches qui fournissent des ardoises de qualité inférieure.

Schiste siliceux. Il est plus ou moins riche en silice, ce qui le rend propre à faire des pierres à repasser ; le schiste coticule est une argile à grains fins qui sert, selon sa finesse, de pierre à afuter, de pierre à rasoir, de pierre à faux, de pierre de touche tendre.

Schiste marneux. Il contient du carbonate calcaire et fait effervescence avec les acides.

Schiste micacé. On appelle ainsi celui qui contient du mica; il présente des paillettes brillantes.

Dans les environs d'Autun, l'étage supérieur des terrains de transition renferme des *schistes bitumineux* d'où l'on retire du bitume.

Les schistes constituent en France des montagnes et même des contrées entières; on les trouve appuyés contre le gneiss, le micaschiste, le granite; ils sont même souvent mêlés à ces roches, à des grès, et à des marbres.

On a trouvé dans des roches schisteuses :

Silice.	67, 50	Chaux.	2, 24
Alumine.	15, 80	Potasse.	1, 23
Magnésie.	5, 67	Soude.	2, 11

Plus : de la strontiane, du manganèse, du fer, du phosphore et du fluor en minime quantité. Quoique riches en alumine, les terres schisteuses sont maigres parce que l'alumine a perdu, par l'action de la chaleur, la faculté de retenir l'eau et de former pâte avec ce liquide.

IV. Sols formés par les roches siliceuses.

Pour le cultivateur, les diverses roches comprises dans ce paragraphe diffèrent peu les unes des autres. Les minéraux qui les constituent renferment :

Le quartz, de la silice, quelquefois colorée par des oxides métalliques :

	Silice.	Alumine.	Potasse ou soude.	Chaux.	Fer.	Manganèse.	Magnésie.
Le feldspath,	61 à 63	15 à 20	14 à 15	2 à 5	»	»	»
Le mica,	48	35	11	»	7	1	»
Le talc,	62	»	3	»	3	»	30
L'amphibole,	50	20	»	7	20	»	3

Aux corps qui résultent de la décomposition de ces minéraux, s'ajoutent assez souvent, mais en très petite quantité, du phosphore et du soufre.

Les sols siliceux ont tous à peu près la même composition chimique, soit parce que les roches qui les produisent diffèrent peu les unes des autres, soit parce qu'elles ne sont jamais isolées et que leurs débris se mêlent en se produisant. Maigres, peu tenaces et légers, ils renferment un assez grand nombre de substances pour constituer de bonnes terres arables ; mais ces substances sont combinées et forment des composés insolubles, incapables de nourrir les plantes ; en outre les morceaux de schiste, de phyllade, de gneiss, de granite, se désagrègent difficilement, d'où résulte encore que le mélange ne renferme pas assez de matière ténue pour être fertile.

Ces sols agissent tous de la même manière et réclament les mêmes moyens d'amélioration : ils manquent de chaux et d'alumine, ne fournissent aux plantes qu'une nourriture incomplète, ne les préservent pas de la sécheresse, et ne les garantissent pas suffisamment contre les froids rigoureux. Ils éprouvent une grande amélioration de la jachère et du chaulage, qui hâtent la désagrégation des roches et la décomposition des minéraux.

La direction des roches influe sur la fertilité de leurs débris. Si elles sont horizontales ou peu inclinées, elles produisent des sols plus fertiles. La désagrégation et la décomposition chimique des minéraux par les agents atmosphériques, par l'humidité, mettent à nu les éléments nutritifs des plantes ; et celles-ci, à leur tour, en se décomposant au contact de l'oxygène, donnent du terreau et dégagent de l'acide carbonique qui hâte ces phénomènes. En restant sur place, les produits de ces diverses réactions donnent un mélange favorable à la production de la matière organisée végétale et animale.

Dans les lieux en pente, les pluies, en entraînant les principes solubles à mesure qu'ils se forment, retardent ces effets. Les éclats de roches constamment délayés par les orages, y sont nus et presque inaltérables. Ainsi s'explique en partie l'utilité des murs de soutènement que l'on construit sur les côteaux du Tarn, du Lot, du Rhône.

Pour se rendre compte de la fertilité de certaines terres siliceuses, il faut encore avoir égard à la *direction des bancs de roche* et au cours des eaux.

La pluie, en pénétrant dans la terre, suit les interstices des rochers et va sortir quelquefois à de grandes distances ; mais au lieu de former des sources, elle suinte sur de larges surfaces et y entretient une végétation vigoureuse : si la terre arable a une épaisseur suffisante, ces localités présentent de riches récoltes ; si le sol est peu profond, il est couvert d'un peu de gazon toujours vert. On y voit assez souvent quelques arbres vigoureux.

Pour apprécier les sols qui proviennent des roches siliceuses, il faut considérer aussi leur *position*. C'est quand ils se trouvent sur les lieux où ils se sont formés qu'ils offrent les caractères qui leur sont propres. Lorsqu'ils ont été déplacés, ils constituent presque toujours des terrains tout différents. En général, ils s'améliorent en se déplaçant : les éclats se brisent, et se mêlent à de la chaux et à de l'alumine provenant d'autres roches ; il se forme aussi de la matière impalpable, du limon, qui donne de la consistance au mélange. En même temps, les matières terreuses s'imprègnent de substances résultant de la décomposition des êtres organisés. Le fond des vallées, dans les contrées siliceuses, possède souvent une grande fécondité.

Les *eaux* qui surgissent des montagnes granitiques sont fraîches et bonnes pour servir de boisson, mais elles sont peu favorables à l'accroissement des plantes. Telles sont du moins celles des ruisseaux qui coulent sur le gneiss, le granite, les micaschistes de nos montagnes incultes. Mais si ces montagnes sont cultivées et bien fumées, les eaux de pluie se chargent de principes fertilisants et améliorent celles qui suintent des roches. Ainsi s'expliquent les grandes différences que l'on remarque entre les eaux des divers ruisseaux qui coulent sur les terrains granitiques, différences que nous avons remarquées dans le Morvan et dans le Lyonnais, comme dans le Rouergue.

Avant d'employer aux irrigations les eaux qui sortent des roches primitives, il faut les laisser séjourner au contact de l'air, et si cela est possible, dans des bassins qui contiennent de la chaux, des cendres ou des plâtras. Elles sont ensuite aussi favorables aux légumineuses qu'aux graminées ; tandis que naturelles, elles favorisent le développement de ces dernières et des cypéracées, plus chargées d'alcalis et de silice que de chaux.

Les *plantes* des sols granitiques sont en général peu riches en principes alibiles. Le foin y est rarement de première qualité, et les pailles y sont moins bonnes que celles des contrées calcaires.

Le *sarrazin*, la *pomme de terre*, le *seigle*, sont les récoltes des contrées siliceuses. Les *pois* y jouissent d'une bonne réputation. On n'y cultive le froment et les légumineuses fourragères, qu'après le chaulage.

Il faut y faire les semailles à bonne heure, et parce que le pays est en général élevé, et parce que le sol, trop léger, protège mal les plantes contre le froid : il importe qu'elles soient bien enracinées avant l'hiver.

Les essences à feuilles larges, le *hêtre*, le *chêne*, le *châtaignier* surtout, y réussissent. Indépendamment des châtaigniers si communs dans le Limousin, le Quercy, le Rouergue, les Cévennes, nous citerons ceux des côteaux siliceux des bords du Rhône, de Givors, de Condrieux, qui fournissent les châtaignes appelées à

Paris *marrons de Lyon*; ceux de la montagne des Maures dans le Var, d'où proviennent les châtaignes appelées *marrons de Luc*.

Les arbres verts réussissent mal dans les contrées siliceuses. En France cela se remarque souvent, et la même observation a été faite en Allemagne. Dans les Karpathes, se trouvent de belles forêts d'arbres verts, de pins et de sapins; tandis que dans les contrées siliceuses de la Bavière, ne viennent que des hêtres et des chênes. De Saussure a donné la raison de cette distribution des végétaux ligneux, en démontrant que les feuilles des arbres verts ne contiennent que 4 ou 5 parties d'alcalis, tandis que celles du chêne, du hêtre, en renferment 24 ou 25 parties.

Mais les arbres des sols granitiques et schisteux portent souvent l'empreinte de l'infertilité de la terre qui les nourrit. Les châtaigniers sont petits, rabougris. On ne les trouve beaux, sauf quelques exceptions, que dans les vallées, dans des bas-fonds, et sur les versants occidentaux où le soleil donnant tard, enlève lentement la rosée.

Dans les contrées siliceuses, les *animaux* sont sobres, rustiques, et légers, vifs, mais petits, si le pays est sec, l'herbe rare ; assez forts, trapus, mais plus chargés de tissus mous et d'os que de muscles, si le climat est humide et l'herbe abondante.

Les troupeaux y prospèrent peu, et y sont exposés à la pourriture. Le mouton y est sobre, mais de peu de valeur. Celui des bruyères du Rouergue, du Quercy, ne diffère pas beaucoup, à cet égard, de celui des landes de la Bretagne, et des chaumes des Vosges. On dit que cette nature de terrain n'est pas favorable à la production des belles laines. Cette opinion provient de ce que les moutons, y donnant peu de profit, y sont mal soignés.

AMÉLIORATION. — Les sols siliceux ne peuvent même produire du seigle, des pommes de terre, que de loin en loin. Dans leur état naturel, ils ont besoin d'être laissés en jachère pendant trois ou quatre années après avoir donné deux ou trois récoltes.

Pendant ces années de repos, les agents atmosphériques décomposent les minéraux et rendent libres les éléments qui les constituent. Ces phénomènes chimiques sont facilités par l'humus que le pâturage, la végétation, introduisent dans la terre, et par l'écobuage qu'on fait intervenir au commencement de chaque rotation de culture.

Quelques vallées des contrées granitiques, quelques côteaux en pente très-douce ou relevés de distance en distance par des murs, jouissent d'une grande fertilité et produisent du chanvre, des haricots, du maïs en abondance.

Mais en général, les terres siliceuses ont besoin d'être amendées par l'emploi de la chaux, de la marne, des plâtras, des sables marins : ces amendements les rendent propres à produire le froment, le trèfle, et à nourrir de plus forts animaux. A cet égard, les exemples sont trop nombreux sur le bœuf et le cheval, pour qu'il soit nécessaire de les citer.

Les engrais et les amendements qu'on répand sur les terres siliceuses, n'activent pas seulement la végétation en fournissant des aliments aux plantes ; ils agissent aussi en hâtant la décomposition des silicates : ils rendent libres la potasse, la soude, la magnésie, l'alumine, les phosphates, les chlorures, les sulfates renfermés dans les roches. La silice elle-même devient susceptible d'être absorbée par cette décomposition : elle passe à l'état gélatineux. Sans doute, ces corps divers deviennent libres spontanément, sous l'influence de l'acide carbonique, de l'acide nitrique et de l'ammoniaque, fournis par la pluie et par l'air ; mais ils le deviennent beaucoup plus lentement que si la décomposition des minéraux est provoquée par des amendements et des engrais.

EMPLOI COMME AMENDEMENT. — Les roches siliceuses peuvent être utilisées pour améliorer certaines terres. En général, toutes les roches riches en feldspath, en potasse, peuvent amender les argiles, les terres calcaires, et même certaines terres siliceuses, celles qui sont trop exclusivement schisteuses. Tel sous sol, qui, ramené à la surface du terrain qui le recouvre, y produit la stérilité pour plusieurs années, fertilise une autre terre où se trouvent des corps qui provoquent sa décomposition.

§ 2. *Des roches et des sols volcaniques.*

Ces roches dont le nom indique suffisamment l'origine, sont encore appelées, *roches par éruption.* Quelques-unes, les moins anciennes, diffèrent beaucoup des roches granitoïdes, de même que les éruptions des volcans contemporains diffèrent des épanchements qui ont produit nos hautes montagnes. Mais les phénomènes volcaniques se sont modifiés graduellement, et leurs produits passent, presque sans transition, des laves, des scories qui se forment de nos jours, aux basaltes, à la serpentine, au porphyre, et à certaines roches granitoïdes.

Les PORPHYRES sont des masses non cristallisées formées d'un ciment dans lequel sont intimement incorporés des morceaux de quartz et de feldspath. Ils sont en masses ou en filons qui se sont introduits dans l'épaisseur des roches antérieures. Nous en trouvons des exemples dans les Vosges, dans le Lyonnais et dans l'Ouest.

Les variétés de porphyre sont nombreuses ; la plupart prennent un beau poli et servent à divers usages.

SERPENTINE. — Formée en grande partie de talc, la serpentine est colorée, souvent verte, quelquefois soyeuse ou nacrée, à cassure cireuse ou résinoïde. Elle tire son nom de la ressemblance que ses nuances ont avec celles de quelques serpents. Elle peut prendre un beau poli.

Cette roche forme des masses dans les terrains anciens du centre de la France, et dans les Cévennes, le Lyonnais, les Vosges ; à Firmy dans le Rouergue, elle est en rapport avec le grès, et dans l'Est, avec le trias et le terrain jurassique. De même que le porphyre, la serpentine a des rapports, par son mode de formation, avec la diorite, l'amphibolite, et les autres roches granitoïdes.

TRACHYTES. — Poreuses, rudes, ces roches sont formées de feldspath contenu dans une masse amorphe ; on appelle *domite* le trachyte à grains fins qui constitue le Puy-de-Dôme.

PHONOLITES. — Elles renferment aussi du feldspath et sont ainsi nommées parce qu'elles jouissent d'une grande sonorité.

BASALTES. — Dures et à cassure grenue, ces roches sont disposées en prismes, en globes, en étoiles, en filons, en masses, en plateaux, mais jamais d'une grande étendue. On voit dans le Cantal, dans l'Aveyron, des rochers de basalte remarquables par la régularité des colonnes prismatiques qui les constituent.

LAVES, SCORIES. — Les produits volcaniques qui se forment de nos jours sont en plus petites masses ; ils sont poreux et diversement contournés, tourmentés. On les appelle *laves*, lorsqu'ils sont celluleux, disposés en nappes, en couches peu épaisses, et *scories*, s'ils sont en masses, également peu volumineuses, irrégulières, fragiles, et à cassure vitrée, résineuse.

SOLS VOLCANIQUES. — Les roches volcaniques anciennes tiennent le milieu entre les roches granitoïdes et les produits volcaniques modernes au point de vue de l'agriculture comme au point de vue du mode de formation : elles sont dures, compactes ; tandis que celles qui se forment de nos jours, et même celles qui remontent aux premiers temps des terrains quaternaires, sont poreuses, s'imprègnent plus facilement de principes étrangers, et donnent naissance à des sols plus fertiles.

Les roches volcaniques renferment, outre les minéraux que l'on trouve dans les autres roches siliceuses, l'urite et le pyroxène composés :

	Urite.	Pyroxène.
Silice.	57	55
Alumine	24	2
Soude.	8	»
Chaux.	20	23
Magnésie.	»	19
Fer.	3	1
Eau.	3	»

Les basaltes attirent l'aiguille aimantée, et Gmelin a trouvé 14 °/₀ d'alcalis dans les phonolites, connues du reste comme produisant des terres d'une grande richesse.

L'analyse démontre dans les sols volcaniques, indépendamment des corps indiqués dans ces minéraux, du chlore, du phosphore et du soufre.

Celluleuses et d'une excessive porosité, ce qui les rend fort perméables, les terres formées par les roches volcaniques modernes sont très fertiles. Les agents atmosphériques les pénètrent sans cesse, d'où résultent la décomposition des silicates alcalins, et la production de carbonates solubles et de silice gélatineuse susceptible de se dissoudre et de nourrir les plantes. Cette désagrégation rend libres les silicates d'alumine, et provoque la formation de terres d'une composition fort compliquée.

Nous avons des terres provenant des roches volcaniques dans les Vosges, dans le Forez, dans les Cévennes, et surtout dans l'Auvergne (*fig.* 2). On cite la grande fertilité des localités qui avoisinent le Vésuve ; celle des plateaux de la Haute-Auvergne n'est pas moins remarquable. Sur les terres volcaniques, les herbages sont infiniment supérieurs à ceux qui sont établis sur les schistes et les micaschistes de la même province.

Quand les matières volcaniques sont mêlées à l'alumine, à la magnésie, aux sels calcaires provenant d'autres terrains, elles semblent encore plus fertiles. Rien n'égale la fécondité des plaines de la Limagne d'Auvergne, celle de quelques vallées de la Charente et de la Gironde, formées par le mélange des terres volcaniques charriées par l'Allier et par la Dordogne avec d'autres terres fournies par les contrées que traversent ces rivières.

La composition des roches volcaniques, qui nous explique la fécondité de ces sols, nous rend compte également des qualités des herbages de la Haute-Auvergne. Ces sels nombreux fournis par les produits des volcans, mêlés au terreau formé par l'existence séculaire des gazons, poussent vigoureusement la végétation et rendent les plantes sapides, alibiles, en même temps que la perméabilité du sol prévient les inconvénients d'une trop grande humidité.

Sur les terres volcaniques, les animaux sont robustes et fortement constitués ; on y cultive toutes les plantes, économiques et alimentaires, propres aux meilleurs sols, et elles y sont aussi vigoureuses que les fourrages y sont alibiles.

§ 3. *Des roches arénacées, et des sols qui en résultent.*

Les roches arénacées sont composées de fragments réunis au moyen d'un ciment. Comme les schistes, elles ont été produites par sédiment : quelques-unes sont antérieures aux terrains secondaires et ont été soulevées, métamorphysées, par des matières sorties du sein de la terre. Elles présentent alors les caractères des roches schisteuses, et comme elles leur ressemblent, autant par leur composition chimique que par leur aspect, il n'y a aucun inconvénient à leur appliquer ce que nous avons dit de ces dernières.

Fort hétérogènes quant à leurs caractères et à leur composition, les roches arénacées dont nous avons encore à parler, varient par le volume et la nature des fragments comme par le ciment qui les réunit. Nous les diviserons en deux groupes.

1. Conglomérats, brèches, tufs.

Les CONGLOMÉRATS sont formés d'un ciment qui, à l'état de fusion, a pénétré entre des fragments de roches et les a réunis, empâtés, en se solidifiant. Les fragments et le ciment sont de même nature, ou diffèrent par leur composition, mais de leur union très-intime, il résulte des roches, souvent fort dures. Quelques-unes sont très-anciennes et offrent, au point de vue agricole, le même intérêt que les roches plutoniques et les roches primordiales.

POUDINGUES, BRÈCHES. — Ce sont des masses arénacées dont les fragments sont imparfaitement unis au ciment. Les *poudingues* sont formés de cailloux roulés, et les *brèches* de fragments anguleux de roches. On appelle *brèches osseuses*, celles dans lesquelles on trouve des os, avec des éclats de roches, unis par le même ciment.

Les masses qui forment les poudingues et les brèches diffèrent le plus souvent par leur nature du ciment qui les réunit.

Il se forme tous les jours des roches arénacées par la filtration, à travers des matières graveleuses, d'eau contenant des sels en dissolution. C'est ce que les cultivateurs appellent TUF.

En s'évaporant, le liquide laisse libre le sel, qui *cimente*, fait adhérer entre elles, les particules terreuses. Ces phénomènes se produisent souvent immédiatement au-dessous de la terre arable. Le tuf est calcaire, siliceux, ou ferrugineux. Celui qui se produit de nos jours, a pour ciment un sel calcaire.

Les conglomérats et les poudingues se trouvent dans tous les terrains, souvent dans les vallées, quelquefois sur les côteaux, et même sur les montagnes. Que ces roches proviennent d'un ciment fondu ou d'un ciment dissous, elles constituent de mauvais sols ; elles forment des masses difficiles à diviser et nuisent aux récoltes par leur imperméabilité à l'eau et aux racines.

II. Grès.

Ces roches diffèrent des précédentes en ce qu'elles sont composées de fragments peu volumineux et à peu près égaux : les grains qui les forment sont quartzeux ou granitiques, réunis par un ciment argileux, siliceux, ou calcaire.

Il s'est produit des grès à toutes les époques qui ont suivi la solidification des premières roches (*fig.* 1) ; il en résulte qu'ils sont très-variés. Les plus anciens se rencontrent dans les terrains de transition. On distingue le *grès caradoc*, du terrain silurien, qui est stratifié avec des schistes en Bretagne ; le *vieux grès rouge* des terrains dévoniens qui se trouve dans les mêmes localités ; le *grès houiller*, fin ou grossier, schisteux, micacé, quelquefois bitumineux, avec ou sans dépôt d'argile, qui forme une grande partie du terrain houiller ; le *grès rouge*, première couche des terrains secondaires ; le *grès vosgien*, abondant dans les Vosges et séparé du précédent par un calcaire magnésien ; le *grès bigarré*, de diverses nuances, et renfermant souvent de l'argile ; enfin, le *grès du lias*, voisin du calcaire à gryphées. Ces quatre derniers font partie des étages inférieurs des terrains secondaires, et sont quelquefois métamorphysés, mais beaucoup moins généralement que ceux des terrains de transition.

Ces grès anciens, à l'état naturel ou modifiés par la chaleur, sont abondants ; ils forment des collines dans la Normandie, la Bretagne, le Poitou, les Vosges, et constituent une ceinture autour du plateau central de la France : on les trouve dans le Quercy, le Rouergue, les Cévennes, le Lyonnais, la Bourgogne, le Berry. Ils reçoivent des noms particuliers : on rapporte aux grès les *arkoses*, quelquefois granitoïdes, composées de quartz, de feldspath, et que l'on trouve souvent entre les roches anciennes et les roches calcaires ; les *psammites*, composées de quartz, d'argile et de mica, à forme schistoïde, et répandues dans les terrains houillers; le *macigno*, formé de quartz et de mica contenus dans une roche calcaire ou marneuse, qui se trouve dans les terrains anciens et dans les terrains tertiaires : il donne en se désagrégeant des sols sablonneux.

Dans les étages supérieurs des terrains secondaires et dans les terrains plus récents, les grès sont moins consistants, souvent mêlés à des sables. Méritent d'être cités, les *grès ferrugineux*, le *grès vert* ou *grès tufau*, du système crétacé, et le *grès de Fontainebleau*, qui forment des couches étendues dans l'étage moyen des terrains tertiaires.

Il faut attribuer les propriétés si diverses des grès à leur mélange avec d'autres terres et aux modifications qu'ils ont éprouvées par l'action des matières qui, en les soulevant, les ont fondus, leur ont fait souvent perdre leur aspect grenu, et leur ont donné de la consistance : quelques grès sont employés comme pierre de taille; la cathédrale de Rodez est construite en grès. A côté des grès d'un aspect cristallin, il s'en trouve dont les grains adhèrent à peine les uns aux autres.

III. Sols qui résultent des roches arénacées.

Les roches arénacées anciennes, les conglomérats, les grès métamorphysés, constituent des terres qui ont beaucoup de rapport avec celles des autres roches siliceuses; en Bretagne et dans quelques parties des Vosges où domine le grès rouge, on n'y cultive que le seigle, le sarrasin, la pomme de terre. Il y a cependant certains grès anciens qui donnent, en raison de l'argile qu'ils renferment ou avec laquelle ils sont stratifiés, des sols assez consistants. Ainsi, le grès bigarré des Vosges, qui est sensiblement argileux, et quelques grès qui, en raison de leur position ou de leur peu d'épaisseur, peuvent se mêler à de la terre plus plastique, constituent des sols tenaces, susceptibles d'une culture productive.

Généralement, les grès les plus récents, le grès de Fontainebleau et celui de quelques étages crétacés, produisent des sables qu'il est difficile de rendre féconds, parce qu'ils sont très grenus et en couches très étendues, ce qui rend les mélanges naturels impossibles, et l'amélioration très coûteuse.

§ 4. *Des sables et des sols sablonneux.*

Certains sables proviennent de roches brisées ou désagrégées; d'autres, comme ceux de l'Arabie et de la Syrie, ont été produits par cristallisation. Ils sont anguleux quand ils n'ont pas quitté la place où ils se sont formés ou qu'ils n'ont éprouvé que de légers déplacements, et arrondis, quand ils ont été fortement roulés, ballottés, secoués.

Ils sont le plus souvent calcaires ou siliceux, mais surtout siliceux, et les anciens principalement, parce que les roches les mieux disposées pour en produire — le granite, le porphyre — sont siliceuses : les roches calcaires produisent des sables qui, se réduisant facilement en poussière, se transforment en marnes et en argiles.

Les sables sont très répandus et ils sont quelquefois en couches d'une grande épaisseur : tantôt ils forment des sablières, des arènes dans le sein de la terre et à de grandes profondeurs ; tantôt ils sont répandus à la surface du globe comme dans les landes de la Gascogne, et dans les déserts de l'Afrique. Il existe de grandes sablières dans beaucoup de nos départements.

Les sables correspondent à diverses formations. Il en existe dans l'Est, dans le bas Boulonnais, dans le Perche, dans la Puisaye, qui appartiennent aux terrains tertiaires et même aux terrains secondaires. Ceux des départements des Landes, des Hautes-Pyrénées, de la Gironde, du Lot-et-Garonne, de même que ceux du Sahara, sont considérés comme anti-diluviens ; ceux qui se trouvent dans les vallées de la Saône et du Rhône, depuis les Vosges jusqu'à la Camargue, sont rapportés, comme le gravier et les cailloux qui l'accompagnent, au dernier déluge ; enfin les bancs de sable de l'embouchure de nos fleuves, les dunes, se produisent tous les jours par l'effet combiné de la mer et des cours d'eau.

Sols sablonneux. — Pour donner naisssance à des sols arables, les sables ont besoin d'être mêlés à du terreau et de se pulvériser en partie.

Ils produisent des terres dont la fertilité varie selon leur composition et selon les pays, mais qui rentrent dans la catégorie de ce qu'on appelle terres légères, moins en raison de leur poids, car elles sont plus lourdes que la terre franche et que les terres argileuses, qu'à cause du peu de résistance qu'elles offrent aux instruments aratoires.

Les terres sablonneuses soumises à la culture ont une composition très-variée. Thaer et Einhoff ont donné, de trois sols sablonneux, les analyses suivantes :

Sable.	90	95	97,5
Argile.	9	4	2
Humus.	1	0,75	0,5

Les sols formés de sables sont trop meubles, incapables de retenir l'eau et de fournir aux plantes les matières dont elles ont besoin pour se nourrir. Ils ne deviennent fertiles qu'en se mélangeant avec de l'argile ou du limon. La quantité de matière ténue nécessaire pour les améliorer, varie selon sa nature et le volume du sable : si celui-ci est gros, il en faut une plus forte proportion ; dans le Midi et dans les contrées sèches, il en faut plus aussi que dans le Nord et dans les climats maritimes. Les terres sablonneuses des pays chauds ne sont même fécondes que lorsqu'elles sont arrosées ; tandis que dans les environs de Bergues, de Dunkerque, des sols de cette nature jouissent d'une grande fertilité : le climat, le peu d'élévation du sol, l'abondance de l'humus, l'eau qui baigne le sous-sol, préviennent les conséquences de la perméabilité des couches supérieures.

Quand le sous-sol est arrosé comme à Condé près Douai, ou formé d'argile imperméable comme dans quelques localités des landes de Bordeaux, des environs de Versailles, de Saint-Cyr, le sol sablonneux donne de bonnes récoltes. L'influence du sous-sol peut même rendre la surface du sol trop humide quoiqu'elle soit très-sablonneuse. La Sologne en offre des exemples. Cela arrive surtout quand le sol manque d'épaisseur.

AMÉLIORATION. — On améliore les sables avec les argiles, les marnes grasses, et surtout par les irrigations avec des eaux limoneuses.

L'amélioration offre de sérieuses difficultés quand les terrains à améliorer occupent de grandes surfaces continues.

Nous avons en France quelques millions d'hectares de terres siliceuses complétement nues ou couvertes, soit de bruyères, soit d'ajoncs. Les unes sont formées de matières déposées par les eaux ; elles sont propres au Berry, à la Sologne, et aux Landes, et reposent plus ou moins directement sur des couches de marne qui fournissent un moyen puissant d'amélioration ; les autres, résultent de la désagrégation des roches granitoïdes et des roches schisteuses, et se trouvent dans la Bretagne, le Limousin et le Rouergue, sur des terrains cristallisés ou semi-cristallisés.

On s'est beaucoup occupé, dans ces derniers temps, de la mise en culture des landes sablonneuses et des bruyères siliceuses. La grande difficulté consiste à fournir à de vastes surfaces, d'abord, les amendements nécessaires, et ensuite, des quantités suffisantes d'engrais.

Mais quand les sols siliceux ont peu d'étendue, quand le sable forme des couches minces stratifiées avec des lits d'argile, l'amélioration est facile et avantageuse : il suffit de défoncer le sol ou de faire des labours profonds. Ainsi dans nos départements du nord, elle est une conséquence naturelle de la stratification qui existe entre les divers terrains tertiaires. Les argiles ou marnes grasses donnent de la consistance aux sables ; il en résulte des sols arables très bons pour la culture : ces sols s'étendent progressivement, dans plusieurs départements, sur des terrains sablonneux et argileux de plus en plus mauvais, à mesure que l'on comprend la possibilité, et que l'on a les moyens, de pratiquer les améliorations.

Ces alternatives, de sable, d'argile, et de roche calcaire, ne sont pas moins nombreuses ni moins utiles dans la partie sud du bassin parisien que dans la partie nord. On les trouve du côté de Versailles, Houdan, Rambouillet, Maintenon, Nogent-le-Rotrou, Châteaudun, le Marchenoir, Orléans, Neuville, Essonne ; elles sont apparentes dans les vallées qui entourent ou traversent le plateau de la Beauce. Partout on reconnaît à la présence des bois ou des prairies, les contrées où le sable et l'argile dominent : le sol y est naturellement moins fécond, mais à mesure que la culture fait des progrès, elle envahit des terres nouvelles en utilisant les ressources en amendements appropriés que le pays fournit à profusion.

Et, en même temps que la culture s'étend, que les mauvais fonds sont amendés pour la production des plantes utiles, les animaux se modifient : ils deviennent plus forts, mais malheureusement plus prédisposés aux maladies qui règnent dans les contrées à sol calcaire ; le sang de rate se montre dans des pays où antérieurement régnait la pourriture.

§ 5. *Des graviers, des cailloux roulés, et des sols graveleux.*

Ces corps, dont le volume est si varié, sont siliceux, quartzeux, granitiques, schisteux, ou calcaires.

Les sables, le gravier, et les galets, sont souvent entraînés par les mêmes courants qui laissent, d'abord les galets, ensuite le gravier, et enfin le sable. Ces produits sont de la nature des roches parcourues par les courants d'eau : la haute Seine roule du gravier calcaire provenant des terrains jurassiques de la Côte d'Or, et l'Yonne, du gravier siliceux fourni par les terrains cristallisés du Morvan. Après la jonction des deux cours d'eau, leurs produits sont mêlés.

Les fragments de roches balancés par les vagues de la mer ou roulés par les rivières, se transforment tous les jours en gravier ou en galets ; mais ils ne forment que des couches peu épaisses et heureusement peu étendues. Les plus grandes couches de gravier que nous connaissons, sont antidiluviennes ou diluviennes. Nous en avons qui s'étendent d'Alkirck, par la vallée de la Saône, jusqu'à la Méditerranée, et forment, dans les Bouches du Rhône, d'Arles à Salons et de Mouriés à la mer, une couche qui, dans quelques endroits, a plus de 15 mètres de puissance.

Sols graveleux. — Plus que le sable, les terrains graveleux sont stériles; ils ne deviennent fertiles qu'en s'émiettant et en se mêlant à du terreau. Dans le Midi, on appelle *boulbènes maigres, graveleuses*, des terres où le gravier est plus ou moins mêlé à des matières ténues et peu perméables. Leur fertilité est en rapport avec la nature et la quantité de ces matières.

En étudiant le terrain de la grande vallée de la Saône et du Rhône, on voit que l'influence des graviers peut être neutralisée, comme cela a lieu en général sur le parcours de la Saône, par la grande épaisseur de la couche terreuse qui les recouvre, ou par la nature compacte, argileuse, de cette couche. Dans les plaines du Rhône, cette heureuse disposition existe aussi du côté de Bron, de Saint-Symphorien, tandis que dans d'autres localités, près de Villeurbanne et du côté du Péage, de Montélimart, en voit souvent des plages stériles à cause des galets qui forment la base du sol.

Comme pour les sables, les irrigations avec des eaux bourbeuses, forment, surtout quand ces eaux sont fournies par des terrains argileux, le moyen d'*amélioration* le plus économique et le plus efficace. C'est ainsi qu'il s'est formé sur les rives de l'Isère, la vallée de Grésivaudan, un des plus riches sols de la France. Nous avons vu près d'Épinal, les frères Dutacq transformer en excellentes prairies, des amas de galets, en les arrosant avec l'eau de la Moselle.

Nous trouvons dans toutes nos vallées, au pied des Pyrénées, sur les rives de la Seine, dans les plaines du Rhin, sur quelques plateaux de la Champagne et de la Lorraine, comme dans le Dauphiné, des localités où le sol, quoique de bonne nature et malgré les soins bien entendus des cultivateurs, laisse souffrir les plantes de la sécheresse, à cause des graviers qui contribuent à le former ou qui le supportent. Les effets nuisibles de cette disposition géologique se font plus ou moins sentir selon la profondeur des galets, la nature du sol labouré, l'humidité de l'air, et la chaleur du climat. Dans le Midi, à moins d'arrosages fréquents, on ne peut pas y cultiver les récoltes d'été et on y place de préférence le mûrier et la vigne; dans le Nord, si le sol est gras et un peu épais, les plantes estivales y réussissent quand la sécheresse de juillet, d'août, et du commencement de septembre, n'est pas très forte. Dans toute la France, les terres ainsi disposées conviennent mieux pour les plantes qui se sèment en automne ou au commencement du printemps, que pour les cultures d'été.

§ 6. *Des roches calcaires et des sols qu'elles fournissent.*

Quoique si variées, les roches calcaires ont été toutes formées par sédiment, mais les plus anciennes ont été fondues, métamorphysées par la chaleur, et ont pris un aspect cristallin. On trouve des calcaires dans trois formations.

I. Calcaires des terrains de transition.

Ce sont ces calcaires qui ont été surtout modifiés, métamorphysés par la chaleur des matières qui les ont soulevés. Ils forment des couches en général peu épaisses. Ils sont durs, compactes, blancs, jaunes, gris, noirs, bleus, d'ordinaire veinés, à grains fins ou à gros grains, mais pouvant prendre, la plupart, un beau poli. On donne le plus souvent à ce calcaire le nom de *marbre*, et l'on appelle *saccharoïde*, celui dont la cassure ressemble à du sucre : c'est le marbre statuaire.

Ces calcaires renferment quelquefois de l'argile, de la magnésie, et assez souvent des coquilles. Le marbre saccharoïde est du carbonate de chaux pur ; il ne contient pas de fossiles.

Quelques roches de cette formation sont bitumineuses : elles brûlent quand on les chauffe, et répandent une odeur de bitume quand on les frotte. On les rencontre avec de la houille et des lignites.

On trouve le calcaire compacte, squilleux, le calcaire des environs de Brest dans les terrains cumbrien et silurien. Le calcaire carbonifère fait partie de l'étage supérieur des terrains de transition.

Ces calcaires se rencontrent dans toutes les contrées formées par les terrains anciens. Nous citerons le Finistère, les Côtes du Nord, la Manche, le Calvados, la Sarthe, le Poitou, la Haute-Vienne, la Creuse, la Dordogne, le Cantal, le Puy-de-Dôme, le Beaujolais, le Forez, la Montagne-Noire, les Hautes-Pyrénées, l'Ariège, pour ne nommer que les points de la France où l'on trouve de grandes surfaces formées par le gneiss, le micaschiste, le porphyre, les schistes, et où il est intéressant de chercher la roche calcaire : la chaux y est chère et cependant très utile pour amender les terres. Le calcaire a été longtemps méconnu dans les terrains de transition parce que, en raison de sa consistance et souvent de sa couleur, il diffère des calcaires que l'on a de tout temps exploités pour la préparation de la chaux.

En se désagrégeant, les calcaires de transition ont produit des terres en général fertiles ; quelques-unes sont remarquées par la qualité du blé qu'on y récolte et qui se vend quelquefois 1 fr. 50 2 fr. de plus l'hectolitre, que celui qui est venu dans le même pays, mais sur d'autres natures de sol. Même quand elles étaient inconnues, les roches calcaires étaient utiles en contribuant, soit par les eaux qui en surgissent, soit par les matières entraînées par les orages, à fertiliser les vallées inférieures à leur gîte. Aujourd'hui elles sont de plus en plus exploitées.

II. Calcaires des terrains secondaires.

On trouve dans les calcaires des terrains secondaires, avec beaucoup de coquilles, des poissons et des reptiles fossiles. Ils diffèrent en outre de ceux des terrains de transition, en ce qu'ils n'ont été fondus que par exception, dans le voisinage des montagnes ; enfin, en ce qu'ils sont presque toujours en rapport avec des grès, des argiles, ou des marnes, ce qui donne la facilité de les améliorer. Ils comprennent, du reste, différents systèmes, quelques-uns d'une très grande importance.

L'étage inférieur des terrains secondaires, appelé **pénéen** renferme quelques couches de *calcaire magnésien,* rares ou inconnues en France. Cet étage n'offre pour nous qu'un minime intérêt, quoiqu'il contienne le grès vosgien dont nous avons parlé.

Trias. — Le deuxième étage des terrains secondaires comprend trois couches, ce qui l'a fait appeler *trias* (*fig.* 1).

L'inférieure est formée par le grès bigarré qui renferme une forte quantité d'argile, d'où résultent, quand il se désagrége, des sols consistants ; la deuxième est composée d'un calcaire riche en coquilles et appelé *calcaire conchylien* ou *muschelkalk ;* la troisième comprend de l'argile irisée, du plâtre et du sel gemme. Placé entre deux couches argileuses, le calcaire conchylien produit de bonnes terres, quoique fortes.

Le trias occupe en France de larges surfaces, notamment dans l'Est (*fig.* 2), où il est remarquable par l'épaisseur de l'argile irisée, par la grande quantité de sel qu'il renferme et par les terres un peu fortes qu'il constitue. Il se trouve encore dans la Corrèze, l'Aveyron, le Var, le Lyonnais, le Bourbonnais, la Manche.

Terrain jurassique. — Ce terrain comprend deux formations, celle du lias et celle du système oolitique (*fig.* 1).

Lias. — Appelée supertriasique, cette formation comprend des grès, des dépôts métallurgiques, des couches marneuses et des bancs de roches calcaires. Ces roches, le plus souvent d'une teinte bleue qui a fait appeler le terrain *lias bleu*, sont de diverses sortes. Parmi les plus intéressantes, l'une, pétrie de crustacées, de lumachelles, d'ammonites, de bellemnites, constitue en partie le Mont d'Or lyonnais ; l'autre, fort répandue dans la Bourgogne, porte le nom de calcaire à *gryphées arquées*, parce qu'elle contient, avec des ammonites, une forte quantité de ces crustacées.

Les marnes, comme quelques roches de cette formation, sont bitumineuses, et les grès ont été dans quelques parties rendus semblables aux roches cristallines : ils sont presque toujours alors en rapport avec le granite. C'est dans le lias qu'on a trouvé les gigantesques Ichthyosaurus et Plesiosaurus.

Terrain oolitique. — Il est ainsi appelé de la forme grenue des matières qui le constituent. On le divise en trois étages appelés oolitique inférieur, oolitique moyen, et oolitique supérieur.

Dans le premier, se trouvent de la marne sablonneuse, des composés ferrugineux, des bancs de roches calcaires, et des couches d'une argile quelquefois assez fine pour servir de *terre à foulon*. Ce calcaire, appelé encore *grand oolite*, est souvent en strates fort épaisses. Il est, ainsi que les marnes qui l'avoisinent, quelquefois bitumineux. On y trouve les premiers mammifères fossiles connus : des marsupiaux.

Le deuxième étage, encore appelé *oxfordien*, présente de fortes couches d'argile, des bancs de roche, des marnes, et du fer oolitique. Ce minéral y est plus abondant que dans le lias ; il est exploité dans la Bourgogne et la Franche-Comté.

Enfin, l'étage supérieur est surtout formé de roches, et il est appelé *coralien*. Il contient des polypiers imprégnés de matière siliceuse.

Le terrain oolitique est très intéressant. Il comprend le calcaire de Caen, l'argile de Dives, le calcaire de Lisieux, l'argile de Honfleur, l'argile d'Oxford : ces argiles sont marneuses et concourent puissamment à constituer la base des sols si remarquablement féconds de ces localités. Dans l'Est, il présente également des alternatives de roches calcaires et de bancs d'argile, qui, se mêlant sur les pentes nombreuses que présentent le Nivernais et le Charolais, constituent le sol argilo-calcaire sur lequel se trouvent les excellents herbages de Saint-Julien, d'Oyé, où a pris naissance la belle race charollaise, et de Chatillon en Bazois, de

Saint-Saulge, de Saint-Christophe, où l'on engraisse les meilleurs bœufs de la Nièvre et de Saône-et-Loire.

Le terrain jurassique est fort répandu dans nos départements. Dufresnoy et M. Elie de Beaumont en ont fait ressortir l'importance dans leur *Explication de la carte géologique de la France*. Il dessine à peu près sur la surface du pays (*fig.* 2), un 8 ouvert vers le Nord; il présente d'abord une large bande qui s'étend de La Rochelle vers Poitiers, Bourges et Nancy, en formant de larges plateaux; dans la Côte-d'Or, cette bande se divise et se courbe, d'un côté vers Metz et Mézières, de l'autre vers Dijon, Lyon, Privas; à l'Ouest, elle s'étend du côté du Nord vers Alençon et Caen, entre Valognes et Honfleur, et du côté du Sud vers Cahors, Milhau, Montpellier où elle tourne les Cévennes pour aller rejoindre la branche que nous avons laissée à Privas. La boucle septentrionale de ce 8 est creuse, forme le bassin de Paris, supporte le terrain parisien; l'autre est en relief et s'appuie contre le plateau central de la France qui la remplit; l'une, font remarquer les auteurs de la carte géologique de la France, attire : les routes comme les rivières convergent vers son centre; et l'autre repousse : les hommes et les animaux, comme les routes et les cours d'eau, s'éloignent de son milieu.

Le terrain jurassique se trouve, en outre, dans l'Ariége, la Haute-Garonne, les Hautes-Pyrénées; et vers l'est, dans la Drôme, l'Isère et les montagnes du Jura, d'où il tire son nom.

Les calcaires jurassiques sont gris, blancs, le plus souvent jaunâtres. Ils servent à différents usages. Dans la Meurthe, on exploite une variété de ces roches pour faire de la chaux hydraulique, et près de Pouilly, il s'en trouve qui sert aux mêmes usages, et d'autres qui donnent un *ciment* dit *romain*. Près des montagnes siliceuses, où le calcaire jurassique a été soulevé et fondu par des masses granitiques, il est assez dense pour pouvoir être utilisé comme marbre. Le *marbre de Carrare* lui appartient : il est à grains fins. A Châteauroux, le terrain jurassique fournit de la pierre lithographique; dans toute la France, il est employé comme pierre de taille, pierre à bâtir, pierre à chaux.

Nous traiterons dans le paragraphe suivant des roches CRÉTACÉES qui constituent l'étage supérieur des terrains secondaires et qui, quoique à base de carbonate de chaux, se distinguent des roches calcaires, par des caractères particuliers.

Les terrains secondaires sont caractérisés par des poissons, des reptiles et de gigantesques lézards, mêlés à une très-grande quantité de coquillages.

III. Calcaires des terrains tertiaires.

Cette formation comprend les terrains qui se sont déposés entre l'étage supérieur des terrains crétacés et les dépôts d'alluvion. Elle embrasse trois étages formés d'argiles, de sables, d'amas de gypse et de roches calcaires. Ces produits dominent, tantôt les uns, tantôt les autres : les sables dans les environs de Bruxelles, les argiles à l'entour de Londres, et la roche calcaire dans le bassin de Paris. En France, les terrains tertiaires forment deux masses, l'une au nord du plateau central, l'autre dans le bassin de la Gironde (*fig.* 2).

Les diverses matières qui constituent les terrains tertiaires, au lieu d'être régulièrement superposées, sont disséminées en masses désordonnées ; elles occupent une surface moins étendue que la craie et les terrains jurassiques.

TERRAIN TERTIAIRE INFÉRIEUR. —Cet étage est formé par l'argile plastique dont nous parlerons en étudiant les terrains argileux, par le calcaire grossier, enfin supérieurement par des marnes et des amas de plâtre.

CALCAIRE GROSSIER. — On appelle ainsi le calcaire qui forme l'étage inférieur des terrains tertiaires. Il est situé entre l'argile et les gypses à ossements des buttes de Montmartre et du Mont-Valérien. Il comprend des roches jaunes, grises ou blanchâtres, formant des bancs d'une épaisseur variable et séparés les uns des autres par des couches d'argile marneuse. On y distingue : le *liais*, couche inférieure, prenant assez de poli pour faire un beau dallage ; la roche qui fournit les belles pierres *d'appareil* employées pour construire les édifices ; le *moellon*, qui est poreux, léger, incapable de prendre un beau poli. Les ouvriers distinguent dans ces types, de nombreuses variétés : les unes sont dures, d'autres assez tendres pour pouvoir être travaillées avec une scie à dents. Quelques-unes se délitent spontanément à l'air : elles sont plus ou moins marneuses.

Le calcaire grossier est très-répandu dans le bassin de Paris, ce qui lui a fait donner le nom de *calcaire parisien*. Il s'étend, sur les rives de la Seine, jusqu'à Louviers, les Andelys, se retrouve dans le département du Nord, dans la Belgique. Il existe aussi dans le bassin de la Loire et se prolonge vers le Sud au-delà de ce fleuve. On le retrouve encore sur la rive droite de la Garonne, de Blaye jusqu'à La Réole. Un sondage de 200 mètres entrepris dans la Gironde pour un puits artésien, ne l'a pas traversé.

Les calcaires des terrains tertiaires réunissent au carbonate de chaux terreux qui en forme la base, de l'argile, de la magnésie, du sable calcaire, du sable siliceux, beaucoup de coquilles et un peu de fer. Les plus récents contiennent d'assez fortes proportions de potasse et beaucoup d'alumine; pour en apprécier l'utilité, il faut tenir compte des couches d'argile avec lesquelles ils alternent. Cette roche produit de la mauvaise chaux, mais de bonnes terres arables : ses débris se mêlent avec les marnes qui l'accompagnent.

Le **SECOND ÉTAGE DES TERRAINS TERTIAIRES** comprend le *grès* et le *sable de Fontainebleau;* des bancs de pierre molle, *moellon, mollasse,* roches poreuses formées de carbonate de chaux, de quartz en grains, de mica, d'argile, de fer, et de coquilles; des couches d'argile et de sables dans lesquelles se trouve de la pierre *meulière;* enfin les amas de coquilles de la Touraine appelés *faluns.*

La *meulière* est composée surtout de masses siliceuses très-irrégulières et très-inégalement disséminées dans les terrains qui la recèlent. Elle est blanche ou jaunâtre, compacte ou plus souvent percillée, ce qui l'a fait appeler *silex caverneux.* Elle résiste à l'action de l'air et des gaz acides dont l'atmosphère est souvent chargée et s'incorpore très-bien avec le mortier. Cette double circonstance la rend propre à construire dans l'humidité et à faire des aqueducs dans lesquels doivent se dégager des vapeurs acides et quelquefois corrosives.

Ces conditions, qui la rendent précieuse au point de vue de l'industrie, nous expliquent pourquoi elle ne forme, par son émiettement, que de la mauvaise terre arable. Elle fournit à cause des ouvertures dont elle est perforée et de ses irrégularités, de la très bonne pierraille pour le drainage en coulisses.

C'est à l'argile mêlé à du calcaire que les terres du côté de Versailles, Villejuif, Petit-Brie, Montigny, où se trouvent de la meulière, doivent leurs qualités au point de vue de l'agriculture.

La vraie meulière est très rare hors du bassin de Paris, et la meilleure, pour faire des meules de moulins, se trouve à la Ferté-sous-Jouarre.

Enfin, le **TROISIÈME ÉTAGE DES TERRAINS TERTIAIRES** est formé de mollasses et de terrains de transport dont les principaux sont les sables des Landes et les alluvions de la Bresse. Les grandes éruptions volcaniques de trachytes et de basaltes, ont été produites à la même époque.

Dans les terrains tertiaires, apparaissent en grand nombre, des restes de quadrupèdes : on y trouve, avec des reptiles et des poissons, des éléphants, des hippopotames, des cerfs, des bœufs, des chevaux, des hyènes et des ours.

IV. Sols formés par les roches calcaires.

Toutes les roches calcaires donnent des sols à peu près de même nature, et généralement plus fertiles que ceux dont nous avons déjà parlé. Cela provient de la composition chimique de ces roches, de leur friabilité, de ce que la terre qui résulte de leur désagrégation se modifie facilement sous l'influence des agents atmosphériques et des engrais; cela tient surtout à ce qu'elles forment en général des couches minces, qu'elles sont stratifiées avec des couches d'argile, et que les terres qui résultent de leur désagrégation se mêlent, en se formant, avec des particules argileuses qui leur donnent de la consistance.

Quoi qu'il en soit, nous pouvons étudier les sols calcaires sans nous préoccuper des terrains auxquels appartiennent les roches qui les fournissent. Ils renferment, avec une forte quantité de carbonate de chaux, de l'argile, du sable siliceux, de la potasse, de la soude et des composés ferrugineux, plus rarement du phosphore et du soufre. L'argile y est le plus souvent en assez forte quantité et les rend gluants pendant les temps pluvieux. L'état des routes fait reconnaître la nature des terrains où l'on se trouve : Les routes granitoïdes, quartzeuses, siliceuses, ne sont boueuses qu'au moment où il pleut; l'eau les traverse facilement, la boue n'en est jamais tenace; tandis que celles qui sont faites avec des matériaux calcaires retiennent l'eau, deviennent molles, et restent longtemps dans cet état.

Pour apprécier les sols calcaires, il faut tenir compte de la quantité d'argile qu'ils renferment; s'ils proviennent exclusivement d'une roche calcaire, ils sont légers, maigres, d'un travail facile, se dessèchent facilement; ils conviennent, s'ils sont profonds, à toutes les récoltes; mais les plantes y souffrent de la chaleur et on doit y cultiver, surtout dans le Midi, celles qui peuvent être ensemencées en automne. Se présentent avec ces caractères, les causses, les garrigues du Midi, les plateaux de l'Aveyron, de la Lozère, du Gard, de l'Hérault, de l'Aude, du Tarn : nous en trouvons même dans la Côte-d'Or, l'Aube, la Haute-Marne. La plupart de ces sols produisent d'excellent blé; mais dans les climats à été sans pluie, ils sont impropres aux cultures d'été.

La *disposition des roches calcaires* aggrave ces inconvénients. Elles forment de larges plateaux entourés de vallées profondes.

L'eau traverse les terres, suit les *failles*, descend entre les bancs, et ne sort que vers les couches les plus basses. Le fond des vallons est arrosé par des sources abondantes, tandis que les plateaux, nous en voyons des exemples dans le causse de Rodez comme dans la Bourgogne et la Champagne, manquent d'humidité durant une grande partie de l'année : on n'y trouve souvent qu'avec peine, l'eau nécessaire pour abreuver les animaux. Même dans la Brie, dans la Beauce, quelquefois dans la Picardie et dans le pays de Caux, la sécheresse rend les cultures sarclées de l'été chanceuses, malgré la fraîcheur du climat et la fertilité du sol.

Mais quand les terres calcaires sont assez riches en argile, qu'elles ont assez de consistance pour retenir l'eau, elles sont propres aux plus riches cultures : le *froment*, les *légumineuses* les plus précieuses comme fourrages et comme appropriées à notre nourriture, y réussissent très bien. Cependant il faut encore tenir compte de l'action du climat : les terres excellentes en Angleterre, dans le Pas-de-Calais, dans la Somme, deviennent moins bonnes dans la Beauce et la Bourgogne, et sont trop sèches dans l'Aveyron, le Tarn, le Tarn-et-Garonne, et surtout en Afrique.

C'est quand on compare les terres argilo-siliceuses à celles qui sont argilo-calcaires, qu'on remarque l'influence salutaire de la chaux. Les premières, riches en silicates, sont froides et produisent des plantes peu savoureuses, des herbages médiocres ; tandis que celles où l'élément calcaire domine jouissent d'une grande fécondité, donnent de belles récoltes et forment d'excellents herbages. Nous pouvons constater en France dans un grand nombre de localités, cette différence. Ainsi quand on va de la Normandie vers le Maine, des plaines du Poitou vers les collines du Limousin, du Causse de Rodez vers le Ségalas, de la Bourgogne vers le Morvan, des rives de la Loire vers les terrains de transition de la Clayette et de Chauffailles, on voit les riches cultures disparaître, et quelquefois presque subitement.

Les géologues ont depuis longtemps noté ces différences : « Lorsqu'on passe des montagnes calcaires aux montagnes granitiques, disait de Saussure (*Journal de Physique*, tome 51, *page* 10), on est frappé des différentes influences que ces deux sols exercent sur les végétaux. Le lait des montagnes calcaires est plus chargé de principes butireux et caséeux que celui des montagnes siliceuses, et les vaches en donnent davantage pour une égale quantité des mêmes plantes. »

On trouve le même contraste en faveur des terres calcaires,

dans la richesse des moissons et la valeur des animaux. Nous voyons souvent dans la même vallée, un côté formé de terrain siliceux, et le côté opposé de terrain calcaire : le plus petit ruisseau sépare seul les deux sols l'un de l'autre ; quelquefois un versant d'une même montagne est siliceux et l'autre calcaire. Eh bien, d'un côté sont des terres à froment, donnant des fourrages riches en principes alibiles, et de l'autre, des terres légères, où l'on est réduit à cultiver le seigle et le sarrasin.

Une différence correspondante peut être observée entre les bestiaux d'un versant et ceux de l'autre. Dans les pays à sol calcaire : moutons forts, trapus ; bœufs lourds. Dans les terres siliceuses : animaux vifs, forts, rustiques, mais petits, sobres, légers. Les bestiaux passent toujours avec avantage d'un sol granitique dans un sol calcaire ; tandis qu'ils n'éprouvent jamais impunément le changement inverse.

Ces différences doivent être attribuées à la nature des terrains et non à l'époque de leur formation ; car ainsi que l'a signalé M. Dufrénoy, les mêmes phénomènes s'observent dans la Montagne-Noire où les roches calcaires appartiennent comme les schisteuses aux terrains de transition.

Les terres calcaires sont appropriées à l'*élevage du mouton*. Elles ne sont pas moins aptes à favoriser le développement des *bêtes bovines* : les races de la Suisse, du Doubs, du Calvados, le démontrent ; les bœufs d'Aubrac acquièrent dans les causses de l'Aveyron, du Tarn, des dimensions qu'ils ne prennent jamais, même dans les pâturages volcaniques de leur pays natal : ils y deviennent grands, trapus, épais, comme cela ne se voit que dans les plus riches herbages. La race équestre du Perche, comme les chevaux des plaines de Caen, témoigne assez en faveur de l'aptitude des sols calcaires à produire *d'excellents chevaux*.

Mais ces terrains si favorables au développement des meilleures plantes et des animaux les plus précieux, donnent naissance aux *plus graves maladies*, sur les ruminants surtout, peut-être parce qu'ils pâturent plus souvent que les solipèdes. C'est dans les plaines calcaires du centre qu'on remarque les affections charbonneuses les plus meurtrières. Le sang de rate du bœuf comme celui du mouton, vient dans les mêmes circonstances. Il suffit souvent de conduire les troupeaux dans lesquels sévit cette maladie, sur des terres sablonneuses, argileuses, ou schisteuses, pour faire cesser la mortalité ; tandis que la pourriture, si fréquente sur les terres siliceuses et argileuses, disparaît quand on conduit les troupeaux sur les terrains calcaires.

Dans le Languedoc, dans la Provence, on fait la même observation que dans le bassin de Paris. C'est également sur les causses de l'Aveyron plutôt que sur les ségalas que sévit le charbon. De même dans les Pyrénées, c'est plutôt dans les contreforts calcaires de ces montagnes, que sur leurs sommets siliceux, que se montre, dans le cheval comme dans le bœuf et le mouton, cette terrible affection.

Sans rechercher les causes de cette funeste propriété des sols calcaires, nous rappellerons que les fourrages y sont très nutritifs, que les *eaux* y sont chargées de principes calcaires et plutôt favorables à la croissance des plantes que propres à servir de boisson ; enfin qu'elles y sont rares, et que l'on emploie souvent pour abreuver les animaux, des eaux corrompues au contact de l'air.

§ 7. *Du terrain crétacé et des sols crayeux.*

Le terrain crétacé complète les terrains secondaires. Il est formé de plusieurs couches de grès et de craie.

Comme les roches dont nous venons de parler, la craie est composée en grande partie de carbonate de chaux ; comme elles, elle ne renferme que de petites quantités de silice, de magnésie, d'alumine et de sels alcalins ; mais formée de squelettes d'animalcules, elle est le plus souvent très blanche, tendre, friable, se laisse rayer facilement, et tache au point de pouvoir servir de crayon. Elle se délaye dans l'eau, toutefois sans retenir ce liquide.

Antérieure à la formation des Alpes et des Pyrénées, la craie a été soulevée, fondue, métamorphysée, par son contact avec les matières granitoïdes qui ont constitué ces montagnes. Complétement transformée alors, elle ne peut être reconnue que par ses rapports avec les autres terrains, et par la présence des fossiles qui la caractérisent. Le *grand son*, au pied duquel a été construit le couvent de la Grande-Chartreuse, dans l'Isère, est formé de craie métamorphysée.

Dans son état naturel, la craie constitue des collines, des chaînes de montagnes fort étendues mais en général peu élevées. Rarement en assises distinctes, elle est en masses horizontales ou peu inclinées, présentant des fentes verticales ; souvent elle est mêlée à des rognons irréguliers de silex pyromaque, disposés en couches continues ou interrompues.

Elle occupe en France un espace considérable (*fig.* 2) : vers le Nord, des Vosges à la Normandie et du Pas-de-Calais au Limousin, et vers le Midi, de l'Océan aux Alpes et des Pyrénées à l'Auvergne.

Aubeterre, dans la Charente, doit son nom à la couleur blanche de son sol crétacé composé de grès tufau, de sable et de craie. Elle existe en outre, et sur de larges surfaces, en Espagne, en Angleterre, en Belgique.

La craie forme des couches d'une très grande épaisseur. A Laon, un puits de 300 mètres ne l'a pas traversée, et à Grenelle, près Paris, elle a de 400 à 500 mètres. Heureusement qu'elle a été recouverte généralement par les terrains tertiaires ; qu'elle n'est visible que dans quelques parties de la Champagne où ces terrains ont été enlevés par les eaux ; que celle qui est apparente contre les flancs des Alpes et des Pyrénées a été fondue par les matières qui l'ont soulevée et qu'elle ne présente plus les propriétés qui en font un si mauvais sol dans les départements de la Marne et de l'Aube.

Sols crayeux. — La craie métamorphysée rentre dans la catégorie des roches calcaires au point de vue de l'agriculture. Nous n'avons donc à parler ici que des sols produits par la craie restée dans son état naturel : on les appelle *sols crayeux*.

La composition de ces sols varie selon la nature des matières auxquelles la craie est mélangée. M. Schweitz a donné l'analyse suivante d'un sol crayeux.

Carbonate de chaux.	98,57
Phosphate de chaux.	0,14
» de magnésie.	0,58
Oxyde de fer et de manganèse.	0,14
Silice.	0,61
Alumine.	0,16

La craie tend à produire des sols poreux, qui deviennent facilement très-humides et se dessèchent de même. Ils sont d'un travail aisé, peuvent être labourés presque dans tous les temps et avec de très-faible attelages ; les plantes y souffrent du froid et de la sécheresse, et les récoltes y sont chétives ou médiocres, surtout quand le printemps est sec. On ne peut pas y cultiver des récoltes d'été.

Dans les bas-fonds, là où la craie est mêlée à une quantité suffisante d'autres matières, les terres, sans être de première qualité, sont d'une culture avantageuse. Elles restent toujours légères et peuvent être travaillées à peu de frais et par tous les temps.

Cette circonstance est d'une importance très-grande. et trop méconnue. C'est un immense avantage de pouvoir exécuter les travaux dans toutes les saisons, de faire les labours avec des instruments peu coûteux et légers, de pouvoir même employer une double charrue de manière à creuser deux sillons à la fois avec le même instrument, d'avoir des attelages ne représentant qu'un faible capital et consommant peu de nourriture. Les économies ainsi réalisées, compensent souvent la perte qui résulte de la moindre quantité de produits donnés généralement par ces sols.

Dans la Champagne, les cultivateurs qui ont des terres passables du côté de Vitry, de Troyes, et qui savent en tirer parti, sont dans d'aussi bonnes conditions que ceux qui travaillent les terres fortes du Perthois et du Barrois.

Comme dans les bonnes terres calcaires, on nourrit sur les sols crayeux un peu fertiles ou améliorés, de très-bons animaux : des vaches assez fortes, bien conformées et bonnes laitières, de beaux troupeaux qui donnent des laines de première qualité. Quand on sait bien utiliser les fourrages, on y élève même d'excellents chevaux. Les ressources des sols crayeux ont été trop longtemps mal utilisées et sont encore mal appréciées. On a trop jugé de l'ensemble d'après l'état des contrées où la craie forme des couches très-épaisses, occupe de très-larges surfaces, seule ou mêlée à des matières graveleuses qui accroissent ses défauts.

Le plus souvent la craie a été incomplétement découverte par les cataclysmes qui ont suivi sa formation ; généralement elle supporte une couche de terrain tertiaire. Elle se mêle alors avec des argiles, des marnes, des détritus calcaires, des matières organiques, et constitue d'excellents fonds dans la Champagne, la Picardie, l'Ile de France, la Bourgogne, la Normandie, etc. Dans quelques localités même, les couches qui la recouvrent sont trop fortement argileuses, et dans cette circonstance elle est un amendement précieux. Dans la Picardie, où elle est mêlée à des rognons de silex brun, elle est même d'un emploi fort économique ; on n'a qu'à creuser au milieu de la terre que l'on veut amender, un puits, souvent peu profond, et l'on en extrait la craie dont on a besoin.

Pour apprécier la valeur des sols crayeux, il faut tenir compte du climat. Quoique toujours sensible, l'influence de la craie est moins grande dans le Nord que dans le Midi ; moins dans le parc de Versailles, dans le pays de Braye, dans le Pas-de-Calais et le Boulonnais, que dans l'Aube, la Bourgogne et les Alpes.

§ 8. *Des argiles et des sols argileux.*

L'argile se trouve dans presque toutes les roches que nous venons d'examiner; mais elle y forme des combinaisons qui masquent ses propriétés. Nous ne parlerons ici que de l'argile plus ou moins libre et formant des couches distinctes; presque tous les terrains postérieurs aux terrains de transition en contiennent qui est dans cet état; elle y constitue des roches, quelquefois dures, le plus souvent molles, terreuses : on désigne les dépôts qu'elle forme par la dénomination de roches, lors même qu'ils sont terreux.

Les argiles se délayent dans l'eau et forment une pâte douce qui durcit au feu et qui, sèche, hape à la langue. Elles sont blanches quand elles ne renferment pas de composés métalliques colorés qui leur donnent diverses nuances. Quoique variant par la consistance et la couleur, elles possèdent toujours à peu près les mêmes propriétés agricoles.

Elles sont composées d'alumine, de silice, et d'eau. La plupart contiennent beaucoup d'alumine, aussi sont-elles appelées *terres alumineuses, terres glaises.*

Indépendamment de l'alumine, on y trouve de la chaux, de la potasse, de la soude, du fer, du manganèse, du soufre et du phosphore. Beaucoup de ces corps y existent en plus ou moins grande quantité à l'état de silicate, et en font varier les propriétés : le fer et le manganèse les colorent, la chaux les rend fusibles, et la silice anhydre, friables. On appelle *marnes*, les argiles mêlées à de fortes proportions de carbonate de chaux.

Il se produit à l'époque actuelle de l'argile, par la décomposition lente que le gneiss, le granite, la syénite, le porphyre, éprouvent au contact de l'air. L'argile qui résulte de cette décomposition appelée *kaolin*, sert, quand elle est bien blanche comme à Saint-Yrieix, dans la Haute-Vienne, à la fabrication de la porcelaine.

Outre le kaolin, les terrains anciens renferment des argiles qui proviennent d'infiltrations ; mais les grandes masses argileuses se trouvent dans les terrains postérieurs à l'étage houiller. Elles y forment des couches d'une très grande épaisseur, y sont plus ou moins calcaires, alternant avec du grès et avec de la pierre à chaux dans les terrains secondaires. Elles sont souvent mises à nu par des phénomènes naturels ou par le travail de l'homme, et se montrent d'ordinaire sur les penchants des montagnes, où elles conservent la fraîcheur du sol.

Les argiles sont très abondantes aussi dans les terrains tertiaires, et y communiquent leurs propriétés à de grandes surfaces de terrain dans la Sologne, le Berry et l'Ile de France. Celle du terrain parisien appelée *argile plastique*, se trouve en très grande quantité dans le département de la Seine, et sert dans Seine-et-Marne à la fabrication de la porcelaine de Montereau.

SOLS ARGILEUX. — L'argile, malgré sa composition compliquée, est peu propre à la culture; elle ne renferme des alcalis, des phosphates, qu'en très petite quantité, et les retient très fortement; elle a besoin pour devenir fertile, d'être mêlée à du sable siliceux, à du carbonate de chaux, à du terreau, et surtout d'être exposée au contact de l'air; mais elle peut, étant désagrégée et mélangée à d'autres terres et à des engrais, former la base d'excellents sols, en raison de l'eau qu'elle retient et des corps nombreux dont elle est formée.

M. Berthier a donné les trois analyses suivantes de sols argileux :

Argile.	75	54	57
Sable quartzeux.	17	11	26
Carbonate de chaux.	3	13	4
Oxyde de fer.	5	6	5
Eau.	0	14	8

Les terres argileuses sont souvent appelées *alumineuses* parce que l'*alumine* forme ordinairement la base de l'argile, mais il y a des argiles qui n'en renferment qu'une petite quantité, et généralement, c'est plutôt par leurs propriétés physiques que par leur composition, qu'on les distingue des autres terres.

On appelle aussi les terres argileuses : *terres humides*, parce qu'elles s'égouttent lentement ; *terres froides* parce que, en raison de l'eau qu'elles retiennent, elles s'échauffent difficilement, et donnent des récoltes tardives; *terres fortes, terres grasses,* parce qu'elles offrent de la résistance à la charrue, qu'elles ont un aspect gluant, et qu'elles adhèrent aux instruments aratoires.

Toutes les terres argileuses se resserrent sous l'influence de la sécheresse : elles se crevassent et brisent les racines des plantes ; toutes sont peu perméables à l'eau et aux agents atmosphériques : les engrais s'y décomposent lentement faute de chaleur et d'oxygène. En outre, elles adhèrent aux instruments aratoires, forment pâte si elles sont humides, et sont dures, résistantes, quand elles sont trop sèches. On ne peut les travailler que quand elles sont dans un état moyen d'humidité, et pour les ameublir, il faut les labourer avant l'hiver afin que les mottes soient exposées à l'action de la gelée.

Même dans les temps les plus favorables, il faut pour labourer les sols argileux quatre, cinq chevaux; on en met jusqu'à six, huit, dans les terres fortes de la Lorraine et de la Champagne. Il faut ensuite, pour prévenir les effets de l'humidité, mettre la terre en billons, ce qui entraîne encore des embarras et des longueurs dans les travaux. Quand on compare, au point de vue des frais d'exploitation, les terres fortes aux terres légères, on trouve une grande différence en faveur de ces dernières.

Certaines plantes sont vigoureuses dans les terres argileuses, et difficiles à détruire. On ne peut débarrasser les récoltes des herbes adventices que par des sarclages nombreux, ce qui contribue encore à rendre les travaux dispendieux.

Si les récoltes sont abondantes dans les terres fortement argileuses, ce qui arrive souvent, elles laissent à désirer quant aux qualités. Les céréales y donnent abondamment de la paille, mais elles sont plus exposées à la rouille que sur les autres natures de sols, et le grain en est petit, souvent rongé par le charbon et par la carie. Le seigle y devient ergoté.

Dans ces terres, les fourrages sont de mauvaise qualité, et parce qu'il y a beaucoup de mauvaises plantes, et parce que les bonnes espèces y sont aqueuses, insipides et peu nutritives. La betterave a peu de sucre et la pomme de terre manque de fécule.

Aux effets nuisibles des fourrages, se joignent souvent ceux d'un excès d'humidité pour affaiblir les animaux et les prédisposer à diverses maladies.

Si les terres argileuses ont été amendées, que la surface en ait été rendue perméable, elles peuvent être favorables à la culture des plantes herbacées, des céréales, des pâturages, des racines sarclées, et ne pas convenir pour les *arbres* à cause de l'humidité du fonds. Dans quelques parties de la Normandie, les arbres périssent avant qu'ils aient acquis leur complet développement. Pour les conserver aussi longtemps que le comporte leur espèce, on les plante sur des éminences, qu'on a élevées en creusant des fossés.

Par la raison que les argiles nuisent aux terres qu'elles supportent à cause de leur excès d'humidité, elles peuvent être utiles aux terres environnantes : elles agissent comme des *reservoirs*. L'eau qu'elles retiennent en trop grande quantité rafraîchit les contrées par où elle s'écoule. Le pays de Braye repose sur un fonds argileux qui alimente plusieurs petits ruisseaux fort utiles en été pour arroser les vallées qui l'entourent.

Pour l'exacte appréciation d'une terre argileuse, il faut tenir compte de sa composition, de son épaisseur, et de la température du pays. En France, où le climat est généralement sec, la plupart des bonnes terres sont plus ou moins argileuses : dans la Bourgogne, la Champagne, comme dans la Lorraine, la Brie, la Picardie. Nos meilleurs herbages reposent sur un sol formé en grande partie d'argile. Un mélange d'argile, de sable, et de détritus de plantes, constitue la base des pâturages du Danemarck, de la Prusse, du Hanovre. C'est encore l'argile mêlée au limon, qui constitue les pampas de l'Amérique.

La stratification des roches calcaires, des grès et des argiles, commune en France, nous permet d'apprécier l'influence salutaire de ces dernières sur la fertilité des terres. Dans le pays de Caux, la Picardie, comme dans la Drôme et dans les Alpes, les sols qui reposent sur la craie, le calcaire aride, le sable ou le grès, sont pauvres, secs pendant l'été; tandis que sur les bancs de marne et dans les endroits où l'argile est mêlée à la craie, les plantes sont vigoureuses et la récolte assurée. Quand l'argile, la craie et le sable, alternent en couches légères, on voit le sol être, ici fertile et là stérile, selon que ces terres sont mélangées en justes proportions ou que l'une d'elles domine.

De même que pour les sols calcaires, la valeur des sols où l'argile abonde ne dépend pas seulement de leur composition, mais aussi des *influences atmosphériques*. Dans les pays où l'air est humide, sur les rives de l'Océan comme près de la Baltique, dans la Normandie comme dans le Mecklenbourg, les argiles forment de riches herbages; dans les contrées tempérées, comme dans la Lorraine, dans la Wœvre, et dans les environs d'Avesnes, des plaines à bonne culture; dans les contrées chaudes, de bonnes terres à blé mais peu propres aux cultures d'été : les causses de Castres, de Lavaur, les rives de la Garonne, la vallée d'Auch, et surtout les plaines de l'Algérie où le blé d'hiver lui-même mûrit quelquefois par anticipation.

AMÉLIORATION. — Par des amendements calcaires et des sables de mer, on rend les argiles perméables à l'eau, à l'air, et l'on change leur nature. Les plantes y prospèrent ensuite mieux et y deviennent plus sapides. A l'article amendements, nous verrons que l'argile peut servir à améliorer les terres trop légères.

§ 9. *De la tourbe et des sols tourbeux.*

TOURBE. — C'est le produit de la décomposition des végétaux submergés. Il s'en forme constamment dans les réservoirs, les étangs peu profonds où l'eau se renouvelle lentement mais qui ne sont jamais à sec. La tourbe est le plus souvent produite par des plantes herbacées.

Il existe des tourbières sur tous les terrains et à toutes les élévations; elles sont cependant plus communes et plus étendues dans nos plaines et dans nos vallées que sur nos montagnes.

Quoique toujours noirâtre et très-riche en carbone, la tourbe présente des *caractères* très-différents : elle est quelquefois homogène, d'autres fois formée de couches de matière carbonée séparées par des substances terreuses.

Elle ressemble au terreau, se dessèche difficilement, se resserre en se desséchant et se crevasse ; elle attire l'humidité mais elle en absorbe peu, et une petite quantité d'eau la fait paraître très-humide.

La tourbe contient : en matières minérales de 4 à 20 p. cent, et en matières organiques, de 80 à 96 ; sa composition varie, non-seulement dans les diverses tourbières, mais dans les diverses parties de chaque tourbière. Parmi les substances minérales se trouvent toujours, quoique en diverses proportions, des sels, qui expliquent la fertilité des tourbières, et l'efficacité comme engrais des cendres de tourbe.

SOLS TOURBEUX. — Le mode de formation de la tourbe, l'action de l'eau qui entraîne ou qui dissout les composés solubles à mesure qu'ils se produisent ou qu'ils deviennent libres, et les matières terreuses qui se mêlent aux plantes pendant qu'elles se décomposent, expliquent les différences qui distinguent la tourbe du terreau, et les caractères divers des sols tourbeux.

Toujours plus ou moins acides et ferrugineux, ces sols possèdent des propriétés qui varient selon la nature des terres que l'eau a mêlées à la tourbe. Si ce sont des marnes, on a des mélanges argilo-calcaires qui, convenablement égouttés et préparés, constituent des fonds plus ou moins forts, selon l'abondance de l'argile, mais, en général, excellents : nous avons sur les bords de l'Océan de très bons pâturages qui se sont formés de cette manière. Si ce sont des parcelles de granite, de mica, les sols sont légers, manquent de consistance, se mouillent facilement quand il pleut, et se réduisent en poussière durant les chaleurs : nous en avons des exemples dans les marais de Bourgoin.

Par elle-même la tourbe est impropre à la culture. Acide, ainsi que l'eau qui la baigne, elle fait pousser des joncs et des carex, et ne produit que de mauvais pâturages (voyez Marais). La *fève des marais*, le *lin*, les *choux*, le *colza*, l'*œillette*, réussissent dans les sols tourbeux. Les plantes fourragères y sont vigoureuses quand l'humidité est convenable, mais de médiocre qualité. Quand ils revêtent les caractères marécageux, qu'ils renferment des ma-

tières putrescibles, ils font pousser des pâturages peu nourrissants, et prédisposent les animaux aux affections putrides et charbonneuses.

Quand la tourbe est en partie décomposée et bien égouttée, elle
constitue des sols productifs et salubres ; elle se rapproche alors
du terreau, et les terres qui en proviennent, des terres que nous
appellerons *terres franches*. On hâte cette amélioration par
l'emploi des alcalis, de la chaux, qui provoquent la décomposition
de la tourbe. Il se produit de l'acide carbonique en même temps
que des sels solubles. L'écobuage agit de la même manière.

Comme le terreau, la tourbe divise les terres trop lourdes,
rend humides celles qui sont trop perméables à l'eau, et surtout
fournit de l'acide carbonique ; mais elle est moins active, parce
que les végétaux qui l'ont produite ont été dépouillés par l'eau
d'une partie de leurs principes, et qu'elle se décompose plus difficilement ; de là, la nécessité de la traiter par les engrais alcalins
et par l'écobuage.

Dernièrement, M. Levacher-Durclé a conseillé d'appliquer
aux tourbières ce qu'il appelle l'*écobuage à fond*. Il veut qu'on
brûle couche par couche la tourbe d'une partie du marais pour
employer les cendres à l'amélioration de l'autre partie ; une
moitié du terrain serait la mine qui fournirait l'engrais nécessaire pour fertiliser l'autre moitié. Pour faciliter la combustion
de la tourbe on sillonne la tourbière après desséchement par des
tranchées étroites de deux mètres de profondeur ; on divise un
des intervalles des tranchées en briques que l'on amoncèle sur
l'autre. Ces briques étant convenablement disposées, se dessèchent à l'air, et quand on y met le feu, elles brûlent, et font brûler
la tourbe qui les supporte.

§ 10. *Du terreau.*

Aux substances qui résultent de la désagrégation des roches,
à la matière siliceuse, argileuse, ou calcaire, s'ajoutent, pour
former les terres arables, des débris de plantes et d'animaux. Ces
débris constituent cette partie essentielle de tous les sols cultivés
qu'on appelle le *terreau*. Les qualités des sols dépendent même
en général, de la quantité de terreau qu'ils renferment.

Le terreau, encore appelé *humus*, est le produit brun, noir, qui
résulte de la décomposition des êtres organisés. Il est composé :
d'un corps particulier, *acide ulmique*, soluble dans l'eau et dans
les alcalis ; d'un corps insoluble, *ulmine*, de matières organi-

ques incomplétement désorganisées, et de *substances minérales*.

La proportion relative de ces divers produits varie selon les êtres d'où provient le terreau, selon le degré de décomposition qu'ils ont éprouvé, et le temps pendant lequel ils ont été exposés à la pluie; dans les lieux cultivés, elle varie en outre, selon les engrais et les amendements qui ont été employés.

ORIGINE. —L'humus s'accumule tous les jours dans les sols par l'effet de certains phénomènes naturels — la végétation et la décomposition des feuilles, des racines — et par l'emploi des engrais; mais il se produit en petites quantités. Les grandes masses que nous en trouvons, sont le résultat de phénomènes fort anciens. On attribue à une action diluvienne les amas de terre végétale riche en humus, qui constituent quelques-unes de nos vallées; on rapporte à la même origine, les pampas de l'Amérique, les riches herbages des plaines de la Baltique, et le terreau si fertile appelé *terre noire*, qui couvre plus de 80 millions d'hectares dans la Russie méridionale, qui s'étend presque sans discontinuer, avec une épaisseur de plus de 6 mètres dans quelques endroits, des Monts-Ourals aux Monts-Carpathes, et des rives du Don vers le Sud, jusque vers la latitude de Moscou.

PROPRIÉTÉS. — Léger, perméable à l'eau, le terreau attire l'humidité et la perd difficilement. En se desséchant, il diminue beaucoup de volume, et se crevasse, mais il se boursouffle ensuite de nouveau quand il pleut. Il est gras, noirâtre et très carboné. Quoique insoluble en grande partie dans l'eau, il est favorable à la végétation. Sous l'influence de l'air et de l'humidité, il se décompose, fournit des produits solubles, et dégage de l'acide carbonique.

UTILITÉ. — Seul, le terreau constitue un très mauvais terrain : il est trop léger, trop perméable, s'humecte trop rapidement; mais mêlé aux matières terreuses que fournissent les roches, il rend hygrométriques celles qui sont trop sèches ; légères, celles qui sont trop compactes, et fournit à toutes la matière organique et les sels solubles sans lesquels les plantes ne sauraient se développer. Associé à l'argile, au carbonate de chaux et à la silice, le terreau constitue les terres arables; la fertilité de ces terres est en général en rapport avec la quantité qu'elles en contiennent. C'est l'humus qui transforme en excellentes terres le sable de la Flandre, le grès du Perche, les terres légères de la Vallée de Grésivaudan et les débris argilo-calcaires de la vallée de l'Aisne, du côté d'Attigny, de Charbogne.

D'après M. de Villeneuve, une terre, quelle que soit sa composition, doit être classée parmi les bonnes terres de jardin dès qu'elle renferme 10 p. cent d'humus.

Tout en cherchant à utiliser le terreau qui existe dans ses terres, le cultivateur doit tendre à en accroître la quantité en fumant abondamment, et en cultivant des plantes qui, comme les féverolles, la luzerne, le trèfle, engraissent le sol par les feuilles et les racines qu'elles y laissent.

Uni en grande quantité au sable léger, au granite désagrégé, l'humus constitue la terre de bruyère composée en moyenne de :

Sable et argile. 85
Matières organiques. 13

Cette terre est mauvaise comme terre arable mais recherchée par les fleuristes. Dans les endroits humides, l'humus se produit quelquefois assez abondamment, et alors il communique au sol les caractères des sols tourbeux.

Le terreau sert de base à quelques-uns de nos *pâturages*. Les pelouses des montagnes reposent sur quelques centimètres de terreau noir qui résulte de la décomposition des racines du gazon. Ce terreau ne manque pas de fertilité; mais il est quelquefois le produit d'une longue suite d'années de végétation et il faut le conserver ; car on courrait risque, si on défrichait le terrain, de payer les trois ou quatre récoltes qu'on y obtiendrait par de longues années de stérilité ; il est plus sage de le conserver en pâture.

Le terreau contribue à la *nutrition des plantes* en fournissant, par la combustion lente qu'il éprouve au contact de l'air, de l'acide carbonique que l'eau transporte dans les radicules ou qui se dégage dans l'atmosphère et que les feuilles absorbent ; en donnant des produits solubles, des sels qui contribuent également à la nutrition des plantes ; en hâtant la décomposition des silicates et rendant la silice libre et soluble ; en provoquant la formation de carbonates alcalins au dépens des alcalis renfermés dans les roches ; enfin, en rendant acides des phosphates, des carbonates, et des sulfates, qui, à l'état neutre ou de sous-sels, sont insolubles.

Les alcalis, la chaux, favorisent la décomposition du terreau et les acides la retardent. On sait que les premiers sont très favorables aux terres arables, tandis que les seconds leur sont nuisibles.

§ 11. *Des sols mixtes.*

Les matières qui constituent les sols dont nous venons de parler,

se présentent mélangées en toutes proportions, et forment des va·
riétés infinies de sols.

Quand on connaît les propriétés des terres siliceuses, des terres
argileuses, des terres calcaires, et du terreau, on peut savoir
quelle influence chacun de ces produits exerce sur le mélange
qu'il concourt à former. Indiquons cependant les types les plus
répandus des sols mixtes.

I. Sols marneux ou argilo-calcaires.

Ces sols résultent des marnes qui existent abondamment dans
les terrains secondaires et dans les terrains tertiaires (*fig.* 1), ou
ils ont été formés par un mélange d'argiles et de roches calcaires
également très répandues dans la même formation. Quelle que
soit leur origine, ils doivent à la quantité d'argile qu'ils renferment, de conserver longtemps l'humidité et de maintenir la vigueur de la végétation. Dans les vallées, cet effet est très sensible :
par l'eau qu'elles retiennent ou qui leur arrive, en s'infiltrant
dans les terrains supérieurs, les marnes entretiennent la verdure
sur les versants ; dans les contrées calcaires, on voit souvent les
côteaux verdoyants, et les plateaux où les roches sont peu profondes, très arides. On peut faire cette observation dans la Bourgogne, et même dans la Normandie, malgré la fraîcheur de son
climat, comme dans la Drôme et les Hautes-Alpes.

Dans le Midi, cet effet n'est bien marqué que sur les plantes
ligneuses : la sécheresse fane l'herbe, même sur l'argile ; les
beaux bouquets d'arbres, qui ombragent quelques parties des
Cévennes, du Quercy, de la Guyenne, ont souvent leurs racines
dans des couches marneuses.

Dans les terres marneuses cultivées, l'argile et le carbonate de
chaux sont en des proportions diverses et associées avec d'autres
terres, comme le démontre la composition des deux sols dont
nous reproduisons l'analyse.

Carbonate de chaux.	12,5	50
» de magnésie.	1.0	»
Argile.	54,5	48
Sable.	7	2
Oxyde de fer.	4	»
Eau.	11	»
Humus.		0,4

Les terres argilo-calcaires sont fortes, grasses, humides, ou
légères, maigres, sèches ; elles se confondent, ou avec les terres

argileuses, ou avec les terres calcaires, selon la quantité d'argile que renferment les terrains d'où elles proviennent.

Sous le climat de la France, les meilleurs fonds sont argilo-calcaires avec prédominance d'argile. Ces fonds constituent les magnifiques herbages de la Normandie, du Charolais et du Nivernais; ils forment nos premières terres à blé; la plaine de la Woevre, appelée le grenier de la Lorraine, les plateaux de la basse-Bourgogne, la *forreterre*. C'est sur les terres fortes, qu'on récolte ces blés qui pèsent, quand le temps a été favorable, c'est-à-dire un peu sec, 85 et 86 kilogr. l'hectolitre.

II. Sols argilo-siliceux.

Connaissant les caractères que l'argile et la silice communiquent aux sols, on comprend facilement quelles doivent être les qualités des terres où ces deux corps entrent pour de fortes proportions. Ces terres sont compactes, si l'argile est en excès, et légères, si la silice domine. Un mélange en proportions convenables, avec plus d'argile dans le Midi que dans le Nord, donne une terre qui, pour produire de bonnes récoltes, n'a besoin que de recevoir de la chaux ou de la marne.

Nous trouvons en France de ces terrains au pied des montagnes siliceuses, où les pluies ont amené la silice et l'argile résultant de la décomposition des granites, des micaschistes et des gneiss. Ils sont communs et quelques-uns jouissent d'une grande fertilité.

Dans le Midi, on appelle ces terres *boulbènes grasses*. Elles sont fertiles dans la Haute-Garonne, du côté de Villefranche; dans les Hautes-Pyrénées, du côté de Lourdes; dans l'Isère, du côté de la Côte-Saint-André, de Saint-Symphorien; et dans le Limousin, le Rouergue et la Bretagne, le long des ruisseaux qui coulent dans des vallées granitiques.

Nous avons des terres argilo-siliceuses qui se sont formées sur place. Dans l'Aveyron, elles proviennent d'une argile ferrugineuse et de débris de roches de transition. On y cultive du chanvre, du seigle et des raves; mais ce n'est que par l'emploi de la chaux et de la marne, qu'elles deviennent susceptibles de produire le froment et les prairies artificielles à base de légumineuses.

III. Sols argilo-sablonneux.

Dans les terres argilo-sablonneuses les deux principes dominants se trouvent en proportions diverses, ainsi que le démontrent les analyses suivantes :

Argile. . . .	58	60	48	68	38	28	18,5
Sable. . . .	56	38	50	30	60	70	80
Calcaire.. . .	2	0	0	0	0	0	0
Humus. . . .	4	2	2	2	2	2	1,5

Le sable tend toujours, quelle que soit sa nature, à rendre les sols légers et trop perméables. Il faut noter seulement que s'il est calcaire il se décompose plus tôt, contribue à nourrir les plantes et à donner de la consistance aux terres.

Les mauvais effets que le sable tend à produire sont neutralisés par l'argile. Dans les environs d'Hazebrouck, l'argile se mêle au sable de Cassel et forme de bons fonds. Nous trouvons également dans plusieurs autres localités du département du Nord, des sols argilo-sablonneux qui produisent des récoltes abondantes. Dans le Bazadais, le sable des landes et l'argile qu'il recouvre, forment par leur mélange des sols très fertiles.

Dans le bassin du Rhône, du côté de La-Tour-du-Pin, ces terrains sont communs. Dans la Normandie, dans le pays de Caux, nous trouvons aussi des sables et des argiles qui donnent de bonnes ou de mauvaises terres selon les proportions du mélange.

IV. Sols ferrugineux.

Le fer existe dans tous les sols, mais le plus souvent en petite quantité. Il se trouve dans plusieurs minéraux appartenant aux roches siliceuses à l'état de sulfure ou de protoxide. Sous l'influence de l'air, il se transforme, soit en sulfate, soit en peroxide, et fait désagréger ainsi les minéraux qui en contiennent. La plupart des roches calcaires n'en renferment que de petites quantités.

Le fer n'est pas nuisible aux plantes, comme on l'a cru longtemps; il est, au contraire, nécessaire à leur nutrition, et toutes en contiennent. On sait que beaucoup de terres changent de couleur quand elles sont exposées à l'air, elles deviennent d'une nuance plus foncée. Ce changement est dû presque toujours aux composés de fer qui, ramenés à la surface du sol, absorbent l'oxygène et se colorent. D'après M. Liebig, pendant que ce phénomène se produit, le fer nuit à la végétation en absorbant le gaz oxygène qui est dans la terre, et qui serait nécessaire pour la décomposition du terreau. Ce qui vient à l'appui de cette opinion, c'est que souvent les défoncements ne produisent leurs bons effets que quelque temps après avoir été opérés, alors que la terre ramenée à la surface, a reçu suffisamment l'action de l'air.

V. Sols magnésiens.

Nous trouvons la magnésie dans les terres siliceuses où elle est formée par le *talc*, et dans les terres calcaires qui la tirent des *dolomies*.

La magnésie existe dans les dolomies à l'état de carbonate, et forme des carbonates doubles, avec la chaux, le fer ou le manganèse. On a longtemps confondu les roches magnésiennes avec les roches exclusivement calcaires parce qu'elles contiennent de très fortes proportions de carbonate de chaux.

Une dolomie qui fait partie du terrain triasique, dans le département de l'Ain, analysée par M. Itier, membre de la société d'agriculture de Lyon, renferme :

Carbonate de chaux. 57	Alumine. 10
Carbonate de magnésie. . . 31	Silice. Fer. . . 2

La magnésie fait partie de beaucoup de terrains. En France, elle se trouve dans les roches sédimenteuses des Vosges ; dans le grès du canton de Thiviers (Drôme) ; dans le lias de la Madelaine, (près Figeac), de Villefranche (Aveyron) ; dans les roches calcaires qui forment la base du Larzac, près Saint-Affrique, etc.

On a longtemps cru que la magnésie nuit aux plantes. Les géologues citent Castellamante et Baldissera, montagnes formées de sels magnésiens, pour démontrer l'influence stérilisante de ces sels. Mais nous savons aujourd'hui que la magnésie est nécessaire à la composition des plantes, et qu'une certaine quantité de sels magnésiens est utile pour former de bonnes terres. Les terrains qui proviennent de la dolomie, des talschistes et de la serpentine sont quelquefois très fertiles. On en a des exemples dans quelques comtés de l'Angleterre, où les premières de ces roches occupent des étendues considérables.

Les terres magnésiennes sont souvent, par le fait de leur peu d'épaisseur et de leur position, exposées à la sécheresse, et maintes fois on a attribué à la présence des sels magnésiens, une stérilité qui provenait de cette circonstance. Du reste, la magnésie n'entre jamais pour une forte quantité dans la composition des terres arables.

Les sols magnésiens doivent être travaillés et traités comme les sols exclusivement calcaires. La chaux doit y être portée avec précaution : un excès de cet alcali, à l'état caustique, peut décomposer en partie les sels de magnésie, les rendre alcalins et nuisibles aux récoltes.

VI. Terres franches.

Nos cultivateurs appellent ainsi les terres dans lesquelles la chaux, l'alumine, la silice et le terreau sont en proportions convenables pour former de très bonnes terres arables. Les Anglais donnent à ces terres le nom de *loams*. Sans être très consistantes, elles sont fermes, mais perméables à l'eau et aux agents atmosphériques ; quoique hygrométriques, elles s'égouttent assez facilement pour être d'un travail peu pénible.

Pour constituer cette terre modèle, il faut une composition différente, selon les climats. Un léger excès de sable, qui forme en Angleterre, dans la Flandre, dans la Normandie, des sols de première qualité, est nuisible dans le Sud-Est et surtout dans le Midi, à cause de la sécheresse ordinaire de l'air.

Nous avons des exemples de ces terres dans les potagers qui entourent les villages, dans les jardins maraîchers des villes ; l'homme les a formés en y portant, selon les besoins, tantôt du sable ou des plâtras, tantôt des marnes grasses ou des engrais verts. Dans les vallées de tous nos départements, les courants d'eau en ont constitué en plus ou moins grande quantité ; elles sont utilisées pour la culture du jardinage ou pour le chanvre, quelquefois pour établir de riches herbages.

Il arrive souvent que dans ces terres appelées *franches*, ou l'argile, ou la chaux, ou la silice prédomine : mais les caractères des mélanges sont toujours à peu près les mêmes : le terreau y est très abondant et leur imprime des qualités qui les rendent presque semblables.

SECTION III.

Etude des sous-sols.

La couche qui supporte le sol arable est appelée sous-sol ; elle est souvent homogène jusqu'à une très-grande profondeur ; mais d'autres fois elle est formée de diverses substances : on trouve immédiatement au-dessous de la terre végétale un *sous-sol*, composé de sable, de cailloux roulés, ou de terre glaise, qui repose sur la roche. On désigne alors plus particulièrement par le nom de *très-fond* cette roche qui supporte le sous-sol.

Les sous-sols agissent principalement par leur perméabilité, par la facilité avec laquelle l'eau les traverse, par la résistance qu'ils opposent aux racines des plantes, et par la matière qu'ils fournissent au sol, lorsqu'étant peu profonds, ils peuvent être entamés par les instruments aratoires. A ces différents points de vue, le même sous-sol est tantôt favorable, tantôt nuisible, selon la nature du sol qu'il supporte et selon le climat.

En général, dépourvus de matières organiques, les sous-sols agissent plutôt par leurs propriétés physiques que par leur composition. Nous les diviserons selon qu'ils sont meubles, *terreux*, ou adhérents, *en roches*.

I. Sous-sols terreux.

Ils sont formés de particules peu adhérentes et peuvent être facilement entamés par les instruments aratoires. Nous en distinguerons de trois sortes.

Les uns, SABLONNEUX, formés de gravier, de sable, sont perméables à l'eau; ils facilitent la réussite des récoltes lorsqu'ils sont sous des sols argileux; mais si la couche superficielle est de même nature ou siliceuse, le sol est trop aride et les récoltes n'y réussissent que dans les années pluvieuses et dans les climats humides.

Dans quelques circonstances, les couches graveleuses supérieures, en s'imprégnant de certaines matières salines qui se forment dans la terre arable, adhèrent les unes aux autres, forment du *tuf*. Alors le sous-sol présente en partie les caractères des sous-sols en roches.

Les sous-sols ARGILEUX sont assez communs, et la couche de glaise qui les forme a une épaisseur très-variée. Lorsque le sol est horizontal, ils maintiennent l'eau et rendent souvent les terres assez humides pour qu'il soit nécessaire de pratiquer des labours en billons fortement bombés, et même pour exiger l'emploi des moyens de dessèchement.

Il est facile d'établir des étangs dans les localités dont le sol est argileux; mais ainsi que la Dombes nous en présente un exemple, le pays est alors peu salubre.

Le sous-sol argileux, qui nuit pendant la saison des pluies en retenant l'eau dans la couche superficielle du sol, peut nuire aussi en été, en empêchant la fraîcheur du sol profond d'arriver aux plantes; mais il est généralement favorable dans cette dernière saison : cela se remarque dans le Tarn, le Dauphiné, et même dans les climats frais et humides du Nord, dans la Picardie et l'Ile de France.

Les sous-sols MARNEUX présentent d'ordinaire les propriétés physiques des sous-sols argileux : ils sont formés par de la marne grasse; mais ils sont plus favorables à la végétation : la couche que les labours profonds en soulèvent, augmente la fécondité de la terre labourée.

Il est souvent avantageux que les propriétés des sous-sols diffèrent de celles des sols. Ainsi, sous un sol sablonneux, une couche d'argile peut être utile : l'eau que retient la couche inférieure diminue l'aridité de la surface, et favorise la végétation. De même, une couche de sable produit de bons effets sous un sol argileux en facilitant l'écoulement des eaux, et en rendant le terrain moins compacte par les particules du sous-sol qui se mêlent à la terre arable lors des labours.

II. Sous-sols en roches.

Les roches sont quelquefois tout à fait superficielles ; d'autres fois, elles sont immédiatement couvertes par le sol, ou séparées de celui-ci par un sous-sol terreux. Elles agissent en raison de leur position, de leur direction et de leur nature.

Position. — Les roches étant en général insolubles, sont peu propres à la nourriture des plantes : nous rencontrons seulement sur celles qui sont superficielles, quelques chétifs lichens vivant aux dépens de l'air, de la pluie, et des substances transportées par le vent. Mais ces cryptogames, par leur présence, par leurs excrétions, par l'humidité qu'ils retiennent, ramollissent le rocher. Après leur mort, ils se décomposent sur la place où ils ont vécu, et y forment une couche de terreau où des plantes plus parfaites viennent ensuite, et trouvent un sol plus approprié à leurs racines et plus riche en principes alimentaires. Ainsi, à la longue, les roches les plus dures peuvent se couvrir d'une couche de terre fertile et d'une belle végétation.

Les localités où les roches sont peu profondes sont ordinairement montagneuses, sèches, et favorables à la santé ; mais les plantes y sont petites, grêles, rares ; elles y souffrent, ou de la sécheresse, ou de l'humidité, selon les temps, parce que la terre arable manque de profondeur. Quoique sapides et bien nutritives, ces plantes ne peuvent généralement alimenter que des bœufs, des chevaux ou même des moutons de petite stature.

Direction. — Si les roches sont horizontales, peu de terre suffit pour y donner d'abondantes récoltes : les inégalités de la surface conservent l'eau et facilitent la croissance des végétaux ; les arbres y acquièrent quelquefois une très-grande vigueur : leurs racines, suivant les fissures des roches où règne toujours une certaine humidité, ne souffrent jamais beaucoup de la sécheresse. Les froments prospèrent sur les terres qui reposent sur des roches calcaires; ils y donnent des grains de bonne qualité et une paille excellente.

Les roches sont disposées, selon leur nature, par masses ou par bancs : les premières sont plus ou moins siliceuses, et les autres calcaires.

NATURE. — Quoique profondes, les couches qui supportent les terres arables agissent par leur nature. Les roches calcaires sont, nous l'avons vu, plus favorables à la végétation que les roches siliceuses, et celles des dernières formations sont en général les meilleures : elles se désagrègent plus facilement, ont une composition chimique plus compliquée, et donnent, par leur désagrégation, un sol plus propre à nourrir les plantes. On n'oubliera pas que la craie exerce, à moins qu'elle ne supporte des sols argileux, une influence malfaisante, surtout quand elle est en couches épaisses.

Parmi les roches siliceuses il faut distinguer celles qui se sont formées par refroidissement, de celles qui ont été produites par sédiment. Les unes et les autres ont à peu près la même composition, mais les dernières, les schistes, les grauwackes, se désagrégeant rapidement et étant plus faciles à entamer que le gneiss, et le micaschiste, rendent les défoncements moins dispendieux.

III. Superposition des divers terrains.

Nous avons passé en revue les principaux terrains, et nous avons indiqué l'ordre de leur superposition. Le tableau que nous avons donné, page 8 en représente l'ensemble et en indique l'ordre chronologique; mais nous devons ajouter qu'on ne les rencontre jamais tous dans la même localité, du moins ils ne peuvent pas y être démontrés. Ainsi dans le bassin de Paris, les terrains tertiaires cachent ceux qui s'étaient formés antérieurement; dans la Champagne, la Lorraine, la Bourgogne, les étages crétacés et oolitiques sont seuls apparents; tandis que dans l'Anjou, et dans une partie de la Vendée, on ne voit que les formations intermédiaires; que le gneiss et le granite seuls, s'aperçoivent dans les environs de Saint-Brieuc, de Cherbourg, de Limoges, de Guéret, au ballon des Vosges, au sommet des Pyrénées et dans la Creuse comme sur la montagne de la Margeride (Lozère).

Dans quelques localités, les terrains les plus anciens sont couverts immédiatement par des terrains modernes, le micaschiste et le gneiss par les terrains crétacés : toutes les formations intermédiaires manquent. Dans d'autres même, l'ordre naturel de superposition est interverti ; des terrains récents sont recouverts par des ter-

rains plus anciens : les roches qui se sont formées par épanchement sont quelquefois recouvertes par des couches plus anciennes sous lesquelles elles ont coulé en se formant. C'est seulement
par des études faites sur différents points du globe qu'on est parvenu à comparer les divers terrains les uns aux autres et à connaître ainsi l'ordre selon lequel ils se sont formés.

Il ne faudrait donc pas croire que, parce que un terrain constitue le sol d'une pièce de terre, le terrain qui lui est inférieur
dans la *fig.* 1 se trouve immédiatement au-dessous du sol arable. On ne peut déduire de là présence d'un terrain l'existence
d'un autre terrain, que lorsqu'on connaît bien la structure du
pays où on les observe.

Pour étudier convenablement la topographie d'une contrée,
pour apprécier l'influence des terrains et des eaux, il faut examiner la succession des couches et leur nature dans les ravins
et les vallées, dans les tranchées ouvertes pour les routes et les
fouilles faites pour ouvrir des puits ou pour creuser des fonda-
tions. On peut considérer les observations faites dans les vallées,
sur les penchants d'un plateau comme indiquant la composition
du terrain dans toute l'étendue du plateau; car il est bien rare que
de grands changements s'opèrent sans qu'il en résulte, à la surface du sol, des accidents qui les indiquent; du moins, par la direction des couches qu'on observe sur les bords des vallées, on
peut prévoir les modifications qui ont lieu du côté vers lequel
elles se dirigent.

IV. Caractères et direction des terrains.

Nous avons signalé les caractères des grandes formations géologiques et les différences qui les distinguent. Il nous reste à résumer en quoi les principaux groupes diffèrent les uns des autres
au point de vue de l'influence qu'ils exercent comme sous-sols.

Les terrains formés par soulèvement et par épanchement, sont
en masses considérables; ils présentent bien rarement des couches
minces, et les ruptures qu'ils offrent sont plus ou moins acciden-
telles. Dans les terrains intermédiaires, les masses sont moins
homogènes, elles sont souvent en bancs, quelquefois horizontales,
mais ordinairement obliques. Ces terrains ressemblent cependant
aux précédents, en ce qu'ils occupent de larges surfaces et forment
des masses considérables.

C'est dans les terrains postérieurs aux formations houillères,
au grès vosgien et au grès bigarré (*fig.* 1), que les matières sont
disposées en strates, en couches, quelquefois très minces, ce qui

facilite les mélanges. Si quelques bancs de grès, quelques couches d'argile et quelques roches calcaires, notamment la craie, forment des exceptions, ces exceptions sont rares et limitées. Dans la plupart des contrées à terrains tertiaires et à terrains secondaires, dans la Picardie, l'Ile-de-France, la Puisaye, le Berry, la Sologne, la Beauce, les Landes, on trouve à de petites profondeurs ou à de petites distances, ces terrains divers qui peuvent s'amender les uns les autres, de sorte que l'amélioration des terres est plus facile dans ces contrées que dans la Bretagne, le Limousin, la Marche, le Rouergue, la Lozère, où règnent les terrains anciens.

On tire d'autant mieux parti des stratifications formées par les divers sols qu'elles sont plus nombreuses et plus apparentes. Quand les couches de chaque formation sont peu épaisses, les mélanges se sont même opérés naturellement, et l'homme qui les a observés a bientôt eu l'idée d'en opérer lui même de semblables. C'est ainsi que se sont produites dans l'Oise, dans Seine-et-Marne, Seine-et-Oise, même dans des localités où la surface du sol était composée d'éléments peu favorables à la culture, de grandes étendues d'excellents sols, comme on n'en remarque pas dans les contrées qui reposent sur les terrains anciens.

Notons encore que les roches siliceuses diffèrent beaucoup par leur disposition générale de celles qui ont pour base la chaux. Les premières ont le sommet arrondi ou anguleux, forment des collines rapprochées, et les contrées où elles règnent sont parcourues par de nombreux ruisseaux; tandis que les roches calcaires forment des plateaux, plans ou peu inclinés, quelquefois très étendus et taillés à pic sur les bords. L'eau y manque souvent. Les eaux de pluie se rendent à de grandes distances et surgissent en masses considérables. Il n'est pas rare de voir dans la Provence, le Roussillon, les causses du Rouergue, comme dans la Bourgogne, la Champagne, des sources qui en surgissant de la terre, sont assez abondantes pour mettre en mouvement des moulins.

Les terrains, à l'exception de ceux de formation toute récente, sont plus ou moins inclinés. L'observation démontre cependant que les roches par sédiment se sont formées selon une direction horizontale; mais après leur formation elles ont été diversement soulevées; souvent même elles ont été à la fois fondues et soulevées, fléchies et contournées.

Au point de vue de la topographie des lieux, il faut bien observer la direction des terrains. Il faut la connaître pour se rendre compte du mouvement des eaux souterraines, pour concevoir pourquoi tant de montagnes sont fraîches, couvertes de verdure d'un côté, et sèches, arides de l'autre : en pénétrant dans le sol, les eaux de la pluie, de la neige et des brouillards s'infiltrent entre les roches, coulent dans les fissures qui séparent les bancs et vont surgir du côté vers lequel les roches s'inclinent. Ce serait en vain qu'on s'attendrait à trouver des sources, et qu'on ferait des puits, du côté vers lequel les strates se relèvent.

SECTION IV.

Direction de la surface des sols.

Elle agit sur l'écoulement des eaux, sur la facilité avec laquelle on fait les travaux, sur l'épaisseur de la terre arable, et sur la température.

Un sol *horizontal* n'est pas exposé à être dévasté par les orages; tous les produits meubles qui s'y forment en augmentent l'épaisseur, et les travaux y sont faciles. Il n'aurait des inconvénients qu'autant qu'il serait imperméable : les eaux ne s'écoulant pas facilement rendraient la terre malsaine.

Une légère inclinaison du sol, de 2 à 5, 6 cent. par mètre sans accroître sensiblement les frais de labour et de charrois, facilite les dessèchements et au besoin les irrigations; mais si la pente est de plus de 10 à 15 cent., les travaux sont difficiles, et si elle dépasse 18 à 20, ils ne sont guère possibles par les bestiaux.

L'homme cultive à la main des terres ayant une pente beaucoup plus rapide. Le côteau de Saint-Maurice aux environs de Paris est constamment enblé, en orge, en vesce ou en luzerne, quoique dans quelques parties, la pente dépasse 50 cent. par mètre. Nous avons des vignes, notamment dans les environs de Bar-le-Duc, dont le sol est en pente encore plus rapide. M. Elie de Beaumont a vu dans le Tyrol, le sarrazin cultivé sur une terre dont la pente dépasse 60 cent.

L'homme peut à peine se tenir sur des terrains aussi fortement inclinés; il est obligé de faire les labours en travers pour maintenir la terre, et les orages y exercent souvent des ravages considérables.

Dans un sol en pente, *exposé au Midi*, les rayons solaires arrivent plus rapprochés de la perpendiculaire et en plus grande quantité pour une surface donnée ; la chaleur y est forte et la sécheresse à craindre. On doit y mettre des récoltes hâtives, y faire les semailles en automne, afin que les plantes parcourent toute leur végétation avant les fortes chaleurs de l'été.

Dans les terres tournées *vers le Nord*, la température est plus basse que ne le comporte la latitude. Si le sol est passable, les arbres sont beaux et vigoureux, les herbes hautes mais fades, peu nutritives ; elles ont, dans nos climats, moins de valeur pour l'alimentation des herbivores que celles, moins abondantes, qui croissent à l'exposition du midi ; en Afrique, au contraire, on obtient les meilleurs produits sur les versants qui regardent le Nord, et le Nord-Ouest : la végétation languit souvent en regard du Sud. Dans nos contrées, les récoltes souffrent moins de l'hiver à l'exposition Nord qu'à l'exposition Sud, parce qu'elles sont moins exposées aux alternatives de gelées et de dégels, si nuisibles aux plantes qui ne sont pas très-profondément enracinées.

Les côteaux *inclinés à l'Est* ou à *l'Ouest* tiennent le milieu entre les précédents pour les effets qu'ils exercent sur la végétation, mais ils diffèrent beaucoup, du reste, les uns des autres : échauffés depuis le lever du soleil jusque dans l'après midi, ceux à l'Est sont souvent secs et arides ; tandis que ceux à l'Ouest, couverts de rosée jusqu'au milieu du jour, restent frais ; la végétation y est vigoureuse et on y voit de beaux arbres comme sur ceux qui sont exposés au Nord. Il y en a dans le Midi qu'on appelle *bois de l'hiver*, pour exprimer que le froid y est intense et de longue durée.

Nous remarquons une très-grande différence entre les produits des diverses expositions de nos montagnes : le versant méridional des Alpes, des Pyrénées, des montagnes de la Loire, de la Lozère, du Limousin, mûrit des plantes qui ne fructifient pas sur le revers septentrional.

Mais c'est surtout loin de la mer, vers l'Est, où l'été est ardent et l'hiver rigoureux, que la différence de température entre les deux expositions est grande. Ainsi, l'olivier, et l'amandier, le pêcher, la vigne, qui viennent au Sud des montagnes du Dauphiné et de la Comté, de l'Alsace, ne sauraient être cultivés au Nord de ces mêmes montagnes. Dans le Charolais, le même terrain, dans les communes de Saint-Christophe, de Semur en Brionnais, est en herbages dans les bas-fonds et à l'exposition Ouest et Nord, tandis qu'il est couvert de vignes à l'exposition Est et Sud.

Le même phénomène se remarque sur les deux pentes de nos bassins pour les rivières qui coulent de l'Est à l'Ouest. Dans toutes ces circonstances, l'exposition exerce plus d'influence que plusieurs degrés de latitude.

Les plantes prospèrent à une plus grande *élévation* du côté

Sud que du côté Nord des montagnes : sur le Montrose, par exemple, l'orge vient à 3,100 mètres d'un côté, et il ne peut pas être cultivé au-delà de 2,000 de l'autre. Dans le pays de Bray, quoique les collines soient peu élevées, le blé réussit mieux vers le Sud que du côté opposé.

Pour apprécier un pays par rapport à l'agriculture et à l'hygiène, il faut tenir compte aussi de l'*influence exercée par les contrées environnantes*. Il arrive souvent que des côteaux réfléchissent les rayons solaires sur des plaines voisines ou sur d'autres côteaux, et en élèvent la température au-delà du degré que comporte la position géographique du lieu ; d'autres fois, les montagnes modifient le climat en arrêtant les courants de l'atmosphère et en préservant le pays de l'action des vents, en condensant les vapeurs et favorisant la formation de la pluie, en se couvrant de neige et fournissant ensuite des vents glacés, etc.

SECTION V.

Altitude des sols.

La sphère terrestre est légèrement aplatie aux pôles. Elle présente :

A l'équateur, un rayon de 6,376,851 mètres.
Aux pôles, « « 6,355,943 mètres.
Sa surface est de 5,098,857 myriamètres carrés.
Son volume de 1,082,634,000 myriamètres cubes.

Elle présente de très nombreuses inégalités, des montagnes dont la plus haute, le Thibet, a 8,588 mètres au-dessus du niveau de la mer. On estime que la mer a, dans quelques endroits, une profondeur de 4,000 mètres, de sorte qu'il y aurait une différence de 10 à 12,000 mètres entre les parties les plus rapprochées du centre de la terre et celles qui en sont les plus éloignées.

Cette distance est peu considérable, si on la compare au diamètre de la terre, mais elle paraît énorme quand on étudie les effets que produit l'altitude des lieux au point de vue de l'agriculture et de l'hygiène.

A mesure qu'on s'élève au-dessus du niveau de la mer, l'*air* devient froid, vif et pur. Le vent l'agite sans cesse et en forme un tout homogène, favorable à la santé des animaux. Mais c'est surtout par rapport à la *température*, que l'altitude est intéressante à étudier.

L'élévation des lieux produit le même effet que le rapprochement vers les pôles : les habitants des montagnes situées entre les tro-

piques ressemblent à ceux des contrées septentrionales qui ont la
même température ; et les plantes délicates des plaines disparaissent pour faire place à des végétaux rustiques, à mesure qu'on
s'élève, comme si on se rapprochait des régions septentrionales.

L'altitude produit des effets plus ou moins marqués selon les
contrées, les *latitudes :* la *neige* ne fond jamais à Quito (1° de
lat. Sud) à une hauteur de 4,920 mètres ; à Mexico (19° N.) à
4,700 mètres ; sur les **Pyrénées** (43° N.) à 2,800 mètres ; sur les
Alpes (46° N.) à 2,740 mètres et en Norvège (67° N.) à 1,200 mètres.

En Angleterre, une élévation de 100 mètres équivaut à la
distance de 1° de plus vers le Nord. En France, l'influence de
l'altitude est presque moitié moins grande. Du reste, cette influence varie selon les saisons : en allant de Genève au Mont-
Saint-Bernard, le thermomètre baisse de 1° pour une élévation de
197 mètres au printemps, de 185 en été, de 210 en automne,
et de 232 en hiver. Sous l'équateur, en raison de la température
très élevée des plaines, on traverse dans l'espace de quelques
heures les climats les plus variés ; on va des régions brûlantes
aux neiges perpétuelles.

En Angleterre le *froment* ne vient pas à 180 mètres d'altitude
ou il n'y donne qu'un grain petit, léger, et toutes les autres *céréales* manquent au-dessus de 260 mètres ; tandis que dans les
Alpes maritimes, le froment est cultivé à 1,700 mètres et le seigle à 2,000. Nous avons vu de magnifique froment dans les environs de Mont-Louis, à plus de 1,600 mètres au-dessus du niveau de la mer.

Fine, sapide, mais en général peu abondante, l'*herbe* des
montagnes est assez nutritive, (voyez climat, région des pelouses).
On doit la faire consommer par des animaux petits, qui puissent
prendre leur repas en peu de temps, qui soient assez agiles pour
parcourir les lieux escarpés, et assez robustes pour résister aux
intempéries. C'est dans les collines boisées et rapprochées des
glaciers que les variations de température sont brusques et étendues.
Du reste, les animaux qui conviennent pour les pâturages monta-
gneux sont aussi les plus propres à exécuter les labours des terres
en pente, et à traîner le tombereau dans les mauvais chemins.

Les *animaux* des pays élevés ont bien quelquefois la taille, le
volume, de ceux qui vivent dans les lieux bas, mais ils en diffèrent
toujours par plusieurs caractères. Les chasseurs qui habitent au
pied d'une grande montagne reconnaissent en hiver, au pelage,
à la forme trapue du corps, à la brièveté des membres, les liè-
vres que le froid a forcés de descendre dans les plaines.

Les contrées montagneuses, pauvres en foin, qui n'ont que de maigres pâturages, doivent s'adonner à l'élevage et à l'entretien du mouton et des bêtes à cornes, quand elles n'ont pas un plus grand avantage à louer les herbages à des propriétaires de troupeaux transhumants. La multiplication du bétail est une industrie précieuse pour ces pays, puisque la plus grande partie de l'année, les mères et les élèves peuvent vivre dans des terrains qui ne pourraient pas recevoir de meilleur emploi. En ajoutant à la nourriture prise dans les champs, quelques fourrages de médiocre qualité pour hiverner les génisses et les taureaux, on obtient à bon marché, des vaches et de jeunes bœufs, qui donnent un bénéfice assuré.

CHAPITRE II.

DE L'AMÉLIORATION DES SOLS.

Les moyens que nous employons pour accroître l'aptitude des sols à donner de bonnes récoltes, sont : les labours, qui influent sur la consistance et la perméabilité des terres ; les amendements et les engrais, qui modifient leur ténacité et leur composition ; enfin les desséchements et les irrigations, dont le but n'a pas besoin d'être indiqué.

Nous parlerons d'abord des desséchements, des irrigations et des engrais ; nous étudierons les labours, quand nous connaîtrons les instruments aratoires.

SECTION PREMIÈRE.

Desséchement.

Nous appelons *desséchement, assainissement, égouttement,* une opération qui a pour but d'enlever aux terres leur excès d'humidité. Cependant ces trois mots n'ont pas toujours la même signification : *desséchement,* s'emploie pour exprimer d'une manière générale l'action de dessécher ; *égouttement,* s'applique à l'écoulement des eaux superficielles produit par des raies sur les terres travaillées, et *assainissement,* aux travaux qui ont pour but d'enlever l'humidité du sol et du sous-sol.

§ 1er. *Des moyens de desséchement.*

Avant d'entreprendre des travaux de desséchement, il faut

autant que possible rechercher les causes qui produisent la sur-
abondance d'humidité. Si l'eau provient d'un lieu élevé, on la
détournera par un canal de dérivation avant qu'elle soit parvenue
dans l'endroit où elle reste stagnante. Il est souvent avantageux
de la retenir, en pratiquant des réservoirs, pour la faire servir
ensuite aux irrigations.

Si elle provient de la pluie ou de sources qu'on ne peut détourner,
il faut chercher à la faire écouler. A cet effet, on agit différem-
ment, selon que l'excès d'humidité est dû à la nature du sol, à sa
position, ou à ces deux causes à la fois. Dans le premier cas, les
amendements, les raies d'égouttement, suffisent quelquefois pour
donner au sol toute sa fertilité ; dans le second, et surtout dans le
troisième, il faut, outre ces moyens, établir des puits perdus, des
terrassements, des fossés, des drains. Aujoud'hui les drains sont
employés presque exclusivement. Parlons-en d'abord.

I. Drainage.

Le mot *drainage* est d'origine anglaise. Dérivé du verbe DRAIN,
sécher, égoutter, il a, comme notre mot desséchement, une signification générale. Quand les Anglais veulent désigner le desséchement des terres cultivées, ils disent OF LAND DRAINAGE ; ils
appellent AGRICULTURAL DRAINAGE, *drainage agricole*, l'opération considérée au point de vue de l'agriculture. En France, on
entend par drainage, *le dessèchement des terres au moyen de
tuyaux en poterie placés dans le sol.*

DRAINS. — Pour faire égoutter une terre, pour la *drainer*, il
faut presque toujours deux ou trois ordres de tuyaux ou *drains* :
des tuyaux disséminés dans la terre et formant des canaux appelés
saignées, canaux primitifs, fossés d'assainissement, drains
proprement dits, P. P. (*fig.* 14, page 71) ; des *canaux secondaires*
ou *collecteurs, drains principaux,* auxquels vont aboutir les
précédents T. S. S. même *fig.*

L'eau fournie par les canaux est quelquefois utilisée ; d'autres
fois on peut la faire rendre immédiatement dans un ruisseau ou
une rivière. Quand ces circonstances heureuses ne se rencontrent
pas, on fait aboutir les canaux secondaires à un canal dit *canal
de décharge, canal émissaire* ou *d'écoulement*, qui conduit l'eau
là où on peut l'abandonner sans occasionner des dommages. Dans
quelques cas, on fait rendre les canaux secondaires dans un
puits perdu.

TRAVAUX PRÉPARATOIRES. — Avant d'entreprendre les travaux définitifs d'un dessèchement, il faut arrêter la direction, la

pente et la profondeur des tranchées, la distance à laquelle elles
doivent être les unes des autres, et la longueur qu'on doit leur
donner.

On tracera d'abord les lignes selon lesquelles doivent aller
les divers ordres de canaux, en tenant compte des pentes du terrain, de sa nature, de l'épaisseur des couches qui le constituent
et de leur direction. Dans le cas où il existe plusieurs sources on
s'assure si elles fournissent une égale quantité d'eau ; il faut
ouvrir des tranchées d'essai et pratiquer des sondages en choisissant les endroits où l'on peut supposer qu'il existe des sources
ou d'autres circonstances pouvant particulièrement influer sur
l'humidité du terrain.

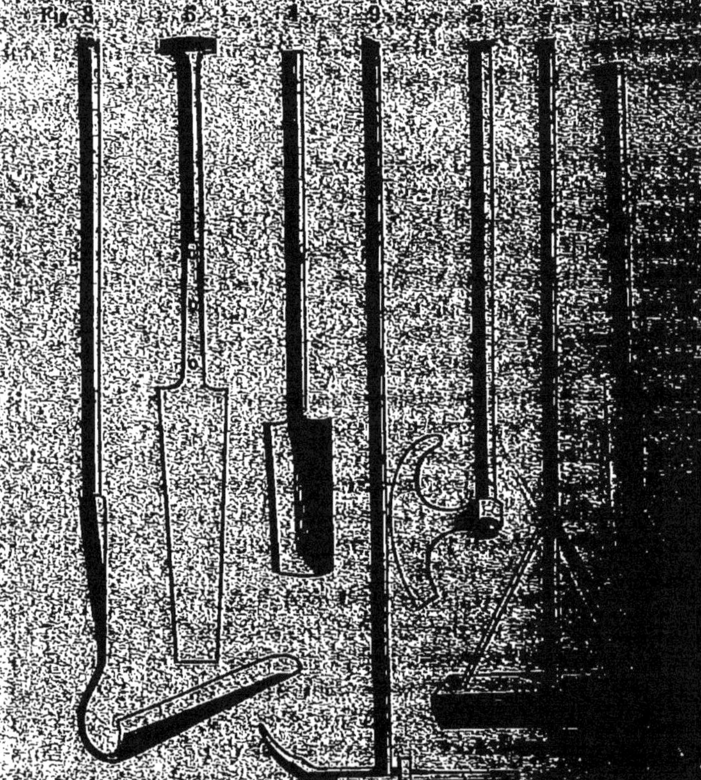

OUTILS POUR LE DRAINAGE. — On fait

outils fort variés. S'il y a un gazon à couper on emploie une hache (*fig.* 3); on se sert de bêches (*fig.* 4, 5) planes ou courbes, de diverses dimensions, quelques-unes étroites (*fig.* 6). Au besoin on fait usage de pics et de pêles, selon la nature du terrain. Des dames, (*fig.* 7) et des cuillers en forme de pioche, à longs manches (*fig.* 8) servent à tasser le fond de la tranchée, et à enlever au besoin de petites quantités de terre pour compléter le nivellement. Avec la broche (*fig.* 9), on pose les tuyaux.

On a cherché à abréger les travaux de drainage en employant des charrues, *charrues draineuses*, qui creusent des raies de 50 à 80 centimètres de profondeur. On termine ensuite l'opération avec des instruments à main. On a même construit des charrues appelées *charrues-taupes*, destinées à faire tout le travail.

Fig. 10.

Fig. 11.

OUVERTURE DES FOSSÉS. — Quand le plan des travaux est bien arrêté, on procède à l'ouverture des fossés : on trace les directions des divers ordres de tranchées avec un cordeau, et on les ouvre en commençant par la partie la plus basse afin de n'être pas incommodé par les eaux.

Pour économiser sur les frais de fouille et de remblai, on ouvre des tranchées aussi étroites que possible (*fig.* 10, 11, 12, 13). Il suffit qu'on puisse les creuser assez profondément et y loger les matériaux qui doivent donner passage à l'eau. On fait le fond arrondi et égal à la grosseur des tuyaux : de 6 à 8 centimètres pour les drains primitifs, et de 15 à 20 pour les drains secondaires. La largeur au sommet varie de 40 à 70 centimètres : l'habileté des ouvriers consiste à déplacer le moins de terre possible.

Exécutée dans des terres fortes, l'ouverture des tranchées nécessite peu de précautions ; mais quand on travaille dans des sols qui s'éboulent, on est obligé de soutenir les côtés des tranchées avec des planches (*fig.* 11, 12).

DIRECTION. — Dans les terres régulièrement inclinées d'un seul côté, il est facile d'établir la position que doivent occuper les drains : si la pente n'est pas très forte, les canaux primitifs sont dirigés parallèlement à cette pente depuis le bord le plus élevé du terrain jusqu'au bord inférieur en ligne droite; le canal secondaire doit être perpendiculaire à la pente et parallèle à ce

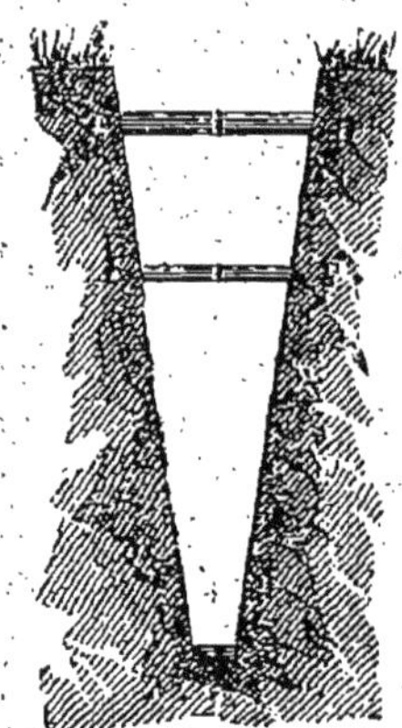

même bord inférieur (*fig.* 14). Mais quand les inclinaisons sont multiples, les travaux sont moins réguliers; si par exemple, le sol offre deux pentes opposées, on ouvrira le canal secondaire suivant la l'gne qui les sépare. Le drainage sera en forme de feuille de fougère.

Dans les terrains irrégulièrement ondulés, les propriétaires qui dirigent eux-mêmes le desséchement de leurs terres, sont assez disposés à placer les drains selon le sens des pentes, c'est-à-dire perpendiculairement aux horizontales. Les voies d'écoulement des eaux convergent alors vers le bas des terres : elles sont disposées en pattes d'oie et plus

Fig. 12.

rapprochées dans les parties basses. Ce n'est pas un inconvénient si cette disposition n'est pas trop marquée, puisque les drains sont plus rapprochés dans les parties les plus déclives qui sont aussi les plus humides.

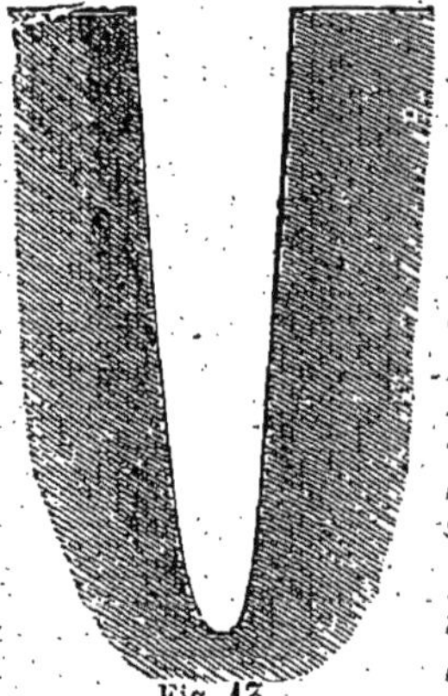

Cependant il est préférable, surtout quand les ondulations sont étendues, qu'on a une large surface à drainer, d'établir plusieurs séries de drains comme dans la *fig.* 15 que nous empruntons à l'ouvrage de M. Mangon : les lignes ponctuées représentent les horizontales du terrain; les arcs B, B, représentent les bouches de décharge, et les points o, o, les regards.

Fig. 13.

Lorsque le terrain est irrégulier et offre plusieurs ondulations diversement tournées, il est important qu'on ait dressé un plan complet de l'opération avant de commencer les travaux définitifs. C'est la partie la plus difficile des travaux de drainage. Il est essentiel de placer chaque drain de manière qu'il ait sur toute sa longueur la pente voulue, de distribuer tous les drains de telle sorte, que toutes les parties *du terrain s'égouttent convenablement.*

Les canaux de desséchement doivent se réunir au canal secondaire selon un angle aigu en amont (*fig.* 16), afin que l'eau continue à couler dans le sens de la pente, sans produire des remous, toujours favorables à la formation des dépôts. S'il y a des canaux des deux côtés du canal principal, ils doivent alterner à leur embouchure, afin qu'il n'y ait pas deux ouvertures en face l'une de l'autre.

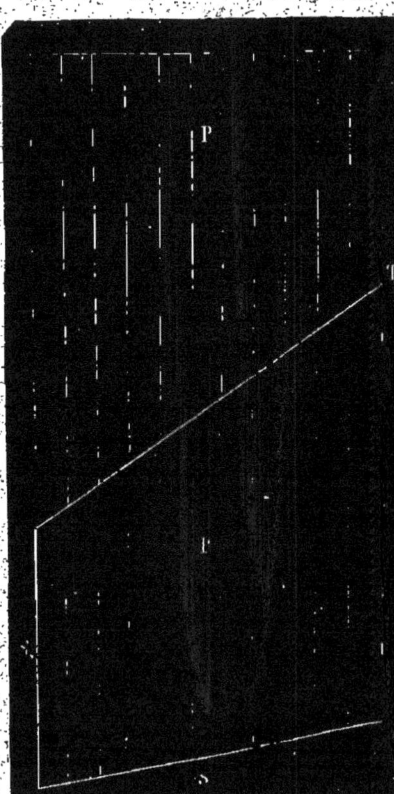

Fig. 14. Plan de drainage.

PENTE. — Dans des tuyaux cylindriques, l'eau s'écoule avec une pente de 2 millimètres par mètre, mais lentement. Il est à désirer qu'on puisse donner une inclinaison de 5 millimètres au minimum, si les drains sont longs et les tuyaux de 0^m,025 de diamètre intérieur seulement.

On a rarement besoin de drainer des terres dont la pente dépasse celle qu'on peut donner aux drains. Lorsque cela arrive on fait les fossés obliques et plus ou moins perpendiculaires à la direction de la pente, ou mieux, on les fait parallèles à cette pente, mais on donne une déclivité différente aux diverses parties de chaque drain : on fait des parties aussi étendues que possible, n'ayant que l'inclinaison normale, et on laisse, entre elles, des espaces qu'on construit en drains très-inclinés et assez solidement établis pour résister à des courants rapides. Dans les cas où les eaux sont calcaires et obstruent les canaux par les dépôts qu'elles forment, ces drains de raccordement auraient une autre utilité : les matières incrustantes se séparent de l'eau d'autant plus facilement que le mouvement du liquide est plus rapide ; de sorte qu'elles se déposeraient principalement dans les parties à pente fortement inclinée ; les raccords préserveraient ainsi les tuyaux à pente normale et auraient seuls besoin d'être de temps en temps renouvelés.

Fig. 15. Drainage d'un terrain accidenté.

Les fossés parallèles à la pente coupent ordinairement d'une manière plus symétrique les diverses couches du terrain, et agissent beaucoup plus uniformément sur le sol que des fossés transversaux. Il ne faut pas oublier aussi que l'eau a toujours de la tendance à suivre les terrains inclinés et qu'il peut arriver, s'il s'y rencontre des couches moins denses, qu'elle se creuse des voies et qu'elle coule selon la pente de ces couches. Car des dépôts qui se forment souvent dans les canaux, mais qui ne produisent qu'un effet passager et peu sensible, parce que l'eau finit par les entraîner quand ces canaux sont selon la plus forte pente des terrains, peuvent, si les drains sont obliques, détourner complétement le courant du liquide.

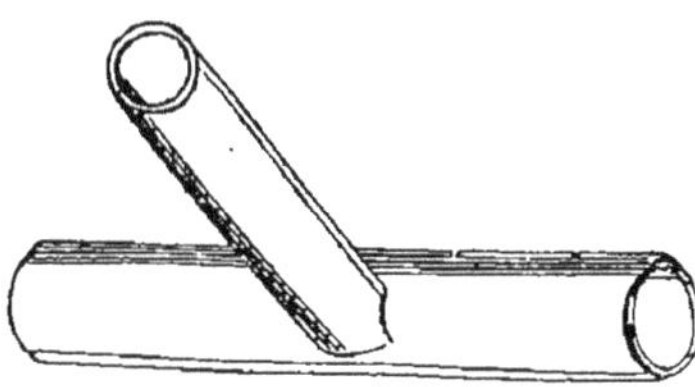

Fig. 16. Tuyaux raccordés.

Quelles que soient la direction et la profondeur des drains, il faut toujours que le fond de la tranchée soit uni et que la pente, le sol présenterait-il des ondulations à la surface, augmente régulièrement à mesure qu'on s'approche de l'extrémité inférieure. Avec cette disposition, les corps étrangers qui s'introduisent quelquefois dans les tuyaux et qui sont toujours plus abondants dans les parties basses, sont entraînés par le mouvement du liquide, et ce dernier, dont la quantité devient de plus en plus considérable, s'écoule plus facilement.

L'inclinaison des drains prévient l'engorgement des tuyaux par les corps solides que l'eau charrie et qui se déposent d'autant plus rapidement que la pente est moins grande et le liquide moins agité, à l'opposé des matières que certaines eaux tiennent en dissolution et qui, comme nous l'avons dit, se déposent plus tôt quand le courant est rapide.

PROFONDEUR. — Une terre trop humide n'est améliorée par le drainage, qu'autant que les racines des plantes cultivées peuvent

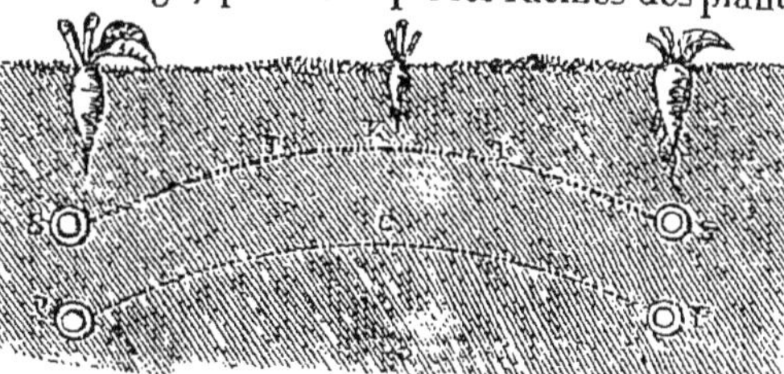

Fig. 17. Profondeur des drains.

s'y développer sans rencontrer la couche d'eau stagnante que les tuyaux ne peuvent pas enlever. Cette couche, dans les terrains drainés, n'est pas horizontale ; elle est inclinée selon les lignes K S et C P (*fig.* 17), plus dans les terres qui ont de la tendance à retenir le liquide que dans

T. I.

les terres légères. Il résulte de là, que l'épaisseur de la terre assainie n'est pas partout égale à la profondeur des drains. Ainsi les drains P P n'assainissent que la terre placée au dessus des lignes P G; de même les drains s s n'assainiraient que selon s K s et laisseraient entre eux un espace, T T dans lequel les racines ne pourraient pas se développer sans trouver la terre non assainie.

Lorsque des circonstances particulières ne s'y opposent pas, on place généralement les drains à une profondeur de 1 mètre à 1 mètre 50. On rapporte qu'en Angleterre on a été obligé de drainer une seconde fois des terres qui n'avaient été drainées qu'à 70 ou 75 cent.

ESPACEMENT DES DRAINS. — Des distances de 8 à 10 mètres pour une profondeur de drain de 80 à 90 cent. ; de 12 à 15 mètres pour une profondeur de 1 mètre à 1 mètre 30 ; de 20 à 25 mètres pour une profondeur de 1 mètre 80 à 2 mètres, sont les plus favorables. M. Zielinski a trouvé à la ferme-école de la Gorée, qu'un espacement de 30 à 40 mètres avec une profondeur de 1 mètre 50 à 2 mètres, donnait un bon résultat et ne coûtait que 102 francs par hectare au lieu de 242 francs, évaluation admise pour le système généralement pratiqué, de profondeur moindre et de drains plus rapprochés.

La LONGUEUR des drains doit être subordonnée à la quantité de pluie qui tombe en vingt-quatre heures, au diamètre des tuyaux, à leur pente, et à la distance qui les sépare les uns des autres. On admet qu'avec des tuyaux de 25 à 35 millimètres, les drains peuvent avoir de 250 à 350 mètres de longueur. En France, beaucoup de praticiens conseillent de ne pas dépasser 200 mètres. S'il faut assainir des pentes plus longues, on divise les drains primitifs par un canal secondaire transversal T. (*fig.* 14).

TUYAUX. — Des tuyaux cylindriques (*fig.* 18) de 30 à 35 centimètres de longueur et de 25 millimètres de diamètre intérieur sur 10 millimètres d'épaisseur, sont les plus usités pour les drains primitifs ; ce

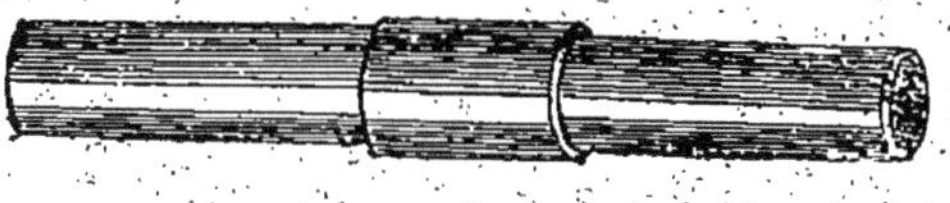

Fig. 18. Tuyaux et manchon.

sont les plus faciles à fabriquer et les moins chers. Les tuyaux à soles, qu'on a conseillés comme plus faciles à fixer, coûtent plus cher, n'offrent aucun avantage sérieux et sont généralement abandonnés.

Pour les canaux secondaires, on prend des tuyaux de 4 à 8 centimètres de diamètre intérieur. Il peut être avantageux de placer dans les mêmes fossés, deux conduits l'un à côté de l'autre au lieu d'un plus gros. Mais il ne faut pas oublier que la surface d'écoulement des tuyaux circulaires diminue comme le carré du diamètre de ces tuyaux ; que si un tuyau de 50 millimètres peut faire écouler les eaux de 2 hectares, un tuyau de 25 millimètres ne pourrait recevoir que celles de 50 ares.

Les tuyaux doivent être assez grands sans l'être en excès. Trop grands, ils occasionnent une dépense inutile, et sont plus exposés à s'obstruer ; car le courant y est moins rapide. Il peut être avantageux, lorsque les drains sont longs et fortement espacés, de composer chaque conduit avec des tuyaux de 25 millimètres au commencement et de 30 vers la fin, pour que le canal ne soit ni trop spacieux à l'origine, ni trop étroit à la terminaison.

Fig. 19. Tuyau pour raccordement.

On pratique à quelques tuyaux, avant de les soumettre à la cuisson, une ouverture ronde destinée à recevoir un autre tuyau dans les raccordements (*fig*. 19). Mais le plus souvent on ne fait ces ouvertures qu'au moment de la *pose,* au moyen d'un marteau pointu.

COLLIERS OU MANCHONS. — Ce sont de gros tuyaux courts qui embrassent les jointures des tuyaux ordinaires (*fig*. 18). On avait voulu assujettir les tuyaux sans collier, mais il est reconnu que c'est une économie mal entendue.

TERMINAISON DES DRAINS. — Il n'est pas avantageux de faire communiquer directement les canaux primitifs avec le ruisseau

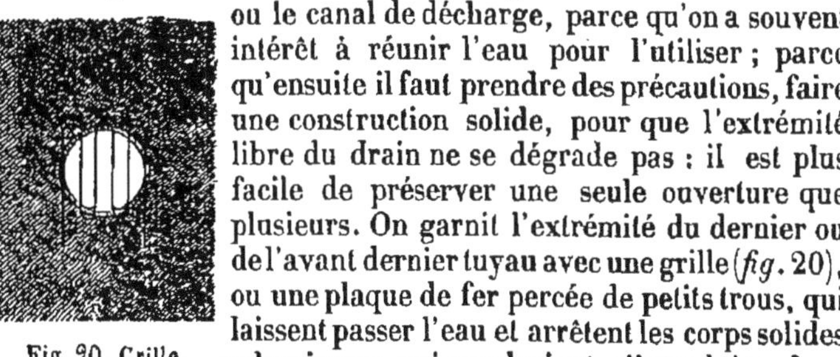

Fig. 20. Grille.

ou le canal de décharge, parce qu'on a souvent intérêt à réunir l'eau pour l'utiliser ; parce qu'ensuite il faut prendre des précautions, faire une construction solide, pour que l'extrémité libre du drain ne se dégrade pas : il est plus facile de préserver une seule ouverture que plusieurs. On garnit l'extrémité du dernier ou de l'avant dernier tuyau avec une grille (*fig*. 20), ou une plaque de fer percée de petits trous, qui laissent passer l'eau et arrêtent les corps solides volumineux qui voudraient s'introduire dans l'intérieur du canal.

FABRICATION, CHOIX DES TUYAUX. — Nous ne pouvons pas

parler ici de la fabrication des drains : nous renvoyons les hommes qui veulent s'en occuper, aux ouvrages de M. Barral, Mangon, etc. ; mais nous croyons utile de dire qu'il faut choisir, pour faire ces tuyaux, une terre malléable, tenace, et cependant se desséchant sans se déformer, et surtout ne renfermant pas de carbonate de chaux : pendant la cuisson, ce sel serait décomposé par la chaleur et se réduirait en chaux caustique.

Après la pose dans la terre des tuyaux, la chaux serait dissoute et entraînée par l'eau. Les tuyaux cesseraient de fonctionner et se déliteraient même complétement. Le cultivateur qui achète des drains doit prendre des précautions, ne les acheter qu'avec une garantie bien stipulée, ou après les avoir essayés. M. Bryas place 50 tuyaux dans l'eau. « S'ils sont bien cuits, dit-il, si la terre employée est exempte d'éléments calcaires, les drains restent en bon état et conservent leur dureté et leur sonorité ; si, au contraire, les drains sont défectueux, ils se décomposent et s'écrasent en les touchant. »

POSE DES TUYAUX. — La pose des tuyaux au fond des tranchées est effectuée avec l'instrument représenté *fig.* 9. A l'opposé de ce qui doit être fait pour l'ouverture des tranchées, il est convenable de commencer l'opération par la partie la plus élevée de la pièce que l'on draine, afin que l'eau ne dépose pas dans les tuyaux déjà posés, la terre dont on la charge plus ou moins en travaillant. On *comble* les tranchées en ayant soin de ne pas déranger les tuyaux tout en les fixant solidement. Il faut aussi prendre les précautions nécessaires pour que la terre soit uniformément tassée dans toute la profondeur de la tranchée.

REGARDS. — On doit ménager, de distance en distance, des regards pour plus tard reconnaître les endroits des drains où les tuyaux sont obstrués et, en cas de besoin, abréger les travaux de réparations en facilitant les recherches. Les regards (*fig.* 21), sont des vases dans lesquels aboutissent les tuyaux qui sont en amont, et d'où partent ceux qui sont en aval. Il est à désirer que l'ouverture qui est en aval soit plus basse que l'autre, afin que l'on puisse s'assurer facilement de la rapidité du courant.

Fig. 21. Regard.

OBSTRUCTION DES TUYAUX. — Elle peut être produite par

des racines et par des dépôts. Lorsqu'un conduit est placé auprès d'un arbre, s'il est à une petite profondeur, il est exposé à être obstrué par les racines. Les radicules s'introduisent par les plus faibles fissures et une fois dans le tuyau, elles y produisent un chevelu, *une queue de renard*, qui arrête le passage de l'eau. On ne peut prévenir cet inconvénient qu'en arrachant les arbres et les haies, si l'on n'a pas la possibilité d'en éloigner les drains à une assez grande distance.

Parmi les dépôts qui se forment dans les drains, les uns sont produits par des matières que l'eau tient en suspension, les autres par des sels qui étaient en dissolution dans le liquide. Ces derniers sont beaucoup plus adhérents et sont le plus souvent formés par du carbonate de chaux que l'eau tenait en dissolution à l'aide de l'acide carbonique, et qu'elle abandonne aussitôt que ce gaz se dégage ; ils se forment d'autant plus vite que le mouvement du liquide est plus rapide (1).

Nous avons vu p. 71 et 72 qu'on peut prévenir l'obstruction des drains en provoquant la formation des dépôts en certains endroits limités ; M. Mangon a proposé un autre moyen. « Il suffit, dit ce savant ingénieur, pour empêcher leur formation de s'opposer au dégagement du gaz carbonique. Rien de plus facile que de réaliser en pratique cette condition, en plaçant un regard pneumatique à quelques mètres en amont de la bouche de décharge, et s'il y a lieu, au point de réunion des maîtres drains les plus importants. » Ces regards pneumatiques sont construits comme les regards ordinaires, mais contrairement à ce qui a lieu dans ces derniers, le tuyau d'arrivée débouche à quelques centimètres au-dessous du niveau du tuyau d'écoulement. « A l'aide de cet artifice, les tuyaux de drainage sont séparés de l'air extérieur et la condition désirée se trouve exactement remplie. »

Ces regards, d'après des essais de M. Mangon, ont aussi pour effet de prévenir la formation dans les drains des dépôts ocreux que produisent les eaux provenant de sols marécageux et de terres riches en composés de fer : dans cette circonstance, les regards agissent en s'opposant à l'entrée dans les drains de l'oxygène de l'air, sans lequel les composés ferrugineux restent solubles.

II. Desséchement avec des briques.

Avant d'employer des tuyaux de drainage, les Anglais avaient construit des conduits souterrains avec des *tuiles creuses*, des

(1) Voyez *Annales des sciences physiques et naturelles, d'agriculture et d'industrie*, publiées par la Société d'agriculture de Lyon, année 1840, page 419.

que dans les tuyaux, de sorte que là où ils sont inefficaces, le drainage peut être utile.

On appelle *coulisses*, des fossés garnis intérieurement de pierres cassées ou de branchages recouverts avec de la terre.

On garnit les coulisses d'une couche de 35 à 40 cent. de cail‑loux, de galets de rivière, de pierres cassées, de tuiles brisées, du volume d'un œuf de poule environ. Ces matériaux recouvrent quelquefois un aqueduc en briques (*fig.* 22), ou en pierre (*fig.* 26), et d'autres fois des drains ordi‑naires; on couvre les cailloux avec de la paille, des feuilles, des fougères, sur lesquelles on remet une partie de la terre qui avait été retirée du fossé. On a soin de rendre solide l'extrémité libre par laquelle l'eau s'écoule dans

Fig. 24.   Fig. 25.
Conduits en tourbe.

Fig. 26. Aqueduc.

le canal de décharge, avec de fortes pierres, disposées de manière à représenter la bouche d'un aqueduc.

Le *drainage double*, avec de la pierraille et des tuyaux ou des briques, est très efficace: les pierres facilitent la descente de l'eau vers les conduits, et ces derniers en activent l'écoulement. En outre, les drains sont beaucoup moins exposés à s'obstruer. Mais le travail est trop dispendieux, et le plus souvent on se borne à employer seulement, ou les drains, ou le cailloutage.

Les Anglais, qui avaient beaucoup perfectionné la construction des coulisses avant de pratiquer les travaux auxquels nous avons réservé la dénomination de *drainage*, se servent, pour les établir, de pierres régulièrement cassées en morceaux dont les plus volumineux pourraient passer dans un anneau de six à huit centimètres de diamètre, et soigneusement débarrassées de la terre avec des cribles. Ils séparent même les morceaux selon la grosseur et mettent les plus volumineux au fond et successivement les plus petits; ils les nivellent soigneusement avec le rateau et les battent avec une *dame* pour ne pas laisser des espaces vides; ils couvrent cette couche perméable de gravier et de sable.

Au lieu de pierrailles, on peut employer pour les fossés couverts, des broussailles, des bourgines, des branches liées ensemble et disposées en cordes auxquelles on donne une grosseur correspondante à la capacité du fond des tranchées. Ces broussailles sont posées sur le fond du fossé, ou mieux, supportées par de petites pièces de bois disposées en croix, de manière à représenter dès X dont l'enfourchure supérieure porte les broussailles.

On recouvre le bois avec des feuilles, du gazon, des branchilles et de la terre. On fait ces coulisses peu profondes, et si elles ne fonctionnent pas longtemps, elles sont d'un établissement peu coûteux.

Employées par les peuples de l'antiquité, les coulisses sont encore usitées. Bien exécutées en pierrailles, elles sont indestructibles, car l'on en trouve qui remontent à l'occupation des Gaules par les Romains et qui fonctionnent encore.

Depuis que l'attention a été appelée sur les desséchements par le drainage, on s'est rappelé les avantages des coulisses et l'on en a beaucoup pratiqué. Elles peuvent être fort utiles si on fait les tranchées avec soin, si l'on prend bien les niveaux. Beaucoup de travaux, que nous avons vus dans ces dernières années, ne font pas tout le bien que l'on pourrait en attendre parce qu'ils ont été mal faits.

V. Puits perdus, sondage, drainage vertical.

L'humidité du sol provient quelquefois de ce que la terre arable est supportée par une couche d'argile imperméable, formant un bassin dont les bords sont relevés de tous les côtés ; d'autres fois l'eau est fournie par un réservoir inférieur, qui, ne pouvant pas s'écouler, verse constamment son trop plein à la surface du sol. Dans les deux cas, des travaux de *sondage* sont nécessaires.

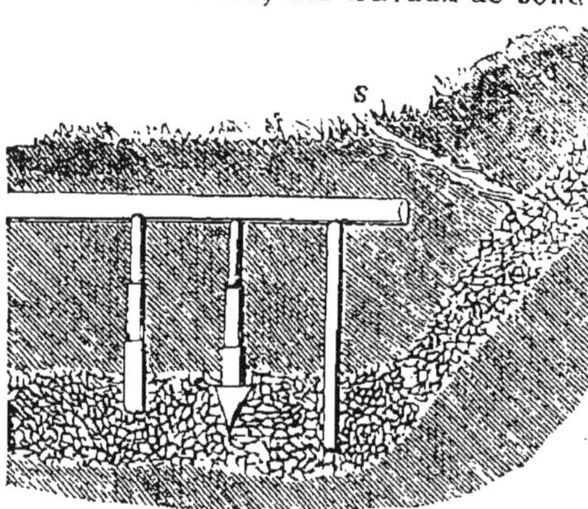

Fig. 27. Drainage vertical.

Elkington, fermier du Warwick-Shire, a pratiqué le sondage avec un grand succès dans le siècle dernier. Voici comment il fut conduit à adopter ce moyen de desséchement.

Il avait fait creuser des canaux dans une terre qui aurait dû être fertile, sans pouvoir l'assainir. Il visitait un jour ses travaux en se demandant quelle pouvait être la cause de cette humidité, et il était à côté d'un fossé de 1 mètre 50 de profondeur, lorsqu'un de ses ouvriers, portant un avant-pieu en fer, passa, par hasard, à côté de lui, en allant déplacer un parc dans une terre voisine. Elkington eut l'idée de prendre l'avant-pieu et de sonder le fond du fossé. Ayant

Fig. 28. Puits perdu.

enfoncé cet instrument de 1 mètre environ, il vit, en le retirant, l'eau surgir du trou et couler dans le fossé. Il reconnut ainsi que l'humidité provenait du sous-sol et il imagina le procédé d'assainissement, qu'on appelle procédé d'Elkington, et qui produit, dans quelques circonstances, de très grands résultats à peu de frais. Le parlement accorda à Elkington une récompense de 1,000 livres sterling (25,000 francs).

Quoique connu en Allemagne depuis longtemps, ce procédé de desséchement n'a été bien apprécié qu'après les succès du fermier du Warwick-Shire. Il a été perfectionné dans ces dernières années. C'est ce qu'on appelle *drainage vertical*.

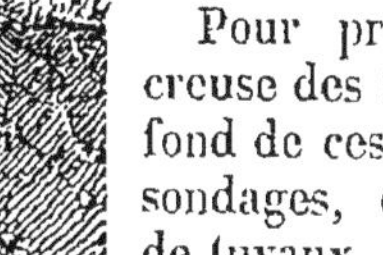

Pour pratiquer le drainage vertical, on creuse des tranchées horizontales, et c'est du fond de ces tranchées que l'on pratique des sondages, ou que l'on enfonce des colonnes de tuyaux, verticalement, dans une profondeur qui varie selon l'épaisseur de la couche à assainir. Les colonnes, formées de tuyaux qui s'emboîtent, laissent pénétrer l'eau dans leur intérieur par les joints et par des ouvertures dont les tuyaux sont pourvus. Elles sont enfoncées directement, ou après qu'il leur a été ménagé un passage à l'aide de la sonde. On pourrait au besoin garnir le fond de la colonne d'un morceau de bois pourvu d'une pointe en fer, comme l'extrémité d'un piloti.

Fig. 29. Trou de sonde.

Ce procédé a pour but de donner écoulement à des eaux souterraines répandues dans une couche argileuse (*fig.* 27), et provenant des eaux pluviales, ou amenées par une couche aquifère sur laquelle repose l'argile ; de la faire remonter par des tuyaux verticaux dans un drain horizontal qui la mène dans un canal de décharge ou dans un puits perdu (*fig.* 28), et de tarir ainsi des sources s (*fig.* 27) qui, en surgissant à la surface du sol produisaient l'insalubrité. C'est ce qui avait lieu dans le cas observé par Elkington.

D'autres fois, le drainage vertical conduit dans une couche perméable profonde, l'eau d'une couche superficielle, à l'aide d'un trou de sonde B C qu'on garnit de tuyaux, au besoin (*fig.* 29).

Dans le premier cas, les tuyaux placés verticalement font fonction de drains collecteurs, et les tranchées horizontales où ils aboutissent conduisent l'eau à la décharge ; dans le second, les drains horizontaux ramassent l'eau, et les drains verticaux la font arriver dans un sous-sol perméable : ils font fonction de *puits perdus*.

Souvent même, lorsque la couche imperméable qui doit être traversée est peu épaisse, on fait un véritable puits perdu (*fig.* 28) que, pour éviter les accidents, on remplit avec des branchages, ou mieux, avec de la pierraille.

<h3 style="text-align:center">VI. Colmatage, terrement.</h3>

Le desséchement peut être opéré aussi par l'élévation du sol : on le pratique en transportant des terres avec la brouette, le tombereau. Un des plus beaux quartiers de Lyon, au confluent de la Saône et du Rhône, est bâti sur une presqu'île jadis infecte, qui a été comblée, assainie, de cette manière.

On peut produire le même résultat par *atterrissement*, par *terrement*, c'est-à-dire en faisant arriver, d'un lieu plus élevé, des eaux limoneuses sur les emplacements qu'on veut dessécher. On forme ainsi, tant de l'élévation que du bas-fonds qui est au-dessous, un plan incliné, qui peut toujours être arrosé à l'aide du canal qui a servi à la conduite des eaux, canal auquel on donne une solidité suffisante. Nous avons des étangs, des marais, jadis sources de fièvres pestilentielles, qui ont été ainsi assainis et livrés à la culture.

Le colmatage se fait souvent sans le secours de l'homme : les bas-fonds se comblent, et par les matières que l'eau transporte, et par les herbes qu'elle fait pousser. C'est ainsi que se sont produits beaucoup des riches herbages de l'ouest de la France.

Les alluvions qui se forment à l'embouchure de nos fleuves et qui comblent les mers, quelquefois aux dépens des ports, nous démontrent combien nos rivières torrentielles, nos fleuves rapides, peuvent, lorsque leur action se combine avec celle des marées, produire de grands résultats en peu de temps. M. Surrell a trouvé que les eaux du Rhône contiennent, à Beaucaire, pendant les fortes crues, 18 kilogr. 68 gr. de limon par mètre cube ; que le fleuve charrie annuellement à la mer 21 millions de mètres cubes de matières solides.

Plus les eaux sont limoneuses, plus souvent elles se renouvellent et plus rapidement elles agissent. Quand on emploie, comme on le fait assez souvent, les eaux de la mer pour opérer le colmatage, il faut choisir l'époque à laquelle les marées transportent les matériaux les plus propres à la culture. Sur quelques parages, elles donnent, tantôt un produit limoneux trop tenace, tantôt un sable trop mobile. On doit avoir soin alors de faire arriver alternativement les uns et les autres de ces produits, de manière à composer un sol ayant les propriétés des bonnes terres arables.

§ 2. *Des effets des desséchements.*

Immédiatement après l'établissement des fossés, l'eau surabondante commence à s'écouler, et l'air atmosphérique prend la place laissée vacante par le liquide. De ce double effet, résultent des avantages divers que nous allons faire connaître.

Effets physiques. — Après le desséchement, on a toujours remarqué une grande diminution dans la ténacité et dans la consistance du sol. Les terres sont plus légères et plus *faciles à travailler ;* les animaux se fatiguent moins, font plus de travail, et peuvent être utilisés presque dans tous les temps, ce qui permet de tirer un meilleur parti des attelages, d'en diminuer le nombre, en distribuant régulièrement les travaux dans toutes les saisons de l'année.

Un des effets les plus remarquables du desséchement, c'est *l'élévation de la température du sol :* elle a été directement constatée à l'aide du thermomètre, et en outre, on a remarqué qu'après le drainage, la végétation commence plus tôt au printemps et finit plus tard en automne. On a vu en Angleterre et en Écosse, que le froment peut être cultivé dans des localités où il n'avait jamais mûri, que des arbres donnent leurs fruits quinze jours plus tôt qu'avant le drainage, et même que des cerisiers portent de bonnes cerises, dans des terrains où ces fruits n'étaient jamais venus à maturité.

Nous devons noter aussi que les plantes supportent mieux le froid comme la sécheresse, parce qu'elles ont des racines plus longues et plus fortes.

On explique facilement l'élévation de la température remarquée

après le drainage : elle provient de ce que les terres, étant plus égout-
tées, absorbent mieux les rayons solaires, et qu'en raison du peu
d'eau qu'elles contiennent, l'évaporation y est moins considérable.

EFFETS CHIMIQUES. — Ils résultent principalement de l'introduction dans le sol, d'air à l'état de dissolution dans l'eau, et à
l'état de gaz.

L'air pénètre dans l'épaisseur du sol de haut en bas, à mesure
que l'eau s'en écoule, et aussi de bas en haut, car celui qui est
renfermé dans les drains, rarement remplis par l'eau, se trouvant
en hiver plus chaud que l'air extérieur, tend à s'élever à travers
les pores de la terre. On a même quelquefois établi des tuyaux
pour faciliter la pénétration de ce fluide dans le sol, tellement on
est convaincu de l'efficacité de son action.

L'air produit de bons effets par ses composés ammoniacaux,
son acide nitrique, par son oxygène et par son acide carbonique.
Il facilite aussi la décomposition de l'humus et des minéraux.
Ces réactions expliquent le fait généralement observé, à savoir
qu'après le drainage, les terres réclament moins d'engrais. Quelques fermiers anglais ont prétendu que les terres drainées donnent
de plus riches récoltes sans engrais, que les terres non drainées
avec du fumier. Sans hyperbole, cela peut-être vrai, pendant
quelques années, pour certaines terres fortement humides.

EFFETS DES DESSÉCHEMENTS SUR LA VÉGÉTATION. — A mesure
que la couche d'eau stagnante s'abaisse, les racines prennent plus
de développement, les plantes sont plus robustes et donnent des
produits plus abondants. On peut cultiver des récoltes à racines
profondes : la luzerne, la carotte, les navets, la vigne, là où
elles ne pouvaient prospérer. Le desséchement rend même la terre
susceptible de produire des plantes qui craignent la sécheresse : en
raison du plus grand développement qu'elles prennent au printemps, elles résistent mieux aux fortes chaleurs de l'été.

Le desséchement améliore les fourrages : les bonnes plantes
qui craignent l'humidité remplacent, dans les terrains drainés,
celles qui, comme les joncs et les carex, recherchent les terres
mouillées. Les récoltes sont moins disposées à la rouille, au charbon, et fournissent des pailles plus sapides et plus nutritives.

On a remarqué que les troupeaux recherchent de préférence
les parties des terres où le drainage a été pratiqué. Les animaux
qui vivent sur des terrains assainis ont un développement plus
précoce et prennent de plus belles formes.

EFFETS DES DESSÉCHEMENTS SUR LA SALUBRITÉ DU PAYS. —
En donnant écoulement à l'eau retenue par le sous-sol, le dessé-

chement fait disparaître les eaux aigres, stagnantes, qui dans beaucoup de localités, remontent jusqu'à la surface du sol et altèrent
l'atmosphère. Après la pratique de cette opération, on a vu disparaître les maladies de l'homme et des animaux qui tiennent à
l'influence des brouillards, à l'insalubrité de l'air, à l'humidité de
la terre et à la mauvaise qualité des plantes : la fièvre de
l'homme, la pourriture du mouton, et le charbon qui affecte toutes
les espèces animales. On a observé dans les Iles Britanniques, que
les dyssenteries ont diminué et même cessé presque complétement
d'une année à l'autre, par suite du drainage. D'après des faits
rapportés par M. Mangon, la diminution seule de la mortalité des
bestiaux, suffit pour payer les frais de l'opération.

Le drainage, au point de vue de la FERTILITÉ DU PAYS, ne peut
pas encore être complétement apprécié ; il faut attendre les résultats de l'expérience ; mais nous croyons que ses effets ne seront
pas les mêmes dans les terres en pente et dans les plaines.

Dans les *terres en pente*, son action nous paraît devoir être à
tous égards salutaire : l'eau qui y tombe s'écoule presque instantanément et contribue à produire les inondations ; tandis que,
après le drainage, trouvant une couche perméable, elle y pénè-
trera, y séjournera quelque temps, y laissera quelques-uns de ses
produits, et s'écoulera ensuite graduellement, ou s'évaporera
et rafraîchira l'air. Le drainage a déjà mis à la disposition de
l'homme, beaucoup d'eau qui est employée pour arroser les terres,
et pour mettre en mouvement des machines.

Mais dans les *plaines*, l'effet salutaire qu'il produira pourrait
bien ne pas être sans inconvénients. Généralement pratiqué,
n'aurait-il pas de mauvaises conséquences ? Les plaines humides
ne sont pas très-fertiles, c'est vrai, mais ne contribuent-elles pas à
donner de la fertilité au pays en retenant, pendant les pluies, des
masses d'eau qui rafraîchissent l'atmosphère en s'évaporant en
été ? Beaucoup de nos côteaux jadis boisés, sont devenus stériles
par suite de défrichements qui d'abord avaient été favorables à
la richesse publique ; le drainage ne produira-t-il pas un effet semblable sur les plaines de l'Oise, de la Somme et de l'Aisne ?

§ 3. *Des terres qui réclament le drainage et des résultats pécu-niaires de l'opération.*

Nous n'avons pas besoin de désigner les marais, les tourbières,
les terres marécageuses, ni même les terres argileuses, compactes, qui se crevassent en été, qui donnent des récoltes tardives,

qui restent humides toute l'année, et se couvrent de prêles, de persicaires, de carex, de joncs, de consoude, de tussilage, de menthe, de traînasse, et que l'on appelle *terres fortes, terres grasses, terres humides, terres froides.*

On sait également qu'il faut drainer toutes les terres qui retiennent l'eau, qui restent humides pendant l'hiver, lors même qu'elles se dessèchent, comme les argiles peu profondes, pendant l'été. Les effets de la chaleur sont aussi nuisibles dans ces terres que ceux de l'humidité, parce que le dessèchement s'opère rapidement ; tandis que si l'eau s'écoulait insensiblement, la dessication serait lente et le resserrement moins considérable.

Dans le cas où l'on ignorerait si l'insuccès des récoltes tient à un excès d'humidité dans le sous-sol, on ouvrirait des fossés d'essai, on ferait des trous avec des pieux pour voir si l'eau séjourne dans les couches profondes ; et si cela était, le drainage serait utile.

Il n'est pas difficile de reconnaître les terres dans lesquelles le drainage doit être favorable, mais il est plus difficile de savoir si les résultats qu'on doit en attendre compenseront les frais d'exécution. Dans quelques terres, le drainage a doublé la récolte ; dans d'autres il l'a augmentée de la moitié, du quart.

On a dit que c'est dans les terres les plus fertiles qu'il produit les plus grands avantages, et cela pour démontrer sans doute que ce n'est pas seulement dans les marais incultes qu'on peut le pratiquer avec profit ; car ce n'est pas dans les excellents terrains qui donnent 35, 40 hect. de blé par hectare qu'on peut doubler ou tripler la récolte ; c'est dans les terres mauvaises ou médiocres à cause de leur grande humidité, mais susceptibles de produire à cause de leur constitution chimique.

On a parlé de domaines dont le revenu s'était élevé de 6,300 à 10,800 francs par l'effet du drainage. Quant à la dépense, elle a varié de 100 à 400 francs par hectare. Généralement c'est dans les contrées où les produits du sol se vendent cher que le drainage donne les meilleurs résultats pécuniaires, quoique, par suite du prix de la main d'œuvre, cette opération y soit très coûteuse.

SECTION II.

Irrigation, arrosement.

Par *irrigation*, on entend les grands travaux de barrage et de canalisation qui ont pour but l'aménagement des eaux destinées à la fertilisation des terres ; tandis qu'on appelle plus particulièrement *arrosement, arrosage,* la dispersion de l'eau sur les récoltes.

Il n'entre pas dans notre plan de décrire les grands travaux que nécessite la pratique des irrigations ; nous nous bornerons à faire remarquer qu'en France, nous avons, dans l'Est et dans le Sud, des montagnes élevées qui, par la neige qu'elles conservent une grande partie de l'année, par les nuages et les brouillards qui s'y condensent, forment d'immenses réservoirs admirablement disposés pour arroser nos côteaux et nos plaines les plus exposées à la sécheresse ; que dans le Centre et dans le Nord-Est, se trouvent des montagnes moins élevées, c'est vrai, mais assez considérables pour conserver dans leurs flancs, après les pluies et les neiges, de grandes quantités d'eau d'où proviennent le Gard, le Tarn, le Lot, la Dordogne, la Vienne, l'Allier, la Loire, la Seine, la Marne et la Saône ; que là où ces conditions géologiques et météorologiques n'existent pas, dans la Sologne, la Picardie, la Lorraine, nous trouvons de fortes masses d'argile, des plaines, des marais, qui contribuent aussi à alimenter nos rivières même en été ; que quelques-uns des affluents de nos grands cours d'eau, coulent entre des monts escarpés, dans des vallées très profondes, ce qui faciliterait l'établissement de réservoirs ; enfin, que presque toutes nos montagnes sont assez élevées et nos rivières assez rapides, pour permettre de dévier facilement les eaux, et de les utiliser sur une grande échelle, pour les irrigations, comme pour le transport des amendements et des produits du sol.

Quoique l'arrosage puisse être utile à toutes nos récoltes, nous l'étudierons en particulier au point de vue des prairies naturelles qui le réclament surtout. D'ailleurs il doit être pratiqué à peu près selon les mêmes règles, pour toutes les cultures.

§ 1er. *De l'eau, de ses qualités, et de son amélioration.*

I. Des diverses eaux employées pour les irrigations.

Les effets de l'arrosage varient selon la composition de l'eau qui sert à l'effectuer.

L'EAU DE PLUIE est toujours chargée de différents corps qui se forment dans l'air, proviennent de la mer ou s'élèvent du sol (voyez pluie) ; cependant elle est moins fertilisante quand elle tombe directement de l'atmosphère que lorsqu'elle a coulé un certain temps sur la surface de la terre.

En traversant le sol, l'eau perd quelques uns de ses principes et se charge de matières contenues dans les terrains qu'elle traverse, de sorte que l'EAU DE SOURCE est plus variée que celle de pluie ;

elle présente une température uniforme qui échauffe la terre pendant l'hiver et la refroidit en été : sous ce rapport elle est toujours favorable à la végétation. Nous ne parlons pas des *eaux thermales* qui, en raison de leur température plus ou moins élevée, rendent précoces les plantes qu'elles arrosent.

Si les eaux de source ont traversé des terrains siliceux, feldspathiques, micacés, elles contiennent de la potasse, de la soude, de l'alumine, qu'elles déposent après avoir été en rapport avec l'atmosphère ; celles qui surgissent des roches quartzeuses, granitiques, sont plus pauvres en matières solubles, mais cependant plus ou moins alcalines et plus favorables à la croissance des graminées qu'à celle des légumineuses : les eaux alcalines sont propres surtout à l'arrosement des terres dans lesquelles la chaux domine.

Les eaux qui proviennent des terrains calcaires tiennent des sels de chaux en dissolution. On les reconnaît aux incrustations qu'elles produisent dans les canaux qu'elles traversent et même sur les plantes qu'elles arrosent. Conduites sur les sols alumineux, siliceux, elles y font pousser des plantes qui n'y viennent pas naturellement, et y rendent le fourrage plus abondant et de meilleure qualité.

Des effets semblables, facilités par les nombreuses variétés de roches qui existent en France, se produisent dans toutes nos vallées, dans le bassin du Lot, du Tarn, de la Durance, de la Creuse, de la Vienne, comme dans ceux des nombreux affluents de la Haute Loire. En descendant dans les plaines calcaires et de sédiment, les eaux des monts granitiques font pousser les plus belles récoltes sur des terres souvent peu fertiles. Même les plus mauvaises eaux pour les prés, celles des marais, produisent de bons effets sur des terres bonnes par leur composition, mais trop perméables, et manquant d'humidité.

Les EAUX DES RUISSEAUX sont de même nature que celles des sources d'où elles émanent ; le plus souvent cependant, elles sont moins chargées d'acide carbonique et de matières minérales, surtout si elles ont été agitées.

Les EAUX DES FLEUVES et celles de nos grandes RIVIÈRES, formées presque toujours de ruisseaux provenant, les uns de terrains calcaires, les autres de terrains siliceux, sont d'une composition plus variée : elles conviennent à l'irrigation de presque toutes les terres. Toutefois, les meilleures sont celles qui descendent de contrées fertiles, bien cultivées : elles sont aérées, contiennent de l'acide carbonique et des détritus provenant des engrais, particulièrement après les pluies. D'une manière générale, les eaux des rivières produisent moins d'effet sur les terrains qu'elles ont précédemment déposés que sur des terres provenant, soit de la désagrégation d'une montagne, soit de dépôts formés par d'autres rivières.

Les eaux courantes sont bonnes, surtout après de longues sécheresses : en délavant les chemins, les pelouses, les ravins, elles se chargent d'excréments d'animaux, de cadavres d'insectes, de feuilles pourries, qui les rendent fécondantes. Les cultivateurs doivent chercher à utiliser les eaux en automne, quand elles sont troubles, limoneuses.

Toutes les rivières sont plus fertilisantes en aval des villes qu'en amont. Les eaux du *Furens*, ruisseau qui forme des marais du côté du Mont-Pilat, sont très-médiocres près de leur source, et deviennent excellentes en se mêlant à celles des égoûts et des rues de Saint-Etienne : les prés se vendent beaucoup moins cher en amont de cette ville qu'en aval.

EAUX GRASSES. — Les villes et même les villages, les cours des fermes, fournissent toujours d'excellentes eaux qu'on utilise souvent directement, d'autres fois quand elles se sont mêlées à d'autres eaux courantes.

Nous savons tous que les eaux *limoneuses*, chargées de sels ammoniacaux, colorées par des matières organiques en décomposition, sont fertilisantes ; mais il n'est pas si facile d'apprécier les eaux *limpides*. On doit considérer comme bonnes, celles qui font pousser des plantes sapides, les berles, les cressons, les véroniques, des plantes douces comme les gramens, et celles qui font gazonner le terrain qu'elles recouvrent ; tandis que les eaux qui font pousser des plantes insipides, des joncs, des carex, sont mauvaises.

Les EAUX DES MARAIS, les eaux aigres, irisées à la surface, rougeâtres, sont dans ce cas ; elles favorisent les mauvaises plantes.

On cite des prés, du comté de Sommerset, composés de graminées et de légumineuses, qui se couvrirent de carex, de joncs, de bruyères, après avoir été arrosés avec l'eau d'un ravin alimenté par un marécage. L'eau des marais est nuisible à cause de ses propriétés acides ; celle des mares, quoique plus corrompue, est excellente.

II. Amélioration des eaux pour les irrigations.

L'homme peut en tout temps et en tout lieu corriger facilement les mauvaises eaux, et même leur communiquer des propriétés fertilisantes. Il suffit de laisser reposer dans des réservoirs, de retenir dans des canaux à pente très douce, les eaux trop froides, qui proviennent de la fonte des neiges, pour en élever la température. Toutes les eaux crues peuvent être améliorées par ce moyen, surtout si on les fait séjourner sur du fumier, sur des cendres lavées, sur des débris de plantes, sur des mottes de gazon ; on a même proposé d'utiliser les cadavres des animaux morts dans la ferme pour améliorer les eaux.

Les eaux s'améliorent par le simple déplacement. On voit souvent l'eau qui fait pousser des plantes aigres et chétives dans le bas d'une prairie, faire produire, après avoir parcouru quelques centaines de mètres dans un ruisseau, un excellent fourrage dans un second pré qu'elle arrose ensuite.

Il ne manque que le désir d'avoir de bonnes eaux ; on trouve toujours le moyen d'améliorer celles dont on dispose. Les cultivateurs des Vosges, de la Suisse, des Cévennes, remuent la vase, le limon que recèle le fond des ruisseaux ; ils amènent ainsi sur leurs terres d'excellents engrais. J'ai vu mon père créer un pré sur un gravier, avec la vase d'un étang nettoyé quelques kilomètres en amont. Les *Annales agricoles* de l'Ariége ont cité avec éloge, Jean Espi qui, en faisant arriver sur son pré, avec les matières fertilisantes du fond d'un ruisseau, les cendres d'un écobuage, a démontré que l'augmentation des revenus d'une seule année peut payer et au delà les frais nécessaires pour améliorer les prairies. Ce limonage fume les terres, chausse les plantes, détruit les insectes, bouche les galeries des taupes, et facilite les arrosages ultérieurs, en empêchant l'introduction de l'eau dans les voies souterraines. On se procure ainsi tous les avantages des inondations, sans en avoir les inconvénients.

ÉTANGS DE RASSEMBLEMENT. PÊCHERIES. — Répandue sur les prés à mesure qu'elle surgit, l'eau des sources peu considérables se volatilise sans produire d'effet sensible. Il y a souvent avantage à la retenir dans des réservoirs : elle s'y évapore en partie et perd peut-être quelques-uns de ses principes, des gaz, si elle en contenait de fortes quantités, mais en général elle s'y améliore ; elle se charge de corps fournis par l'atmosphère et par des insectes qui naissent et meurent dans la vase. On dispose quelquefois ces réservoirs pour y élever du poisson. Près des villages, ils servent de *lavoir* : l'eau est améliorée par les alcalis employés pour laver le fil et le linge. Il ne faut pas négliger, quand cela est possible, d'y faire arriver les eaux des chemins.

Ces réservoirs sont disposés de manière à pouvoir être vidés en partie ou en totalité, selon que l'on veut ou non y élever du poisson.

On les vide deux fois par jour, ou tous les deux, trois, quatre jours, selon leur capacité, relativement à la force de la source qui les alimente. On doit chaque fois avoir soin de produire un arrosage complet, en faisant au besoin répandre l'eau sur une surface moindre. Le trop plein s'écoule par l'*élacier*, et on le dirige là où il peut produire le plus d'effet.

§ 2. *De la pratique des irrigations.*

I. Modes d'arrosement.

L'arrosement des terres, et des herbages en particulier, se fait par *infiltration*, par *immersion* et par *déversement*.

Par **INFILTRATION**. Pour cet arrosage, on fait rendre l'eau dans des réservoirs et des canaux qui entourent ou sillonnent la propriété : elle parvient aux racines des plantes en s'infiltrant dans la terre de proche en proche ; elle ne recouvre jamais le sol. Ce procédé d'irrigation ne doit pas être employé quand on a des eaux riches et fertilisantes ; ni quand on ne dispose que de petites quantités de liquide. Pour le pratiquer, on creuse des rigoles sans pente sensible et également larges sur toute leur longueur, afin qu'elles restent constamment pleines. Elles doivent être plus multipliées, plus rapprochées les unes des autres, quand le sol à arroser est peu perméable. Il faut pour cet arrosement un terrain bien disposé et des canaux qui permettent d'élever à volonté le niveau du liquide.

On arrose par **IMMERSION** quand on couvre d'eau le terrain qui doit être arrosé. Pour pratiquer cet arrosage, on rend le sol uni, on lui donne une pente de 0,005 par mètre, et on le divise en compartiments ou carrés, au moyen de petites digues : on fait ensuite arriver l'eau dans ces compartiments. En Belgique, on met une couche de liquide de $0^m,02$ à $0^m,04$ sur le bord le plus élevé des carrés. Il est bon que les compartiments ne soient pas trop étendus, pour ne pas avoir à faire des digues trop élevées à leur partie inférieure. On ménage les pentes et les fossés d'écoulement afin de pouvoir opérer des desséchements complets.

Cet arrosement est pratiqué le plus souvent comme moyen de fertilisation, et rarement pour humecter les plantes, parce que les terres qu'on peut arroser ainsi, sont ordinairement en contrebas et généralement fraîches ; il fume le sol, détruit les animaux nuisibles, et donne des fourrages très abondants, mais de médiocre qualité. Les prés arrosés par les grands canaux de la Lombardie fournissent six ou sept coupes par an.

Les inondations sont des arrosages par immersion. Les gazons qui y sont exposés sont les plus recherchés, malgré les inconvévénients qu'elles entraînent souvent après elles. Chacun connaît les richesses que le Nil apporte à l'Égypte. En France, les belles prairies qui longent quelques-unes de nos grandes rivières, doivent leurs qualités aux inondations qui sont souvent bien intempestives, mais quelquefois aussi trop rares ; si l'on trouve sur les rives de la Saône, de la Seine, de la Meuse, des prairies arrosées par immersion où poussent les joncs et les carex, cela dépend plutôt de l'incurie des cultivateurs qui négligent de relever les lieux bas, que du mode d'arrosage.

PAR DÉVERSEMENT. — Pour le pratiquer il faut d'abord niveler le terrain de manière que l'eau puisse le parcourir en couches minces et lentement, y déposer tout ce qu'elle charrie, mais sans y rester stagnante : si la pente est trop rapide, l'eau, au lieu de s'étendre et de déposer son limon, coule en ruisseaux, enlève les sucs fertilisants, déchausse les plantes, et entraîne même la terre ; si elle est trop peu marquée, l'eau séjourne sur le sol, s'altère, devient aigre, détruit les bonnes plantes, et fait pousser les joncs et les carex.

Parmi les canaux que l'on creuse pour arroser par déversement on distingue la *grande béale, bies* ou *canal principal, canal d'alimentation* B F *(fig.* 30*)*, qui part de la rivière et conduit l'eau en suivant la ligne culminante du terrain à arroser. A son origine ce canal est pourvu d'une vanne pour modérer l'arrosage et prévenir l'inondation.

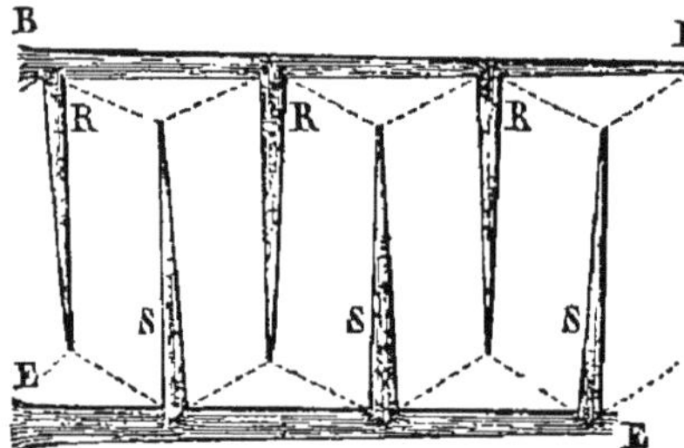

Fig. 30. Arrosage en planches.

De la grande béale, partent les *rigoles secondaires* R R R qui y prennent l'eau et la distribuent selon les besoins du terrain. Dans quelques cas elles se divisent en *rigoles tertiaires*.

Les divers canaux peuvent varier beaucoup par le nombre et par leur disposition : le terrain permet rarement de les faire symétriques ; mais ils doivent toujours être étroits afin d'occuper peu de place ; avoir peu de pente, soit 2$^{m.m.}$ par mètre ; aller en diminuant insensiblement de profondeur afin qu'ils restent constamment pleins, et que l'arrosage se développe uniformément sur toute la longueur. Néanmoins à leur origine les canaux secondaires doivent être plus étroits mais aussi profonds que ceux d'où ils partent, pour que toute l'épaisseur de l'eau courante se divise à chaque embranchement, et que les matières fertilisantes, toujours plus abondantes au fond du courant, ne soient pas entraînées et réunies à l'extrémité de la rigole principale.

Des canaux particuliers de décharge s s s (*fig.* 30), conduisent l'eau qui a servi aux arrosages hors de la pièce de terre. Ces canaux sont appelés *saignées* quand ils se dirigent de l'intérieur du pré vers les bords. On donne le nom de *colateur, canal de colature* E E (*fig.* 31), à un canal destiné à ramasser l'eau qui doit être employée à l'arrosage d'une pièce de terre inférieure à celle dans laquelle il est creusé.

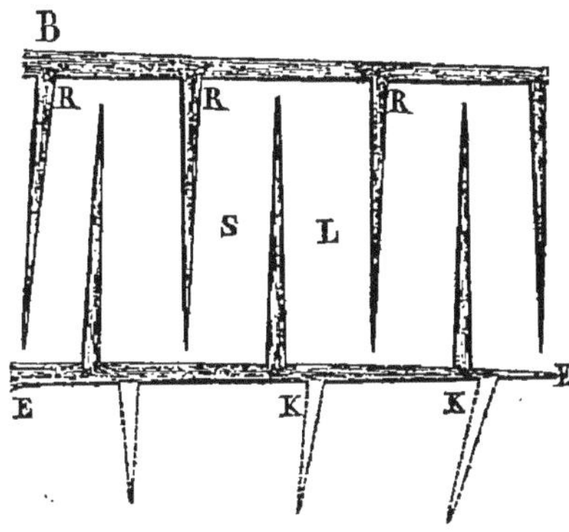

Fig. 31. Arrosage par reprise d'eau.

ARROSAGE EN ADOS. — C'est l'arrosage par déversement perfectionné ; on le pratique de nos jours de plus en plus. Pour l'établir, on divise le pré en *planches,* en *billons,* (*fig.* 30) (voyez établissement des prairies).

L'arrosage en ados n'est possible que sur des terres planes ou presque planes.

ARROSAGE PAR DÉRIVATION. — Anciennement on pratiquait, et l'on pratique encore mal dans beaucoup d'endroits, l'arrosage par déversement. On fait simplement une rigole d'alimentation qui part du ruisseau et suit le bord supérieur du terrain à arroser. L'eau de la rigole s'écoule en nappe sur toute la surface du pré, dont le bord inférieur ne reçoit que l'eau filtrée, dépouillée de ses principes fertilisants par le gazon qu'elle a traversé. Ainsi s'explique pourquoi, dans tant de nos prés, la partie la plus élevée, quoique la plus maigre, fournit un foin abondant, et toujours composé de meilleures plantes que celui de la partie la plus basse.

Pour remédier à ce vice de l'arrosage qui se produit toutes les fois qu'on arrose ainsi une surface considérable, il faut diviser le terrain en bandes de 8 à 10 mètres de largeur dans le sens de la pente, par des rigoles horizontales qui s'alimentent directement à la grande béale. Toutes les parties de la prairie reçoivent ainsi de l'eau telle que le ruisseau la fournit.

II. Règles de l'arrosement.

FRÉQUENCE. — Au point de vue de *l'amendement des terres*, les arrosages, s'ils sont bien conduits, ne sauraient être trop fréquents ni trop prolongés. Il importe donc de tenir constamment en état les prises d'eau, les écluses, les portières, et les divers canaux destinés à conduire l'eau dans les prairies et à la faire écouler, afin d'être à même d'utiliser, quand l'occasion s'en présente, les eaux de l'été et celles de l'automne qui sont les plus fertilisantes. On dirigera surtout les eaux troubles, limoneuses, sur les terres maigres et sur les sables. On ne doit interrompre l'arrosement quand les eaux sont grasses, que pour exécuter les travaux dans les prés, et quand on a lieu de craindre, en raison de la pousse de l'herbe, que le limon souille les plantes.

Au point de vue de *l'accroissement des plantes*, l'arrosement nécessite plus de précautions. Il est inutile en hiver; mais si on arrose dans cette saison, on aura soin que le sol soit entièrement inondé ou parfaitement égoutté quand arriveront les gelées. Lorsque l'eau est en assez grande quantité, elle préserve les plantes du froid; mais si la terre est seulement humide, la gelée la soulève et détruit les racines.

On visitera souvent les barrages et les canaux trop fréquemment obstrués par les feuilles et dégradés par le piétinement des bestiaux, par les glaces, et par la gelée.

Dès le printemps, c'est-à-dire quand les plantes commencent à pousser, on peut continuer encore les arrosages de longue durée, de quinze jours à trois semaines, comme lorsqu'on les pratique en vue d'améliorer le sol, surtout si l'on a lieu de croire que l'eau, qui cependant doit être limpide, dépose des matières fertilisantes. Mais il faut, quand la température s'élève, commencer à laisser égoutter le sol, de loin en loin, et pendant un temps assez long, pour qu'il puisse s'échauffer. La chaleur, autant que l'humidité, est favorable à la végétation.

A mesure que l'herbe pousse, que les plantes s'allongent, les arrosages seront plus rares et de moins longue durée; 24 heures et même moins, tous les 4 ou 5 jours, forment une durée moyenne: il suffit même de la présence de l'eau pendant 5 à 6 heures, tous les 6 ou 8 jours, si le sol est naturellement froid et humide; tandis qu'il n'y a pas de mal à donner de l'eau tous les 2 ou 3 jours aux sols sablonneux, graveleux, aux terres crayeuses, calcaires, perméables.

Lorsqu'on ne dispose pas d'une quantité d'eau suffisante pour arroser complétement la totalité de la prairie, il faut n'en arroser qu'une partie un jour, et une autre partie le jour suivant ; car un bon arrosage produit beaucoup plus d'effet que trois, quatre demi-arrosages.

Pendant l'été surtout, il faut arroser le soir, la nuit, ou quand le temps est couvert. Beaucoup de personnes croient même que les arrosages pratiqués pendant les heures les plus chaudes du jour, nuisent à la végétation. Nous ne le pensons pas. Les irrigateurs de la Toscane, par exemple, malgré l'excessive chaleur de leur climat, arrosent indifféremment à tous les instants du jour. Il en est de même des maraîchers de Paris. Mais l'eau répandue dans la matinée, s'évapore promptement et produit peu d'effet ; tandis que celle qu'on verse à la nuit tombante, a le temps de pénétrer plus avant dans le sol et maintient les plantes fraîches au moins jusqu'au lendemain. Il y a donc avantage, lors même que les arrosages faits pendant les chaleurs ne sont pas nuisibles aux plantes, à arroser le soir, notamment quand on manque d'eau et qu'on veut la faire pénétrer dans une terre qui, comme celle de nos prairies, est dure et mal disposée pour la recevoir : c'est le soir seulement qu'on doit débonder les réservoirs, les pêcheries. Le choix d'un moment plutôt que d'un autre, est moins important quand on a l'eau à discrétion.

Lorsque l'herbe est longue, on doit se borner à arroser par imbibition, à entretenir les rigoles pleines, afin de conserver le sol dans un état moyen d'humidité. Plus qu'au printemps, il faut, en été, s'abstenir d'arroser quand il pleut, ou que le temps est seulement pluvieux.

Le moment où il faut cesser l'arrosement avant le fauchage, ne peut être fixé : on arrose bien avant dans l'été sur les montagnes, des prés qu'on ne fauche qu'au mois d'août ; tandis qu'on cesse dès le milieu d'avril dans quelques vallons où les plantes sont précoces.

D'après les règlements l'Hofwil, art. 12, on doit arroser, pendant la sécheresse, un peu le matin du jour qui précède le fauchage, afin de rendre l'herbe plus douce et plus facile à faucher : cette précaution peut être utile sur les prés maigres où se trouvent des fétuques à feuilles courtes, grèles, raides ; ces petites plantes ne peuvent être coupées que lorsqu'elles sont mouillées, soit par l'arrosage, soit par la rosée.

Après la récolte des foins, s'il survient des crues avant que l'herbe ait repoussé, on doit chercher à les utiliser. Il existe dans les environs d'Edimbourg des prairies abreuvées d'eaux grasses, qui peuvent être fauchées six fois tous les ans, pourvu qu'on les arrose deux jours après chaque coupe.

Les arrosages d'été font pousser les regains ; mais ils rendent les plantes aqueuses, fades, insipides, et même insalubres, pouvant occasionner des maladies ; il faut légèrement arroser après la fauchaison, si l'on veut faire consommer de suite les plantes vertes, à moins qu'on ne veuille en nourrir, quelques jours seulement, des bêtes destinées à la boucherie ; mais il n'y a aucun inconvénient à arroser pendant deux ou trois jours, en juillet, un pré qui doit être fauché ou pâturé en automne, car pendant l'été, les végétaux ont le temps d'élaborer les principes aqueux qu'ils ont absorbés.

QUANTITÉ D'EAU QUE RÉCLAMENT LES TERRES. — Il faut arroser plus souvent et plus longtemps les terres sablonneuses, légères, absorbantes, qui se dessèchent avec facilité, que celles qui sont fortes, grasses et qui retiennent l'eau ; dans les années pluvieuses, les arrosements doivent être moins nombreux et moins forts que si le temps est sec.

Par conséquent la quantité d'eau nécessaire pour arroser convenablement une terre, ne peut pas être indiquée avec exactitude. Quand on donne à un hectare de pré, par jour, 262 mètres cubes d'eau, dit M. Boussingault, l'irrigation est envisagée comme bonne ; 131 mètres cubes procurent une irrigation moyenne ; elle est imparfaite avec 66 mètres cubes.

Pour une terre qui renferme 20 pour cent de sable, il faudrait dans le Midi, selon M. de Gasparin, un arrosage tous les 15 jours ; avec 40 de sable, tous les 11 jours ; avec 60 de sable, tous les 6 jours ; et avec 80 de sable, tous les 3 jours, depuis le 1er avril jusqu'au 30 septembre. L'arrosage devant être fait chaque fois, avec 800 mètres cubes d'eau par hectare, exigerait donc 9,600 mètres de liquide pour le premier sol ; 13,600 pour le second ; 24,000 pour le troisième, et 28,800 pour le quatrième ; soit par jour, 52^m 45 pour le premier, 74^m 31 pour le second, 131^m 14 pour le troisième, et 157^m 37 pour le quatrième.

D'après M. Perrey, le conseil des ponts et chaussées admet, pour les canaux d'irrigation du Midi, un débit continu de 1 litre par seconde et par hectare, soit 15,800 mètres cubes pour six mois, ou 86^m 4 par jour ; tandis que, d'après M. Montluisant, ingénieur en chef des ponts et chaussées, il faut en général 1 litre 65 par seconde, pour l'arrosage d'un hectare, soit environ les deux tiers en plus, 26,088 mètres cubes pour 6 mois, 142^m 56 par jour.

En Italie on ne donne pas ordinairement plus de 1 litre par seconde et par hectare.

Pour les terres labourables, Puvis évalue qu'une couche d'eau de 0^m40 à 0^m50 forme une moyenne suffisante, et que cette eau doit être distribuée en quatre ou cinq arrosages : lorsque la végétation se réveille, et que les tiges se détachent de la racine ; à la formation des épis ; à la floraison, et à la formation du grain. Il faut aux jardins deux ou trois mètres cubes d'eau par mètre carré en cinquante ou soixante arrosages.

Nous ne croyons pas qu'il soit possible d'indiquer à *priori* la quantité d'eau que réclament nos divers terrains, selon leur nature, leur exposition, leur pente, le genre de culture auquel on les destine. Ce qu'on peut faire de mieux, quand on a des travaux d'irrigation à entreprendre, c'est d'élever autant que possible le niveau des eaux et de se mettre à même d'arroser, ne fut-ce que passagèrement, la plus grande surface possible de terrain, tout en se réservant le moyen de pouvoir profiter des eaux limoneuses comme engrais. Il suffit souvent de deux, trois ou quatre arrosages, soit de quatre à cinq mille mètres cubes d'eau par hectare, pour doubler ou tripler le produit d'une culture.

L'abondance des récoltes, pour une partie de la France, est souvent uniquement subordonnée à la quantité d'eau que reçoivent les terres. Aussi nos cultivateurs sont-ils trop disposés, quand ils le peuvent, à arroser surabondamment leurs prairies. Ils font passer sur leurs terres toute l'eau dont ils disposent. C'est une pratique très nuisible ; elle ne produit que du foin souvent vasé, et toujours long, pâle, délavé à la base, dur, insipide et non nutritif.

L'herbe, pour élaborer les principes qu'elle absorbe et posséder toutes les qualités qu'elle est susceptible d'acquérir, a besoin de temps et de chaleur : elle ne trouve ces conditions que lorsque la terre bien égouttée, s'échauffe sous l'influence du soleil.

Les arrosements trop fréquents, nous en avons souvent fait la remarque, nuisent même au sol : ils enlèvent les engrais et les sels solubles ; détrempent la terre et font verser les plantes ; détruisent les bonnes herbes et font pousser les mauvaises ; ravinent les terres, forment des marais et altèrent l'atmosphère.

§ 2. — *Des effets des irrigations.*

SUR LE CLIMAT. — Les irrigations seraient favorables au climat dans la plupart de nos départements ; elles modifieraient l'aspect aride d'une grande partie de nos côteaux, les couvriraient de verdure, et, disséminant des vapeurs aqueuses dans l'atmosphère, elles feraient diminuer les variations si grandes et si brusques qu'éprouve notre température : les gelées blanches du printemps seraient plus rares, les chaleurs de l'été moins fortes, et les froids de l'hiver moins rigoureux. Il est inutile d'ajouter que le climat plus doux, plus uniforme, les herbages moins secs, du moins en septembre, les eaux plus abondantes et meilleures comme boissons en été, seraient plus favorables à la santé des animaux et rendraient les épizooties plus rares et moins meurtrières.

Sur le reboisement des montagnes et les inondations. — Il est aussi important de considérer que, en facilitant le reboisement des montagnes et la poussée de l'herbe, les irrigations diminueraient les ravages des inondations : les arbres garnis de feuilles et couverts de mousse, les gazons, les feuilles pourries, retiendraient au moment des pluies d'immenses quantités d'eau qui s'écoulant ensuite lentement, entretiendrait la fraîcheur, tandis qu'elle dévaste le pays quand elle se rend directement dans les rivières. Les canaux, les réservoirs établis pour l'irrigation, et alimentés par les fleuves et les rivières en aval des localités qui auraient reçu les orages, retiendraient aussi ou du moins retarderaient une partie d'autant plus considérable des eaux tombées, que chacun voudrait profiter, pour les arrosages, du moment où elles seraient limoneuses.

En devenant plus rares, les inondations deviendraient moins nuisibles, car les côteaux arrosés se couvriraient de gazon, et seraient moins facilement ravinés par les orages ; les eaux moins chargées de gravier feraient moins de dégâts sur les terres qu'elles recouvriraient, et combleraient moins rapidement le lit des rivières, l'embouchure des fleuves.

Sur les terres comme amendement. — Un des plus précieux effets de l'irrigation serait de donner de la consistance aux parages graveleux, aux sables arides, aux côteaux crayeux, si étendus et si multipliés en France ; car il suffit de quelques mois d'irrigation, de quelques années au plus, avec des eaux limoneuses, pour rendre compactes, tenaces, fermes, les terres légères et les sables les plus arides. L'eau, même la plus limpide, charrie des molécules calcaires, argileuses, siliceuses et alcalines, qu'elle dépose à mesure qu'elle s'évapore, quand elle coule sur la terre, surtout quand elle y coule en nappes très-minces. L'irrigation constitue un des plus puissants moyens d'amender les sols graveleux.

Les irrigations peuvent, d'un autre côté, avoir pour but, et alors il faut qu'elles soient abondantes, d'enlever du sol des principes nuisibles. Leur emploi à cet égard est efficace toutes les fois que ces principes sont solubles comme le sulfate de fer, le chlorure de sodium. Et les effets salutaires que l'eau produit dans cette circonstance, nous démontrent la nécessité d'arroser méthodiquement les bonnes terres, pour ne pas enlever une partie des matières fertilisantes qu'elles renferment.

SUR LES TERRES COMME ENGRAIS. — L'eau convenablement distribuée dissémine uniformément les engrais répandus sur la terre, dissout les matières nutritives qu'ils fournissent et les charrie dans les organes des plantes. Elle agit elle-même comme matière fertilisante en raison des principes qu'elle tient en dissolution ou en suspension, et qu'elle abandonne aux terres et aux plantes à mesure qu'elle s'évapore. Il suffit d'une petite quantité d'eau, de la plupart des rivières, de certains ruisseaux, de quelques sources, et surtout des rues et des basses-cours pour produire les meilleurs effets.

Cependant, malgré son influence fertilisante, l'arrosage ne saurait être considéré comme pouvant remplacer le fumier, excepté dans quelques cas particuliers, lorsque l'eau est fortement chargée de matières organiques. Dans les circonstances ordinaires, il ne peut servir qu'à favoriser l'action des engrais que l'on fournit à la terre.

L'eau réduite à l'état de pureté, agit utilement en remplaçant l'humidité que les feuilles perdent par la transpiration et en contribuant elle-même à la formation des tissus végétaux : elle se dépose en nature dans les organes des plantes et se décompose pour leur fournir ses principes constituants.

SUR LA TEMPÉRATURE DU SOL. — L'eau agit aussi par sa température : celle qui provient des sources, plus chaude en hiver que l'air et que la surface de la terre, échauffe le sol, active la fermentation de l'humus, et fait pousser les plantes. On observe toujours, lorsque le thermomètre est au-dessous de 0, que la surface des prés submergés et couverts de glace a une température plus élevée que celle de l'air ambiant : après la disparition des glaces, le gazon qui en était couvert, est plus vigoureux que celui qui était à nu. Au printemps et pendant les temps chauds, l'eau rafraîchit la terre, en absorbe du calorique en s'évaporant, et prévient ainsi les effets du soleil sur les racines superficielles.

SUR LES ANIMAUX ET LES PLANTES NUISIBLES. — L'eau chasse

et détruit les taupes, les mulots, les insectes et les vers. Elle nuit aux plantes aromatiques, aux labiées, aux corymbifères qui croissent principalement sur les côteaux arides et doivent être peu abondantes dans les prés; tandis qu'elle fait pousser celles qui sont inodores, nutritives et qu'elle rend, même les mauvaises espèces, plus tendres et plus aqueuses.

Mais pour produire ces effets, les eaux doivent être répandues avec méthode. Une excessive humidité, plus préjudiciable aux herbages que la sécheresse, nuit aux bonnes plantes, les rend aqueuses, insipides, et mal nourrissantes; elle les détruit même et favorise la naissance et la propagation des *joncs*, des *scirpes*, des *souchets* et des *carex*.

AVANTAGES PÉCUNIAIRES DES IRRIGATIONS. — L'expérience démontre les bons effets des irrigations. En France, toutes les récoltes prospèrent sous leur influence, les céréales, le jardinage, le trèfle, la luzerne, comme les prairies naturelles. Dans les années de sécheresse, le maïs acquiert sur les terres médiocres, mais arrosées des Hautes-Pyrénées, 2 mètres d'élévation et porte, sur chaque tige, plusieurs magnifiques épis, quand sur les terres si fertiles des rives de la Garonne, il parvient à peine à 60 ou 70 cent. et ne porte qu'un ou deux épis grêles.

Il serait difficile d'exprimer par des chiffres les résultats de l'arrosage. Quelques auteurs ont écrit qu'il double, et d'autres qu'il triple, qu'il quadruple le produit brut des terres. Cette évaluation ne paraît pas exagérée à ceux qui ont vu les riches *huertas* de l'Espagne, les campagnes arrosées de l'Italie, les prodiges que l'irrigation a opérés dans les départements des Alpes et des Pyrénées, dans la Provence, à Châteaurenard, à Avignon, à Salon, à Arles, à Cavaillon, sur les garrigues, les sables arides des bords de la Durance et sur les graviers cailouteux du bassin du Rhône. Les effets en sont aussi remarquables sur le blé, le seigle, les betteraves, les melons, les haricots, que sur les prairies naturelles et sur les prairies artificielles.

Les irrigations sont infiniment plus importantes pour notre pays, que les desséchements. Nous avons beaucoup plus de terres improductives faute d'eau, que de marais, et ensuite l'arrosement accroîtrait plus le rendement des terres sur lesquelles on le pratiquerait que le drainage ne l'accroît sur celles où il fonctionne. Si nous avions l'esprit pratique des Anglais, il y a longtemps que nous aurions consacré à faire des chaussées et des canaux, autant de millions qu'ils en emploient à drainer les terres. Comme l'a dit M. Michel Chevalier : « sous l'ardent soleil du Midi, l'eau est le plus puissant des engrais, et l'irrigation le plus grand service qu'on puisse rendre à l'agriculture. » Nous avons en France 10 millions d'hectare de terre, dont l'arrosage ferait monter le rendement de 12 hect. à 30 hect. de grains par hectare. Nous récolterions 180 millions d'hectolitres de céréales de plus, presque sans augmentation de frais de culture. Il n'est pas possible d'évaluer quelle serait l'augmentation des récoltes en foin, en betteraves, en pommes de terre, en haricots, en maïs, et partant quelles seraient les conséquences de l'irrigation sur la richesse publique et l'accroissement de bien-être des populations.

SECTION III.

Engrais.

Avant d'aborder l'examen particulier des divers engrais, nous devons les étudier d'une manière générale, au point de vue de leurs propriétés physiques et de leur composition chimique, afin de déterminer les conditions d'où dépendent, les effets qu'ils exercent sur la fertilité des terres, et leur valeur commerciale.

ART. Ier. — PROPRIÉTÉS PHYSIQUES ET COMPOSITION DES ENGRAIS.

§ 1er. *Des propriétés physiques des engrais.*

TÉNACITÉ, CONSISTANCE, SOLUBILITÉ. — Pour évaluer théoriquement la puissance des engrais, il faut tenir compte de leur consistance, de leur ténacité. Le fumier pailleux, lors même qu'il renfermerait autant d'azote et de phosphore que le fumier bien pourri, n'agirait pas de la même manière : son action serait plus lente ; il diviserait davantage le sol, et ne conviendrait ni pour les mêmes récoltes, ni pour les mêmes terres.

Un engrais, pour produire tout l'effet que l'on peut en attendre, doit être soluble, ou se diviser facilement en poudre très ténue ; quand il ne remplit pas ces conditions, il résiste aux agents chimiques et agit très lentement ou même n'exerce qu'une très faible action, comme le phosphate de chaux minéral, par exemple : l'engrais doit alors être employé à plus hautes doses. Il pourrait même arriver qu'il ne fût en état de nourrir les plantes que lorsque la récolte serait enlevée. Les matières impalpables ou liquides produisent des effets très prompts mais de peu de durée.

Un corps insoluble dans l'eau et dans les liqueurs légèrement alcalines ou acides est sans action comme engrais : il n'agit qu'autant qu'il est décomposé, qu'il s'est transformé en corps susceptibles de se dissoudre. C'est ainsi que les silicates si abondants dans le granite, le gneiss, sont impropres à nourrir les plantes, mais deviennent fertilisants quand la silice passe à l'état gélatineux, et que la potasse, la soude, se combinent avec l'acide carbonique.

Il ne faut pas d'un autre côté que les engrais puissent être trop facilement dissous par l'eau, car ils seraient entraînés, par les arrosages et les pluies, hors de l'espace occupé par les racines, avant d'être absorbés. Les matières qui jouissent d'une grande solubilité doivent être employées à petites doses, ou incorporées dans des corps susceptibles de les retenir.

Volatilité. — Cette propriété nuit aux engrais. Les corps volatils qui s'élèvent du sol se répandent dans l'espace, et sont perdus, en grande partie, pour les plantes du lieu où ils prennent naissance. Le sang, la viande, l'urine, qui se décomposent rapidement et fournissent, en peu de temps, beaucoup de matières gazeuses, ne produisent un effet relatif à leur richesse en azote que si on les traite, avant de les répandre, par un corps susceptible de fixer les composés azotés.

§ 2. *Des corps simples qui entrent dans la composition des engrais.*

Nous avons d'abord à faire connaître l'action propre des différents corps simples qui entrent dans la composition des engrais; il nous sera facile ensuite d'apprécier la facilité avec laquelle ces agents se décomposent, l'action qu'ils exercent sur le sol, et la part qu'ils prennent à l'accroissement des plantes. Nous devons ajouter que la valeur d'un engrais dépend, non-seulement de l'utilité des principes qui le constituent, mais encore du plus ou moins de rareté de ces principes, c'est-à-dire, de la facilité que nous avons de les fournir aux récoltes.

Oxygène et hydrogène — Il n'existe pas de corps simples plus nécessaires à la vie que ces deux gaz; les plantes en renferment une très-grande quantité, mais elles en trouvent en abondance dans l'air, dans le sol, et dans l'eau.

Carbone. — Ce corps forme la base des tissus végétaux; il en constitue le squelette, ainsi que le prouve la carbonisation des plantes. Il entre en outre pour une grande proportion dans la composition de tous les produits immédiats: la gomme, le sucre, la résine, le ligneux.

Quand il est concentré sous forme de charbon, le carbone est très peu propre à nourrir les êtres organisés; il n'agit que lorsqu'il est divisé, dénaturé, par les combinaisons qu'il subit.

Les plantes le tirent du sol, de l'humus et de l'air; elles l'absorbent notamment à l'état d'acide carbonique. Les composés qui fournissent ce gaz ne sont pas toujours très communs; cependant nous ne croyons pas qu'il soit nécessaire de chercher particulièrement à en incorporer dans le sol : nous lui en fournissons suffisamment sous forme de fumier et d'engrais enfouis verts. En outre, par le chaulage, le marnage, le cendrage, nous provoquons dans les éléments du sol, des réactions chimiques d'où résulte de l'acide carbonique, qui se dissout dans l'humidité, ou se dégage sous forme de gaz.

Il ne faut pas oublier aussi que le carbone, au lieu de diminuer dans les terres boisées et dans les prés, augmente sans cesse par suite de la végétation, ce qui prouve que les plantes en tirent incontestablement beaucoup de l'atmosphère. Dans tous les cas, le meilleur moyen d'en fournir aux récoltes, c'est d'établir des cultures destinées à être enfouies comme engrais.

AZOTE. — Ce corps est indispensable à la production de toutes les parties organisées, et il entre pour une forte quantité dans la composition des produits les plus précieux du règne végétal.

Il forme les quatre cinquièmes de l'atmosphère, mais il ne peut être assimilé par les êtres vivants, que lorsqu'il est combiné avec d'autres corps, et sous cet état il est assez rare dans la nature. Quelle que soit la quantité d'azote que l'atmosphère fournit à la végétation sous forme d'ammoniaque, de carbonate d'ammoniaque, de nitrate, cette quantité ne saurait suffire à la production de plantes vigoureuses, et nos récoltes sont presque toujours plus ou moins abondantes, selon la quantité d'engrais azotés que nous leur fournissons.

D'un autre côté, l'azote est gazeux, peu fixe et il forme des combinaisons qui se décomposent rapidement; de sorte que c'est un corps très utile aux plantes, rare sous forme assimilable, et rendant les engrais très actifs. Cette triple circonstance explique pourquoi il donne une grande valeur aux matières fertilisantes qui en renferment. L'inconvénient de la plupart des engrais fortement azotés, c'est qu'ils se décomposent trop rapidement et se perdent en partie dans l'air.

L'azote, qui prédomine en général dans les substances animales, et le carbone qui est en grande quantité dans les végétaux, expliquent la différence qui existe entre les matières animales et les matières végétales, sous le rapport de la facilité avec laquelle elles se décomposent, et de la quantité de principes alibiles qu'elles fournissent : les premières ayant pour base un corps gazeux, s'altèrent facilement et nourrissent beaucoup ; les autres sont presque inaltérables comme l'élément qui prédomine dans leur composition et nourrissent médiocrement.

PHOSPHORE. — Le phosphore joue un grand rôle dans la formation de tous les êtres organisés ; les parties les plus précieuses des plantes sont celles qui en renferment le plus, et il en est exporté beaucoup hors de la ferme par les denrées que les cultivateurs livrent ordinairement au commerce. D'un autre côté, il ne peut être remplacé par aucun autre corps, et les eaux ordinaires, comme la plupart des terres arables, n'en contiennent que de petites quantités. Les engrais riches en phosphore ont donc une grande valeur. C'est surtout par leur phosphore qu'agissent le noir animal, la poudre d'os, la chaux phosphatée. Les cultivateurs doivent acheter ces engrais non mélangés : les marchands ne les manipulent que pour les sophistiquer, en y ajoutant des produits terreux, inertes ou peu actifs.

POTASSE ET SOUDE. — Les composés de potassium et de sodium se trouvent en très grande quantité dans les plantes et le plus souvent à l'état salin. Des composés des deux métaux existent d'ordinaire à la fois dans le même végétal, mais presque toujours en proportions inégales. La potasse et la soude peuvent se suppléer jusqu'à un certain point, car les plantes de la même espèce ont tantôt plus de soude, tantôt plus de potasse, selon la composition du sol ou des eaux qui les ont nourries.

Ces corps ne sont pas seulement utiles comme aliments des plantes : ils agissent puissamment sur la composition des terrains, provoquent la désagrégation des débris organiques et même de certains minéraux, et déterminent la formation de composés que les racines absorbent.

La potasse et la soude ne sont pas rares dans la nature : le feldspath, le mica, les argiles, les roches calcaires, les schistes, les eaux de la mer, et presque toutes les eaux répandues à la surface de la terre, en contiennent ; cependant il est presque toujours avantageux d'en donner aux terres arables parce que les minéraux qui en renferment se décomposent lentement.

Il faut toutefois employer les composés alcalins en petites quantités, quand ils ne sont pas combinés avec d'autres corps qui les retiennent fortement ; car mis trop abondamment dans le sol, ils nuisent aux récoltes, et en outre, comme ils sont solubles, ils sont facilement entraînés par les eaux et perdus pour les plantes.

SELS CALCAIRES. — La chaux qui existe en si grande quantité dans les plantes, a cependant peu d'importance dans les engrais, d'abord parce que nous avons des terres qui sont presque exclusivement composées de matières calcaires, et ensuite, parce que nous pouvons nous en procurer à bas prix sous forme de chaux, de marne, et même de plâtre, pour en communiquer à celles qui en manquent. Aussi les sels calcaires sont-ils, à cause de leur prix peu élevé, ajoutés aux engrais industriels, et presque toujours pour les sophistiquer.

MAGNÉSIE. — Elle se trouve dans les plantes et semble même être indispensable à la formation des semences, du blé en particulier ; mais comme elle existe communément dans les terres, que la dolomie, le talc et les engrais marins en fournissent aux terres calcaires, aux sols siliceux et aux contrées maritimes, que d'ailleurs les plantes n'en absorbent jamais de fortes quantités, elle ne saurait donner une grande valeur aux engrais.

SOUFRE. Quoique très commun dans la nature, non seulement à l'état de sulfure et de sulfate, mais encore à l'état natif, le soufre, qui se trouve dans tous les organes des plantes, et surtout dans les parties les plus nutritives, est précieux dans les engrais. Les matières fertilisantes qui en renferment, jouissent d'une grande activité, soit parce que ce corps y existe sous des formes susceptibles d'être facilement absorbées par les plantes, soit plutôt parce qu'il ne se trouve que dans les composés végétaux et animaux, qui, renfermant un grand nombre de corps, sont les plus propres à nourrir les êtres organisés.

SILICE. — On la trouve à l'état de silicate, très-répandue dans la nature ; elle constitue une grande partie de quelques-unes de nos montagnes, forme la base de beaucoup de nos terres arables, et recouvre, sous forme de sable, une grande étendue de nos plages maritimes. Elle est donc très-abondante, mais les plantes ne peuvent l'absorber que lorsqu'elle se trouve à l'état gélatineux, telle qu'elle existe quelquefois dans l'eau, et telle qu'elle est quand elle a été mise en liberté par la décomposition des silicates, sous l'influence des amendements, des agents chimiques et des agents atmosphériques.

Quelques composés de silice, le sable, sont bons comme amendements, mais rien ne prouve que nous devions tenir compte de leur présence dans l'estimation des engrais.

IODE, BROME, ALUMINE, CHLORE, FER, MANGANÈSE. — Des composés de ces corps se trouvent dans les plantes en plus ou moins grande quantité, et le fer a même été employé pour donner de la vigueur à celles qui souffrent. Mais il paraît que les terres, ou les engrais en contiennent d'assez fortes proportions pour en fournir aux récoltes autant qu'elles en réclament. Dans tous les cas, l'utilité n'en est pas assez démontrée, pour que nous devions accorder une grande préférence aux matières fécondantes qui en renferment.

ART. II. — ÉTUDE DES DIVERS ENGRAIS.

Depuis longtemps, on a distingué, et quelques agronomes distinguent encore, les diverses substances employées pour améliorer les sols, en amendements, en stimulants, et en engrais. On appelle *amendements*, celles qui modifient la terre, l'améliorent, sans concourir pour une forte proportion à la nutrition des plantes : ainsi agissent le sable, l'argile, les scories ; *stimulants*, celles qui, comme le plâtre et certains autres sels, favorisent la végétation, sans qu'on puisse en expliquer les effets, disent les auteurs, par les changements imprimés au sol, ni par la nourriture qu'elles fournissent aux végétaux ; enfin, on réserve la dénomination d'*engrais* aux substances organiques, le sang, le fumier, les composts, qui, en raison de leur composition chimique très compliquée, sont plus particulièrement propres à fournir les éléments nécessaires à la composition des végétaux.

Cette distinction avait été établie quand on ne connaissait presque d'autres engrais que la marne et la chaux, le plâtre et le fumier ; aujourd'hui, en raison du nombre si considérable de matières fertilisantes que l'on emploie et de leur diversité si grande, elle a beaucoup moins d'importance. Nous employons, et sur une grande échelle, des produits, les cendres, le noir animal, le noir des raffineries, qui se rapprochent des engrais par leur origine, et des stimulants par leur composition, tandis que, par leur manière d'agir, ils ont de l'analogie, et avec les uns, et avec les autres.

Du reste, à l'exception peut-être du sable quartzeux et des scories qui ne produisent sur le sol qu'un effet mécanique, toutes les substances que nous allons étudier contribuent à nourrir les plantes, et toutes, à l'exception de celles qui comme le plâtre, quelques sels, et les tourteaux, sont employées à très-petites doses, agissent comme amendements ; l'engrais par excellence, le fumier lui-même, amende les terres : s'il est pailleux, il rend légères celles qui sont fortes, et s'il est bien pourri, il donne de la consistance à celles qui sont trop légères ; tandis que la marne, la chaux, qui sont les plus efficaces des amendements, contribuent puissamment à nourrir les plantes, soit que les racines les absor-

bent en nature, soit qu'elles ne s'en approprient que quelques
éléments.

Les substances qu'on appelle *engrais, stimulants,* et *amendements,* se ressemblent donc par leur manière d'agir ; elles fournissent des aliments aux plantes, et la plupart peuvent améliorer
le sol. Nous les distinguerons cependant parce que nous croyons
cette distinction utile à la pratique, utile pour classer la quantité
considérable de matières fertilisantes connues, et utile pour grou-
per ensemble celles qui se ressemblent le plus par leur manière
d'agir, et par les indications, les usages, qu'elles peuvent remplir.

§ 1er. *Des engrais dits amendements.*

Ces agents sont principalement employés pour modifier les
propriétés physiques des terres, et l'on en met alors de fortes doses.
Les uns servent à donner de la consistance aux sols trop meubles,
à les rendre susceptibles de retenir l'eau ; les autres sont employés
pour diminuer la ténacité des terres fortes, et pour les rendre
perméables aux agents atmosphériques et aux racines.

I. Argile, silice gélatineuse, limon.

Les glaises, les argiles (voyez p. 44) conviennent pour amender les sols siliceux, les sables, et en général tous les terrains
qui manquent de consistance et qui, ne retenant pas suffisamment
l'eau, laissent périr les plantes faute d'humidité.

La terre glaise est employée avec avantage quand elle supporte
des sols légers, peu profonds : il suffit alors de faire, avant
l'hiver, de forts labours pour en ramener à la surface ; on l'expose
ainsi à l'action de la gelée qui la délite complétement. Elle
est très-utile encore quand elle est en suspension dans l'eau employée pour arroser : elle se mêle alors très-intimement à la terre.

L'argile retient l'humidité, absorbe et conserve les gaz, et fournit en se décomposant, de la potasse, de la soude, de la chaux.
On la met à la dose de 250 à 300 hectolitres par hectare. Il est
avantageux, s'il n'est pas possible de la diviser fortement, d'en
mettre peu à la fois et plus souvent.

Comme l'argile contribue très peu à la nourriture des plantes,
elle est d'un emploi peu avantageux quand il faut la transporter
au tombereau. En outre elle est difficile à diviser, et si on la dissémine en grosses masses, elle se mêle très difficilement à la
terre. Avant de l'employer, les Anglais la font calciner ; ils la
placent humide sur un foyer allumé en rase campagne ; elle se

pulvérise ensuite très facilement; mais elle n'est plus propre à donner de la consistance au sol.

Les matières très divisées : la *silice gélatineuse*, le *terreau*, la *tourbe*, la *vase*, et jusqu'au carbonate de chaux, produisent les mêmes effets que l'argile. Ces substances sont d'un emploi plus avantageux en raison des éléments qu'elles fournissent à la nutrition des plantes. Les eaux *limoneuses*, dont les effets sont si puissants pour donner de la consistance au sol, agissent en imprégnant de silice et d'alumine, les interstices des terres qu'elles parcourent.

En outre, le *limon*, celui de la mer surtout, est riche en matières azotées et agit comme un puissant engrais. L'analyse en y démontrant de fortes quantités de substances organiques, nous explique pourquoi les inondations sont si favorables à la fertilité des terres, si nuisibles à la salubrité de l'atmosphère, et rendent si malfaisantes les plantes qu'elles recouvrent.

II. Sables, gravier, scories.

Tous les *sables* sont des amendements pour les terres argileuses, les terres fortes, grasses, tenaces, froides, humides. En les divisant, ils en diminuent la ténacité, les rendent poreuses, légères, perméables; mais ils ne déterminent un effet sensible que lorsqu'ils sont employés à haute dose, et alors c'est un moyen d'amélioration trop dispendieux, à moins que, en raison de leur composition ou des coquillages qu'ils renferment, ils n'agissent à la manière des engrais calcaires.

Comme simple amendement des terres fortes, on ne peut utiliser le sable que s'il forme le sous-sol des terrains argileux, et qu'on puisse en ramener à la surface par des labours profonds ou par de légers défoncements.

Le *gravier*, les *scories* pulvérisées, l'*argile cuite*, agissent comme le sable, divisent les terres compactes, sans contribuer sensiblement à nourrir les plantes.

III. Chaux.

On emploie en agriculture la *chaux caustique*, celle qui résulte de la décomposition du carbonate calcaire par la calcination. Elle contient presque toujours de l'argile, de la magnésie, du fer, de la silice, et de la potasse. On se sert souvent de *cendres de chaux*, c'est-à-dire des débris qui se produisent dans les environs des fours à chaux.

EFFETS PHYSIQUES ET CHIMIQUES. — De tous les amendements,

la chaux est le plus employé. Elle diminue la ténacité des terres glaises, les rend poreuses, perméables, et susceptibles de se déliter en s'humectant, tandis qu'elle donne de la consistance aux sols siliceux trop légers.

Mais indépendamment de son action mécanique, elle agit chimiquement, elle attire l'humidité, se réduit en poudre impalpable, se combine avec l'acide carbonique, et repasse ainsi à l'état de carbonate. C'est même à son affinité pour l'eau et l'acide carbonique, qu'elle doit de décomposer rapidement les matières organisées avec lesquelles on la met en contact : elle rend les substances animales et végétales contenues dans le sol susceptibles de nourrir immédiatement les plantes, et dans les terrains aigres, elle sature les acides, et en prévient la formation en faisant décomposer les matières organiques.

Elle peut même agir sur les minéraux, produire la décomposition des silicates, dégager la potasse, la soude, et rendre la silice susceptible de se dissoudre et d'être absorbée par les racines. Comme tous les alcalis, elle détermine la combinaison de l'oxygène avec l'azote de l'air, et la formation de nitrates propres à l'alimentation végétale; enfin la chaux, combinée à l'acide sulfurique, à l'acide phosphorique, ou à l'acide carbonique, entre elle-même pour une assez forte proportion dans la composition de presque toutes les plantes.

Lorsque la chaux est en contact avec l'air humide, avec la pluie et la terre mouillée, elle se dissout insensiblement, et se précipite ensuite sous forme de carbonate de chaux; ce sel, en se solidifiant fait adhérer ensemble les corps sur lesquels il se dépose; c'est ainsi, qu'après le chaulage, il se forme au-dessous de la terre labourée, une couche qui s'oppose à l'écoulement des eaux. Pour prévenir cet inconvénient, il faut mettre la chaux à petites doses, l'enterrer peu profondément, et, quelques années après qu'on l'a employée, donner à la terre un labour profond pour rompre les adhérences qu'elle a produites.

TERRES QUI RÉCLAMENT L'EMPLOI DE LA CHAUX. — C'est dans les terrains acides, qui renferment de la tourbe et de l'humus, qu'elle agit le plus; dans les terres de bruyère qui résultent de la désagrégation des granites, des schistes, des grès siliceux; dans les bois nouvellement défrichés; dans les gazons rompus où se trouvent des débris végétaux non décomposés. Elle est plus nuisible qu'utile dans les terres pauvres en engrais organiques. Il faut l'employer avec ménagement et après des essais préalables, dans les sols calcaires, légers, crayeux. Celle surtout

T. 1.

qui contient de la magnésie, épuise ces sols et en augmente les défauts.

Elle n'agit pas non plus sur les sols trop humides. Le desséchement si généralement pratiqué aujourd'hui, nous permettra d'utiliser ce précieux amendement sur des terres qui dans leur état actuel, ne peuvent pas en recevoir.

On répand rarement de la chaux sur les prés, on préfère y mettre des cendres; mais elle y produirait de bons effets. surtout si elle était employée à l'état de compost.

Mode d'emploi de la chaux. — Tantôt on répand la chaux seule, tantôt après l'avoir mêlée à des substances terreuses ou à des matières organiques ; on en fait de petits tas disposés en rangées parallèles, et on les étend ensuite à la pelle quand elle est convenablement délitée. On choisit pour faire cette opération un temps calme et sec. Mouillée par la pluie, la chaux forme pâte et se répand difficilement : elle se pelotonne, file, surtout si elle renferme de l'argile.

On décharge souvent la chaux par tombereau et on la recouvre de terre. On la tient ainsi pendant un certain temps et on la répand ensuite d'une manière plus uniforme.

On appelle *faire des composts*, mêler la chaux avec des mottes de terre, des herbes, du terreau, des râclures de fossés, de la vase des étangs, du limon, etc. La chaux employée vive ne tarde pas à fuser, soulève la masse, et 4, 5 jours après, forme des crevasses. C'est à ce moment qu'on brise le mélange afin de le rendre homogène. On renouvelle même quelquefois cette opération. C'est avec précaution qu'il faut mêler la chaux avec les matières riches en azote.

On chaule à la fin de l'été pour les récoltes d'automne, au printemps pour les pommes de terre, et vers la fin de l'hiver pour les prés. On donne un léger labour ou un ou deux coups de herse après avoir répandu la chaux. Il faut la mettre quelque temps avant la semence afin que la terre en soit imprégnée quand elle devra nourrir les jeunes plantes ; mais cette condition est moins nécessaire quand la chaux, depuis longtemps mise en compost, est bien éteinte et mêlée à des matières organiques.

Doses. — Si l'on a des terres argileuses, fortes, mêlées à beaucoup de débris de plantes, des terres que la chaux doit rendre plus meubles, et où elle doit décomposer des racines, nourrir les récoltes, il ne faut pas craindre d'en répandre de fortes quantités. Les Anglais, en pareille circonstance, en mettent jusqu'à 200, 300, 400 hectolitres par hectare.

Un si fort chaulage est rarement nécessaire ; mais il peut être utile de mettre 60, 80, 100 hectolitres sur un sol argileux ; 30, 40 hectolitres forment un fort chaulage pour les terres légères, pour les sols sablonneux, où le fumier se consume rapidement. En général, dans ces dernières terres, il y a avantage à mettre peu de chaux à la fois et à renouveler le chaulage plus souvent, toutes les fois par exemple qu'on voit reparaître les plantes acides, la petite oseille, l'oseille liseron, la bruyère, etc.

On appelle *chaulage foncier* celui que l'on pratique à assez forte dose, pour qu'il modifie profondément la nature du terrain. Dans les chaulages qui le suivent, on ne met que 8, 10, 15 hectolitres de chaux par hectare : ce sont des *chaulages d'assolement*. Leurs effets durent 3, 4, 6 ans.

La *pierraille* que font les sculpteurs et les ouvriers en taillant la pierre calcaire, peut améliorer les argiles et les terres siliceuses ; mais elle est de beaucoup moins efficace que la chaux cuite, parce qu'elle est trop imparfaitement divisée. Le sable calcaire est la seule pierre de cette nature qu'il soit avantageux de porter sur les terres.

La *chaux qui a servi à épurer le gaz* destiné à l'éclairage, répandue sur les récoltes peu de temps après avoir été en contact avec les émanations sulfureuses, est nuisible aux plantes ; aussi en a-t-on laissé perdre souvent des quantités considérables. Mais il paraît qu'utilisée après être restée plusieurs mois en tas, ou bien répandue sur le sol six ou sept semaines avant les labours, elle est favorable à toutes les récoltes.

Avantages du chaulage. — La chaux *transforme en terres à blé et à trèfle* de mauvaises terres qui naturellement ne produiraient que du seigle, des pommes de terre et du sarrazin. Dans presque tous nos départements, se trouvent des terres qui rapportaient à peine 14, 15 hectolitres de seigle à l'hectare, et qui, après avoir été chaulées, en produisent 40 ou 50, ou donnent 20, 25 hectolitres de froment, si l'on y sème cette céréale.

Après le chaulage, le trèfle, la luzerne, peuvent être cultivés dans des localités où l'on ne récoltait pas même du sainfoin. Mais en même temps qu'on peut varier davantage la culture, l'on obtient des *plantes* plus sapides et *plus riches en principes nutritifs*. Il suffit de chauler les terres d'un domaine dont le bétail souffre de la pourriture, des poux pendant l'hiver, pour avoir des animaux de belle venue, sains, forts, au poil luisant et à la peau souple, exposés plutôt à avoir un sang trop riche qu'un sang trop aqueux.

L'emploi de la chaux rend la paille forte, moins sujette à verser, et le grain gros, plein, luisant, et riche en farine.

La chaux épuise-t-elle la terre et fait-elle la fortune des pères aux dépens de celle des enfants ?

Employée dans les sols qui en réclament, elle les rend, ou plus légers, ou plus tenaces, et propres à produire de plus fortes récoltes ; mais en même temps, en fournissant à la nutrition des plantes des principes que celles-ci ne trouvaient pas dans la terre, elle fait absorber par les racines des matières fertilisantes qui restaient improductives. Elle produit donc deux ordres d'effets : elle rend le sol capable d'élaborer une plus grande quantité de fumier, et, en se combinant avec les éléments de l'humus pour former les organes des plantes, elle excite celles-ci à prendre une plus grande quantité de principes nutritifs ; de sorte qu'une terre qui n'est pas fumée convenablement, s'épuise plus tôt si elle est chaulée que si elle ne l'est pas.

Le chaulage produit un mauvais effet, quand on met en excès une chaux sèche, magnésienne sur des sols arides, sablonneux ; quand on l'emploie à faire produire des céréales, des plantes industrielles qu'on consomme ou qu'on livre au commerce, et qu'on manque de fourrages pour faire les engrais que la culture réclame toujours en quantité proportionnelle aux produits qu'elle rend.

Mais il est améliorant, si on emploie la puissance qu'il communique au sol à produire convenablement du trèfle, des luzernes, des pommes de terre, des betteraves, et qu'on fasse consommer ces produits dans la ferme, pour employer le fumier dans les terres qui ont été chaulées.

Par conséquent demander s'il est avantageux de pratiquer le chaulage des terres qui le réclament, c'est demander s'il convient de faire travailler une machine dont on peut se servir indéfiniment sans l'user ; c'est demander s'il vaut mieux laisser une terre improductive pour en ménager la fertilité, que de la mettre en très-bon rapport et d'en retirer indéfiniment de riches produits.

IV. Marne.

Les marnes, toujours composées de carbonate de chaux et d'argile, contiennent en outre de la silice, du fer, et des alcalis. Les deux premières substances en forment la base ; elles y varient de 10 à 90 °/₀ et quelquefois dans la même formation, la même localité. Krocker a trouvé dans différents échantillons de marnes qu'il a analysés :

Argile sable. . . .	60,07	64,22	76,85	84,53	74,32
Carbonate de chaux. .	56,06	52,14	18,80	12,50	20,24
» de magnésie.	1,10	1,53	1,20	1,00	5,21
Potasse.	0,16	0,10	0,09	0,09	0,09
Eau.	1,55	1,52	2,11	2,01	1,31
Ammoniaque.	0,06	0,10	0,10	0,01	0,07

Tantôt en roches dures et compactes comme le marbre ; tantôt terreuses et graveleuses, elles présentent toutes les nuances : sont ternes, tendres, friables, blanches, grises, brunes, noires, vertes, rougeâtres, et quelquefois irisées ; mais elles jouissent toujours de la propriété de se déliter au contact de l'air et de se réduire en poussière. Cette dernière propriété est même très intéressante ; il faut donner la préférence aux marnes qui la possèdent à un haut degré : elles jouissent d'une grande activité ; tandis que celles qui renferment des rognons homogènes, qui résistent à l'action de l'air ou ne s'altèrent que lentement, sont de qualité inférieure.

D'après la prédominance de l'argile ou de la chaux, les marnes sont divisées en *grasses* ou *argileuses,* et en *maigres* ou *calcaires.* Les premières, qui renferment beaucoup d'argile, se délayent facilement dans l'eau et sont souvent colorées. Les marnes maigres ou calcaires sont sèches, quelquefois dures, ne se délayent qu'après avoir été pulvérisées et sont blanches, plus rarement brunes ou jaunâtres. On appelle *coquillière,* la marne qui renferme des coquilles ; elle peut contenir du phosphore. La *marne sablonneuse* contient un sable souvent siliceux ; elle appartient aux marnes maigres.

Caractères. — On distingue les marnes grasses des argiles, en ce qu'elles font une vive effervescence quand on les traite par un acide, et les marnes maigres, du carbonate de chaux, en ce qu'elles laissent un dépôt glaiseux quand on les traite par un acide et qu'elles se délitent en grande partie dans l'eau. Tandis que le sel calcaire pur se dissout en totalité dans l'acide et reste grenu dans l'eau ; la quantité qui est dissoute par l'acide permet de reconnaître approximativement la richesse de la marne : il suffit de peser avant de la traiter par l'acide, et de peser le résidu après l'opération.

Nous appelons *marnes riches,* en France, celles qui contiennent beaucoup de carbonate de chaux. Cette dénomination indique que nous ajoutons beaucoup d'importance au sel calcaire. En effet, les marnes étant le plus souvent employées pour améliorer les terres siliceuses ou argileuses, la chaux est le principe qui leur donne le plus de valeur.

Gisements de la marne ; signes qui en annoncent la présence. — On peut espérer de rencontrer des marnières dans les couches postérieures au système houiller et jusqu'aux terrains tertiaires inclusivement. Elles existent en grand nombre dans les formations secondaires ; le trias possède dans la Lorraine des couches de marne de 4 à 500 mètres d'épaisseur.

Aucun signe particulier n'indique le gîte des marnes. Cependant, comme il y en a presque toujours entre les couches des roches postérieures aux terrains de transition, et qu'elles sont facilement entraînées par l'eau, on peut en supposer la présence quand l'intervalle de ces roches exposées à l'air, se dégarnit.

Les marnes, principalement les marnes argileuses, s'annoncent encore par d'autres signes. Le sol est plus humide et les plantes plus vigoureuses dans les environs des marnières, sur le sol même qui les recouvre, et en aval : la marne retient l'eau et la laisse ensuite suinter, ce qui entretient la végétation pendant les sécheresses.

L'emploi de la sonde est trop souvent le seul moyen qui permette de constater l'existence de cet amendement dans le sol.

Effets des marnes. — La marne agit par son carbonate calcaire à la manière de la chaux. Elle hâte la décomposition des matières organiques, des acides libres, et passe à l'état de bi-carbonate soluble, décompose les combinaisons de fer et les silicates, se mêle aux terres argileuses, les délite, et les rend perméables. Plus que le carbonate de chaux, elle donne en raison de son argile, de la consistance aux terres siliceuses, et de l'homogénéité aux sables. Elle est préférable à la chaux pour ces terres comme pour certains sols crayeux trop exposés à la sécheresse. Mais elle ne saurait la remplacer pour les tourbières, les vieux gazons, et les bruyères défrichées, où il faut un agent actif pour déterminer la décomposition des matières fibreuses.

Avantages. — La marne procure les mêmes avantages que la chaux ; comme cette dernière, elle constitue un *amendement engrais*, elle donne de l'activité aux terres, fait consommer les engrais, et contribue à nourrir les plantes ; comme elle, elle doit être employée sur des terres riches en humus ou abondamment fumées. C'est perdre son temps que de marner des terres maigres.

Terres qui en réclament. — Les sols siliceux, argileux, dépourvus d'éléments calcaires et se couvrant de plantes acides ; on la préférera à la chaux pour les terrains siliceux. Avec 50 °/₀ de sel calcaire, les marnes conviennent à peu près pour toutes les

terres; avec 60 ou 80 °/₀, pour les terres argileuses, et avec
30 ou 40, pour celles qui contiennent naturellement de la chaux.
Les marnes grasses sont donc appropriées aux sols maigres, et
les marnes maigres aux sols gras.

MODE D'EMPLOI. — La marne est souvent employée dans la
saison où les travaux de la ferme pressent peu. On la répand sur
la terre et on l'enterre ensuite par les labours sans faire aucun
travail particulier. Mais il peut être avantageux d'en faire des
composts, comme nous l'avons dit en parlant de la chaux. Quand
on la transporte avant la levée de la récolte, près de la terre où
elle doit être mise, elle peut sans inconvénient, n'étant pas caustique comme l'oxyde de calcium, être mêlée à des engrais azotés, à
du fumier.

De toutes les matières terreuses propres à être employées en
guise de litière, la marne est une des plus avantageuses. Au lieu
de la mettre en tas dans les champs à mesure qu'on la tire à temps
perdu de la marnière, on la dépose dans un endroit convenable
près des habitations; on l'épand ensuite dans les étables et les
bergeries à mesure que cela est nécessaire. Si on l'emploie seule,
il faut la renouveller très-souvent, tous les jours en partie; si on
la stratifie avec de la litière végétale, on peut n'enlever que rarement le fumier. Dans tous les cas, si la marne est maigre, elle retient
les gaz et absorbe l'urine sans devenir boueuse; les animaux sont
proprement, la litière est économisée, et on prépare un excellent
engrais.

DOSES. — Si le sol possède les propriétés physiques d'une
bonne terre, qu'il ne lui manque que l'élément calcaire, il peut
suffire de 20, 30 mètres cubes d'une marne riche par hectare.
Quand la marne contient peu de carbonate de chaux, ou qu'elle
renferme des roguons de silex, des pierres réfractaires à l'action
de l'air et du sol, on augmente la dose de l'amendement en proportion des matières étrangères qu'il renferme.

Si on voulait changer les propriétés d'une terre, lui donner de
la consistance, ou la rendre perméable, on ne craindrait pas de
mettre 200, 300 mètres cubes d'une marne appropriée, c'est-
à-dire maigre, si le sol est argileux, et grasse, s'il est graveleux.

On renouvelle l'emploi de la marne, comme celui de la chaux,
quand la présence des plantes acides en démontre la nécessité.

Il est généralement avantageux de mettre peu de marne à la
fois et plus souvent. On renonce aux forts marnages qu'on pratiquait il y a quelques années.

V. Dépôts marins.

Indépendamment des végétaux et des poissons, la mer fournit à l'agriculture plusieurs sortes d'engrais : des sables, de la vase, des débris de madrépores, de millepores, et des coquillages.

Ces corps se groupent de diverses manières selon leur volume, leur densité, et la force de l'eau. Ils reçoivent différents noms. Sur les côtes de l'Ouest on appelle généralement :

Grossys, trez, treaz, des mélanges de sable et de coquillages ;

Merl, mearl, des débris de madrépores, de coraux, de coquilles;

Tangue, cendre de mer, la vase parmi laquelle se trouve, avec quelques coquilles, du sable fin.

CARACTÈRES. — La nature de ces engrais dépend en général de la composition des terrains sur lesquels roulent les eaux qui se rendent à la mer. A l'embouchure des fleuves qui descendent des montagnes granitiques, se trouvent des sables siliceux ; tandis que les courants qui viennent des contrées calcaires roulent des débris à base de chaux. Cependant on trouve quelquefois des matériaux calcaires sur des rivages schisteux ou granitiques, et des graviers quartzeux sur des terres à base de carbonate calcaire. La tangue, la vase, est portée souvent à de grandes distances et se dépose dans les endroits où les courants sont peu rapides. Sur 102 sablières étudiées sur les côtes de la Bretagne, 63 fournissent des sables calcaires.

On distingue en Bretagne les *coquillages* qu'on emploie en agriculture selon qu'ils sont *morts* ou *en vie.* Les premiers sont grisâtres, pâles, jaunes, tandis que les seconds, d'abord d'un rouge tendre, violacé, prennent une couleur pâle par leur exposition à l'air et par les frottements qu'ils éprouvent. Les uns et les autres n'ont pas exactement la même composition chimique, mais les deux sortes peuvent être comparées au sable, au point de vue de l'agriculture, et parce que les coquilles agissent par leurs propriétés physiques comme les éclats des roches, et parce qu'elles sont mêlées à des quantités souvent considérables de ces éclats.

La *tangue* ou vase plus ou moins argileuse, est employée sur une très-grande échelle dans le département de la Manche. On appelle *grasse* celle qui est comme argileuse, *maigre* ou *légère* celle qui est plus sablonneuse, et *vive* celle qui est riche en principes calcaires.

Pour avoir ces engrais, on les extrait par une opération appelée *havelage,* s'ils sont peu profonds, et par le *draguage,* s'ils sont recouverts par une forte couche d'eau. On appelle *tanguière* le lieu qui fournit de la tangue, et *tangage* l'extraction et l'emploi de cet engrais.

Le *maerl* présente plusieurs variétés. On distingue le *maerl rameux* et celui qui est *en rognons*. Ils diffèrent peu l'un de l'autre quant à leur composition.

COMPOSITION. Le maerl contient en moyenne :

Carbonate de chaux. . .	77,50	Eau.	19,30
Silice	1,90	Fer, manganèse, sulfate	
Matières azotées. . .	1,50	de chaux	Traces.

Un mélange de sable et de coquillages qu'on appelle *treaz*, pris à la rade de Brest, renferme d'après M. Besnou :

Sable.	70,0
Carbonate de chaux.	29,0
Phosphate de chaux.	1,0

La *vase* ou *tangue*, a une composition plus compliquée ; on y trouve en moyenne d'après les analyses de M. Pierre :

Matières organiques. . .	4,02	phorique.	0,56
Carbonate de chaux. . .	37,61	Magnésie, soude, potasse.	0,83
Matières insolubles. . .	53,72	Chlore.	0,45
Acides sulfurique et phos-		Silice, alumine, fer, perte.	0,62

D'autres analyses ont donné :

Eau et matières azotées. .	4,65	Oxyde de fer.	4,79
Sable.	20,52	Carbonate de magnésie,	
Argile.	22,15	phosphate de chaux. .	5,32
Carbonate de chaux. .	41,28	Sels solubles, chlorures.	0,56

Les *sables*, aussitôt qu'ils ont été baignés par la mer, ont une composition compliquée : même le sable qui en raison des roches d'où il provient, devrait être exclusivement siliceux, contient des débris calcaires, des coquilles, des coraux, mêlés aux éclats de granite, de gneiss, de quartz, de mica.

Non-seulement les sables, les coquillages et les vases de la mer *diffèrent* entre eux, mais encore ils ne sont pas semblables à eux-mêmes quand on les examine dans différentes places, ni probablement quand on les examine à la même place, mais à différentes époques. Les coquilles varient selon les espèces qui les constituent et le temps plus ou moins long qui s'est écoulé depuis qu'elles ont cessé de vivre. Le sable, les vases, sont plus ou moins fertilisants selon leur nature : le sable fin et la vase, retiennent, enlèvent à l'eau, une plus forte quantité d'iodures, de bromures et de chlorures, que le sable grossier que l'eau traverse avec plus de facilité.

EFFETS. — Les sables, les coquillages, divisent les terres compactes et les rendent poreuses ; tandis que la vase convient pour donner de la consistance aux terres légères ; les uns et les autres fusent à la longue, se décomposent et concourent à la nutrition des plantes : sous l'influence du terreau, des agents atmosphériques, et de l'eau de pluie, ils leur fournissent de la chaux, de la soude, de la potasse, de l'iode, du brome, du soufre, du chlore, du phosphore et de l'azote, en même temps qu'ils provoquent, à la manière de la chaux, la décomposition du terreau et un dégagement d'acide carbonique. La tangue la plus riche en sels calcaires est la plus estimée.

EMPLOI. — Avant de répandre les dépôts marins sur les terres, on les laisse, surtout s'ils contiennent beaucoup de chlorure de sodium, exposés au contact de l'air pendant quatre ou cinq mois. Ils sont délavés par la pluie et perdent une partie des matières solubles qu'ils renferment. On a proposé de les calciner pour les rendre plus actifs, mais il n'est pas démontré que la calcination soit avantageuse à moins que ce ne soit pour diminuer le poids du sable et rendre son transport moins dispendieux. Dans tous les cas, l'opération ne doit être pratiquée que sur les sables pauvres en matières organisées.

En Normandie on forme avec la tangue des *composts* : on mêle les produits marins à de la terre, à des mottes, à des feuilles ou à du fumier.

Les engrais minéraux marins sont employés comme amendements dans les terres fortes à la dose de 25,000 à 35,000 kilogr.; dans les terres où ils conviennent moins, l'on en met de 12 à 25,000 kilogr.

En raison des matières animales qu'ils contiennent, et de leur composition chimique compliquée, ils peuvent être employés indéfiniment sur les mêmes terres. M. Pierre cite des champs en Normandie qui en reçoivent par an, 25 hectolitres depuis plus de 600 ans. Ils sont devenus, dit-il, de véritables tanguières; cependant l'action de nouvelles doses se fait toujours sentir.

Le sable marin, les coquillages, la tangue, sont quelquefois intimement mêlés dans les baies; mais d'autres fois on les trouve en couches distinctes, superposées. Les cultivateurs peuvent, dans ce cas, puiser dans le même bassin pendant la basse mer, ici des éléments terreux, argileux, propres à amender les terres légères, là des débris de roches, de coquilles, ou des coquillages entiers à peine imprégnés de vase, et pouvant rendre perméables les sols trop humides.

L'emploi de la tangue, des sables marins, pour améliorer les terres, est fort ancien en France et en Angleterre, mais pendant longtemps il est resté limité à des localités très restreintes. Des documents du XIIe siècle prouvent qu'antérieurement à cette époque, ces engrais étaient employés en Normandie; dans ces derniers temps l'usage s'en est considérablement étendu. M. I. Pierre a évalué en 1851, à 2,000,000 de mètres cubes, à plus de 2 milliards de kilogr., la tangue extraite dans la Manche entre l'embouchure de la Rance, à Saint-Malo, et celle de l'Orne.

VI. Coquilles, faluns.

On a analysé plusieurs espèces de coquilles. On les a trouvées composées en moyenne de :

Carbonate de chaux.	85,4	Sels solubles, alumine, fer.	0,5
Phosphate de chaux.	1,7	Eau.	10,7
Matières azotées.	1,7		

Il résulte des analyses de MM. Marcel de Serres et Figuier, que les coquilles fossiles renferment les mêmes corps que les coquilles contemporaines.

	Coquilles pétrifiées	Coquilles vivant s.
Matières animales,	0,9	2.6
Carbonate de chaux.	97,1	96,0
Phosphate de chaux.	0,5	0,2
Sulfate de chaux.	0,7	0,7
Carbonate de magnésie, fer.	0,8	0,5

Ces divers engrais ne sont utilisés que dans les contrées maritimes et dans celles où existent des amas de coquilles fossiles.

On appelle ces amas *faluns;* ils se trouvent dans les terrains tertiaires. Les coquilles qui les forment sont tantôt brisées comme dans la Touraine, tantôt entières comme dans le département de Seine-et-Oise.

On cite les falunières de Saint-Maur, de Sainte-Catherine, entre l'Indre et la Vienne, de Hauteville (Manche), de Courtagnon (Marne), de Dax (Landes), de Saint-Michel (Vendée), etc.

Les plantes qui poussent dans les terres amendées avec des coquilles et sur les amas de coquillages, jouissent des propriétés qui distinguent celles des riches contrées calcaires. Les moutons doivent y être conduits avec précaution. Ils y contractent le sang de rate.

Les coquilles se rapprochent plus des engrais proprement dits que la chaux et la marne; mais elles agissent lentement, à moins qu'elles n'aient été calcinées, et alors elles ont perdu leurs principes organiques. On les utilise sur les terres argileuses et sur les terres siliceuses.

§ 2. *Des engrais dits stimulants.*

Parmi ces engrais, les uns sont fournis par le règne minéral ; les autres proviennent de végétaux ou d'animaux dont les parties organiques ont été détruites par le feu ; tous sont composés d'un petit nombre d'éléments, ne fournissent pas une nourriture complète aux plantes, et employés seuls, ne produisent de bons effets que pendant un temps limité. Comme ils agissent plutôt en nourrissant les plantes qu'en les excitant et qu'ils ne conviennent que dans des cas particuliers, c'est la dénomination d'*engrais spéciaux* qui leur conviendrait le mieux.

I. Plâtre.

Composé de 41,5 de chaux et de 58,5 d'acide sulfurique, le *plâtre* ou *gypse* est appelé *sulfate de chaux*. Il est très répandu dans la nature et se présente, tantôt sans eau, tantôt formé de 79,2 de sulfate et de 20,8 d'eau.

Le sulfate de chaux *anhydre* se trouve dans les terrains anciens et a été privé de son eau par la chaleur de matières incandescentes sorties du sein de la terre. Le sulfate *hydraté* est commun dans les terrains secondaires et dans les terrains tertiaires.

L'industrie et l'agriculture emploient le sulfate de chaux hydraté. Pour l'utiliser, on le prive de son eau en le chauffant au delà de 130°. Dans cet état, il est appelé *plâtre cuit*. Si après l'avoir pulvérisé on le mouille, il reprend de l'eau, se *gâche* facilement, et durcit ensuite. Le plâtre cuit conserve longtemps ses qualités s'il est privé du contact de l'air.

Le plâtre qui a été chauffé au delà de 400° ne peut plus se combiner avec l'eau. Il est dit *brûlé* ; de même que le plâtre anhydre que l'on trouve dans le sein de la terre, il ne peut servir ni pour l'industrie, ni pour l'agriculture.

SOPHISTICATION, CHOIX. — Le plâtre cuit et pulvérisé est quelquefois mêlé à du carbonate de chaux ou à de la chaux. On reconnaît le premier de ces sels à ce que, traité par les acides, il se dissout et fait effervescence, et la chaux à ce qu'elle verdit le sirop de violette. Il peut être sophistiqué avec d'autres matières terreuses difficiles à reconnaître ; on doit donc l'examiner avec attention quand on l'achète en poudre. Le plâtre mêlé à d'autres matières a conservé ses qualités, mais il est toujours utile de connaître exactement sa composition, afin de pouvoir le doser convenablement.

On se sert presque toujours de plâtre cuit, parce qu'il est plus facile à pulvériser, et qu'il pèse un cinquième de moins, en raison de l'eau qu'il a perdue par l'action du feu, ce qui est important à considérer quand on veut le transporter à de grandes distances ; mais le plâtre cru possède autant d'activité et il est moins cher que le plâtre cuit ; de sorte que dans les localités voisines des carrières de plâtre, on peut avoir intérêt à employer cet amendement sans lui avoir fait subir l'action, quelquefois fort dispendieuse, du feu.

EFFETS. AVANTAGES. — C'est pour se rendre compte des effets du plâtre, si sensibles et si difficiles à expliquer par la petite quantité de cette substance que l'on emploie d'ordinaire, que le mot stimulant semble nécessaire. Comment agit le plâtre ? A-t-il la propriété d'exciter les fonctions des plantes, d'activer l'absorption, et de hâter ainsi le développement des organes ? C'est peu probable. Est-il plutôt destiné à servir lui-même d'aliment aux plantes, à être absorbé en nature, et cela en raison de la faculté qu'il possède de se dissoudre, mais en très petite quantité, dans l'eau, ou est-il décomposé et ne fournit-il aux plantes que ses éléments ? Sert-il à fixer au sol l'humidité de l'air et à la mettre ensuite en rapport avec les radicules des plantes, ou bien fixe-t-il les composés ammoniacaux qui s'élèvent du sol et ceux que les pluies entraînent vers la terre pour les faire servir à la nutrition des végétaux ?

Quoi qu'il en soit, le plâtre était utilisé depuis un temps immémorial dans le Hanovre, quand vers 1768, Mayer, ministre protestant de Hohenlohe, chercha à en expliquer les effets et en fit connaître les avantages à la *société économique de Berne*. De la Suisse, l'usage s'en répandit bientôt dans le Dauphiné, le Lyonnais, et le Nord de la France. Franklin en popularisa l'emploi en Amérique en traçant, avec de la poudre de plâtre sur un champ de trèfle situé près d'une route, à côté de Washington, les mots : *Ceci a été plâtré.* Quelque temps après, les plantes plâtrées contrastaient, par leur vigueur, avec celles qui ne l'avaient pas été, et rendaient apparente la phrase écrite avec la poudre fertilisante. Les Américains ne tardèrent pas à venir chercher à Montmartre du plâtre pour fumer leurs prairies artificielles.

Des essais qu'on a faits dans tous les pays, il résulte : que le plâtre est sans action sur le blé, l'avoine et le seigle ; que ses effets sont presque nuls sur la pomme de terre, la betterave et les prairies naturelles ; qu'ils sont assez marqués sur le sarrasin, le chanvre, le colza, le lin, mais moins cependant que sur le trèfle, la luzerne, les pois, les fèves et les vesces. Le sainfoin plâtré a donné par hectare 5,959 kilogr. de fanes, et 635 kil. de graines, quand celui qui n'était pas plâtré ne donnait que 3,662 kil. de fanes et 457 de graines; le trèfle blanc a donné 2,429 et 347 après le plâtre, et 915 et 61 sans plâtre; le trèfle ordinaire plâtré, 500 kilog. de foin, non plâtré, 250 : la récolte est doublée au moins pour les fanes si non pour les graines.

On a reproché au plâtre de rendre les graines d'une cuisson difficile et les plantes indigestes. On a observé que le trèfle et la luzerne, après avoir été plâtrés, occasionnent plus souvent des indigestions que dans l'état ordinaire; mais l'expérience a démontré que cet effet ne dépend pas d'une action particulière produite par l'amendement calcaire; qu'il est la conséquence de la grande vigueur qu'acquièrent ces légumineuses sous l'influence du plâtre, et qu'on peut le prévenir en administrant ces fourrages avec précaution.

Doses, mode d'emploi. — On met de 100 à 600 kilogr. de plâtre cuit par hectare. On porte quelquefois la dose à 1,000 kilog., mais c'est bien rare et sans utilité si le plâtre est de bonne qualité. Comme pour les autres engrais minéraux, il vaut mieux en employer peu à la fois et plus souvent. On a même conseillé de plâtrer le trèfle en deux fois : en automne, de suite après l'avoir semé, et dans le mois d'avril suivant.

On dissémine le plâtre réduit en poudre, et presque toujours au printemps, lorsque les jeunes tiges des plantes sont hautes de 10 à 15 centimètres. On choisit le moment où les feuilles sont couvertes de rosée ou humectées par le brouillard; mais on évite de l'épandre dans un temps de fortes pluies et de grands vents. On le dissémine quelquefois avec les graines ou lorsque les récoltes lèvent. Plus rarement on l'enterre par un labour avant les semences.

Après avoir produit beaucoup d'effet sur un champ, le plâtre cesse quelquefois d'agir, et de nouvelles doses restent sans action. Il ne faut remettre du sulfate de chaux sur un sol qui en a déjà reçu avec succès, qu'après s'être assuré que ce sel manque à la terre, et si elle en contient, c'est par l'emploi du fumier, de la chaux, des cendres, qu'il faut chercher à ranimer sa fécondité.

Le sol, dit-on, aime à changer d'engrais comme de récolte ; il serait plus exact de dire que le sol, ou plutôt la plante, a besoin d'engrais variés.

Comme les autres substances fertilisantes minérales, le plâtre peut être uni aux engrais organiques et employé sous forme de *compost*. Il a même un grand avantage sur la chaux : au lieu de

chasser le gaz ammoniac, il se combine avec lui et forme un sulfate fixe.

Emploi du platre pour améliorer les engrais et assainir
les étables. — Cette propriété a permis d'employer le plâtre
pour désinfecter les étables et les latrines, pour améliorer les fumiers, pour conserver l'ammoniaque dans les *fosses à purin*, et
pour fixer au sol les émanations du mouton dans le parcage. Sous
l'influence du plâtre, l'odeur ammoniacale disparaît par l'absorption du gaz ammoniac et par la décomposition du sel que cet
alcali forme avec l'acide carbonique. Cette action n'est pas de
longue durée dans les liquides : le plâtre se précipite au fond des
fosses et cesse d'agir. Pour obvier à cet inconvénient, on a conseillé
de mettre le plâtre dans une caisse ou dans un panier que l'on
place au dessous de l'égout par lequel le liquide arrive dans le
réservoir. Ce liquide en tombant maintient le plâtre en suspension. Nous verrons que le sulfate de fer, en raison de sa plus
grande solubilité, est dans ce cas préférable au plâtre.

Comme il est surtout avantageux de mêler le plâtre *au fumier*,
nous donnons les proportions qu'a conseillées un de nos plus
ingénieux cultivateurs, M. Didieux. Sur chaque couche de
2,500 kilog. de fumier frais étendu sur une surface de 7 mètres,
cet agriculteur distingué répand 20 litres de plâtre cuit réduit
en poudre fine ; il continue ainsi d'alterner successivement le fumier et le plâtre : quand le tas est assez élevé, il en commence
un second. Pendant la fermentation du fumier, il se forme du
sulfate d'ammoniaque et du carbonate de chaux. Le plâtre retient
ainsi deux corps volatils, l'ammoniaque et l'acide carbonique,
tous les deux fort utiles à la croissance des plantes.

Répandue dans *les étables*, la poudre de plâtre produit le même
effet : elle absorbe l'alcali qui, en se volatilisant, nuit à la santé des
animaux, irrite les yeux, altère la laine, et gâte les harnais. Mis
sur le sol au moment du *parcage*, le plâtre augmente l'action fertilisante des excrétions du mouton, en fixant les produits volatils
fournis par les urines, et par la transpiration cutanée.

Le fumier plâtré enterré en automne agit plus, même sur les
céréales, que le fumier ordinaire : il augmente d'un tiers le rendement du blé, paille et grain ; le trèfle qui vient ensuite donne
toujours moitié plus. Les effets de cet engrais se font sentir pendant trois ans sur la luzerne ; les *pois* sous l'influence du fumier
plâtré mûrissent dix jours plus tard et produisent le double ; une
partie de *vigne* ayant reçu du même engrais a donné 693 litres
de vin, tandis qu'une autre partie qui avait reçu du fumier ordi-

naire n'a donné que 377 litres d'un vin inférieur, et que la partie non fumée n'en donnait que 258 litres. (*Moniteur agricole*, 1849, Tome II, p. 481).

Quand on connaît l'efficacité du sulfate d'ammoniaque sur les récoltes, notamment sur le blé, on comprend ces résultats.

II. Acide sulfurique.

On a proposé pour économiser les frais de transport de remplacer le plâtre par l'acide sulfurique étendu de 8 à 9 cents fois son volume d'eau. Nous avons essayé ce mélange, mais sans en obtenir de résultats satisfaisants, sur des terres siliceuses, comme sur des terres calcaires. C'est sur des vesces, du farouch, du trèfle de Hollande, qu'on dit l'avoir employé avec succès dans le département du Lot.

L'acide sulfurique peut remplacer le plâtre pour fixer l'ammoniaque et désinfecter les fosses d'aisance, le purin, et les étables. On le répand en arrosage après l'avoir étendu de 2 à 3 cents parties d'eau. Ainsi employé, il est toujours efficace, tandis que le sel de chaux n'agit qu'autant qu'il est en contact avec assez de liquide pour se dissoudre, ce qui arrive rarement.

III. Sels ammoniacaux.

Parmi les composés ammoniacaux, ceux qu'on a principalement employés en agriculture, sont l'eau ammoniacale du gaz, et le sulfate d'ammoniaque.

EAU AMMONIACALE. — L'eau qui a servi à purifier le gaz de l'éclairage a été proposée, à cause de son prix peu élevé, comme pouvant être avantageusement employée. M. Kuhlmann, après avoir saturé l'ammoniaque par de l'acide hydrochlorique provenant de la fabrication de la colle d'os, a répandu 5,400 litres d'eau ammoniacale et a récolté 6,300 kilogr. de foin, tandis que la partie de pré non fumée n'en a donné que 4,000 kilogr.

Cette eau contient du goudron et une huile bitumineuse qui la rendent nuisible aux plantes. Il ne faut l'utiliser qu'après avoir fait des mélanges ayant pour but de fixer l'ammoniaque et de neutraliser l'huile essentielle. On obtient ce résultat en la traitant par l'acide sulfurique ou l'acide hydrochlorique.

Le SULFATE D'AMMONIAQUE est composé de

Acide sulfurique.	60.52
Ammoniaque.	25,90
Eau.	15,58

L'ammoniaque contient pour 100 :

Hydrogène. 17,46
Azote. 82,54

Ce sel renferme donc 21, 37 d'azote. Il a été employé surtout en Alsace, dans le Nord et dans le Pas-de-Calais. M. Kuhlmann, ayant arrosé une partie de pré avec 250 kilogr. de sulfate d'ammoniaque dissous dans 2,000 litres d'eau, a observé le résultat suivant :

Partie sulfatée, foin et regain. . . . . 5,500 kilogr.
Partie non sulfatée. . . . . 3,500 «

Dans le Pas-de-Calais, M. Pingrenon fit répandre le 25 mai sur un blé semé après betterave, le sulfate d'ammoniaque en poudre à la dose de 100 kilogr. par hectare. Une partie du champ était restée sans fumure. On n'observa de différence entre les deux parties qu'après le milieu de juin. Le blé qui avait reçu le sel ammoniacal devint plus fort et plus vigoureux ; à la maturité les épis plus gros, plus longs et plus uniformes, rendirent à raison de 7 hectolitres de plus par hectare. La paille était aussi en plus forte quantité. M. Samin, après l'emploi fait le 15 avril de 210 kilogr. pour un hectare et demi, a obtenu 10 hectolitres de grain et 1,344 kilogr. de paille de plus que sur une surface égale du même champ qui n'avait pas été sulfatée.

L'influence de ce sel ne se fait sentir qu'une année. Ainsi la partie de pré qui dans l'expérience de M. Kuhlmann avait donné 5,500 kilogr. de fourrage en 1844 n'en a produit en 1845 que 4,000 kilogr. ; tandis que celle qui n'avait pas été fumée et qui en avait donné 3,500 kilogr., en a donné 4,500 kilogr.

EMPLOI. — Le sulfate d'ammoniaque doit être employé en poudre et pendant un temps sec. Mis en contact avec des plantes mouillées, il les brûle. On le met à la dose de 100 kilogr. par hectare et moins dans les bonnes terres. A plus forte dose, il fait verser les récoltes dans les année pluvieuses.

M. Pingrenon n'a remarqué aucune différence entre un blé qui avait été sulfaté avant et après l'hiver, et un autre qui l'avait été, après l'hiver seulement. Cependant M. Schattenmam recommande d'employer une partie de l'engrais en automne quand le blé est levé, et l'autre moitié, aussitôt que la végétation se réveille après l'hiver.

Malgré ses bons effets, ce sel, au prix de 50 à 56 francs les 100 kilogr., ne doit être utilisé comme engrais que dans des circonstances particulières, à cause du peu de durée de son action et surtout de l'incertitude de ses effets. Les considérations de prix doivent aussi faire exclure le *nitrate,* le *phosphate,* le *carbonate* d'ammoniaque, quelle que soit d'ailleurs l'efficacité de ces sels sur la fertilité des terres.

IV. Nitrates de soude, de potasse et de chaux.

Ces sels sont utiles pour fournir aux plantes de la potasse, de la soude et de l'azote.

Composé de 46,57 de potasse et de 53,43 d'acide nitrique, le NITRATE DE POTASSE contient à peu près 18 °/₀ d'azote. Il est très répandu dans les localités où des plâtras sont en rapport avec des matières animales. On le trouve dans un grand nombre de plantes. M. de Woght le considère comme un engrais très actif.

Le NITRATE DE SOUDE se trouve aussi assez communément ; il est très abondant dans quelques parties de l'Amérique et de l'Inde. On l'appelle *salpêtre du Chili*. Composé de 37,41 de soude et de 62,59 d'acide nitrique, il renferme 16,42 °/₀ d'azote. Il peut remplacer avantageusement le nitrate de potasse parce qu'il fournit également de l'azote en se décomposant dans le sol, que la soude est un succédané de la potasse dans la nutrition des plantes, et qu'il est d'un prix moins élevé.

M. Kuhlmam, en le répandant à la dose de 250 kilogr. par hectare, a obtenu 3,867 kilogr. de foin et 1,823 de regain : 1,440 du premier et 430 du second de plus que sur les prés où cet excitant n'avait pas été employé. Barclay a répandu ce nitrate sur le froment à la dose de 125 kilogr. par hectare. Il a obtenu 31 hectolitres de grain et 2,900 kilogr. de paille au lieu de 27 hectolitres de grain et de 2,465 kilogr. de paille, fournis par le terrain qui n'avait pas reçu cet engrais. Ce sel s'emploie à la dose de 120 à 140 kilogr. par hectare.

AVANTAGES. — Les nitrates alcalins seraient difficilement employés avec avantage s'il fallait les tirer du commerce; mais les cultivateurs peuvent s'en procurer facilement. Il suffit, pour en produire, de mettre des plâtras, de la chaux éteinte, de la marne, dans un endroit couvert, aéré; de mêler ces diverses substances à du fumier, ou de les arroser avec du sang, de l'urine, du purin. Sous l'influence de ces mélanges, l'acide nitrique se forme, non seulement aux dépens de l'azote des matières organiques, mais encore aux dépens de celui de l'air atmosphérique, comme nous le verrons en parlant de la préparation des engrais.

V. Chlorure de sodium.

Ce corps est composé de 60 parties de chlore et de 40 de sodium. Il constitue en grande partie le sel marin qui contient en outre de l'iode, du brome, du soufre, de la magnésie, de la chaux, de la potasse.

Le chlorure de sodium existe dans les trois règnes de la nature. On l'appelle vulgairement *sel, sel de cuisine* à cause de ses usages, *sel marin*, parce qu'il en est extrait beaucoup des eaux de la mer. On nomme *sel gemme* celui qu'on trouve dans le sein de la terre. Dans les départements de l'Est, on le retire des eaux de quelques sources.

C'est avec raison qu'on a de tout temps considéré le sel marin comme favorable au développement des plantes. Mais est-il nécessaire d'en mettre dans les terres à titre d'engrais? On a fait pour résoudre cette question de nombreuses expériences qui ont donné des résultats contradictoires : d'après M. H. Lecoq, le sel est favorable au froment, à l'orge, à la luzerne ; tandis que Mathieu de Dombasles, Puvis, Braconnot et M. Daurier, le considèrent comme sans utilité. Des expériences plusieurs fois répétées dans le clos de l'Ecole d'Alfort, nous ont toujours donné des résultats négatifs. Mais il en a été de même du sulfate d'ammoniaque, de l'hydrochlorate d'ammoniaque, du nitrate de potasse, du nitrate de soude, et de divers autres sels dont l'efficacité est cependant incontestable dans les terres moins fumées et moins exposées à la sécheresse que celles de l'Ecole.

Les différences constatées par les auteurs doivent s'expliquer par la nature diverse de nos terres. Sans doute le chlore, la soude, sont nécessaires aux plantes, mais en très petite quantité ; notons même qu'ils peuvent être fournis à nos récoltes par des corps autres que le chlorure de sodium. Il est possible que les terres en reçoivent d'assez fortes quantités des vapeurs de la mer dans les parages maritimes, des mines de sel gemme et des sources salées, dans les provinces de l'Est; des silicates, du feldspath, de l'albite, du labrador, du mica, dans les contrées qui reposent sur des roches siliceuses ; de la marne, de l'argile et de la chaux, là où l'on emploie ces amendements; enfin, des engrais ordinaires, du fumier, dans tous les pays. Dans quelques contrées maritimes, dans la Camargue, le sel nuit même à la végétation par son abondance.

C'est donc seulement dans quelques localités éloignées de la mer, éloignées des sources salées, éloignées des roches feldspathiques, et sur quelques terrains délavés par les eaux, qu'il serait nécessaire d'employer comme engrais le sel marin.

EFFETS. — Soit que le sel existe naturellement dans les terres, soit qu'il y arrive avec la pluie ou avec le fumier, il fournit aux plantes des éléments utiles et les rend, s'il est absorbé en nature, sapides et favorables à la santé. Les animaux recherchent les herbages salés, et ceux qu'on y élève sont forts et robustes ; les poulains y deviennent vigoureux, les moutons y jouissent d'une bonne santé et y acquièrent une viande excellente.

DOSES, EMPLOI. — Il ne se trouve pas d'après M. Poulle (*Écho rural*) plus d'une partie de sel sur 250 dans les fonds du château d'Avignon susceptibles d'une bonne culture, et d'une partie sur 25 dans les fonds les moins capables de produire des récoltes. Il faudrait donc, après avoir reconnu que le chlorure de sodium est nécessaire dans une terre, ne l'employer qu'à petites doses.

VI. Phosphate de chaux.

L'expérience a démontré que les récoltes les plus riches en phosphore sont celles qui appauvrissent le plus rapidement les terres. On cite des pays, des contrées de l'Italie, dont la fertilité a diminué par l'exportation des céréales ; les Anglais ont remarqué, et la même observation a été faite en Normandie, que les vaches à lait appauvrissent plus rapidement les herbages que les bœufs à l'engrais. Le phosphore contenu dans le lait peut expliquer cette différence ; et ce qui prouve que cette supposition est fondée, ce sont les bons effets que produisent, dans ces différents cas, les engrais riches en phosphore, la poudre d'os en particulier.

Le phosphate de chaux que l'on trouve dans le sein de la terre avait été jusqu'à ces derniers temps considéré comme impropre à servir d'engrais : on employait presque exclusivement en agriculture, celui qui est fourni par le règne animal. Mais la grande consommation, que l'on a faite de la poudre d'os, le prix élevé auquel elle est parvenue, ont engagé à faire, pour utiliser le phosphate minéral, des essais qui paraissent devoir être fructueux.

La chaux phosphatée se présente le plus souvent en roches non cristallisées et en *rognons* ou *nodules* appelés *coprolites, phosphorites.* Les minéraux qu'elle concourt à former ont de 65 à 80 °/₀ de phosphate de chaux composé de 44 à 45 de chaux et de 55 à 56 d'acide phosphorique. L'analyse des phosphorites triturés et pulvérisés, tels qu'on les livre au commerce, donne une proportion moyenne de 25 à 30 °/₀ d'acide phosphorique, ce qui représente de 52 à 63 °/₀ de phosphate de chaux.

La chaux phosphatée est beaucoup plus compacte que la poudre d'os et résiste beaucoup plus aux agents chimiques. C'est ce qui avait fait considérer cette substance comme inerte jusqu'à ces dernières années. Pour la rendre active, il faut d'abord, la pulvériser et la traiter par un acide puissant. On décompose ensuite le phosphate acide à l'aide de la chaux. Il se forme un précipité très-divisé qui, par ses propriétés, se rapproche du phosphate des os, et s'emploie dans les mêmes circonstances.

La chaux phosphatée rendra un jour de grands services à l'agriculture; mais on a besoin de trouver un procédé, économiquement pratiquable, qui la rende plus active qu'elle ne l'est dans son état naturel.

Il existe des phosphates dans les terrains schisteux, dans les produits volcaniques, — basaltes, laves, trachytes, — dans le kaolin, les roches calcaires, les minerais de fer, les coquilles, et dans les eaux d'un grand nombre de sources : on cite le terreau noir de la Russie méridionale et plusieurs autres terres également remarquables par leur fertilité, comme en contenant des quantités notables.

Le phosphate calcaire renfermé dans ces divers corps, contribue puissamment à la fécondité des terres arables ; mais il n'existe en assez grande quantité pour être exploité et livré au commerce, que dans quelques roches particulières.

En Espagne, la chaux phosphatée constitue des montagnes. Dernièrement, le gouvernement de ce pays a proposé aux Chambres de déclarer propriétés nationales les gisements de ce sel, notamment celui de Logrozan dans la province de Cacères (Estramadure). Il se propose de l'exploiter au profit de l'Etat. Ce sel a été signalé, en outre, en Saxe, en Bohême, en Angleterre, et en France dans un grand nombre de départements. Il en existe des gisements dans le Pas-de-Calais, le Nord, l'Aisne, les Ardennes, la Meuse : une fabrique d'engrais fondée à la Villette, tire de fortes quantités de coprolites, phosphate de chaux en rognons, de ces deux derniers départements, notamment du Barrois.

VII. Poudre d'os.

Cet engrais doit son efficacité à ses composés salins, et particulièrement au phosphate de chaux.

Dans leur état naturel, les os sont formés d'un parenchyme, *osséine*, qui traité par l'eau bouillante, se transforme en colle, et qui, chauffé sans le contact de l'air, se carbonise; de graisse, *moelle*, qui se perd par l'action du feu ou par une longue exposition aux agents atmosphériques ; de membranes qui enveloppent l'os et en tapissent les cavités, *périoste* et *membrane médullaire*; de vaisseaux et de nerfs ; enfin, de matières terreuses qui lui donnent de la dureté.

Les os qu'on emploie en agriculture ont été privés de leurs matières animales dans les fabriques de gélatine, ou bien ils ont été longtemps exposés au contact de l'air et ont perdu leurs matières grasses. Ils ne contiennent dans un cas que les substances minérales, et dans l'autre que ces mêmes substances et la partie du parenchyme qui a résisté aux agents destructeurs ; ils sont composés à peu près pour cent de :

Gélatine.	de	60,0 à 25,0
Phosphate de chaux.	—	70,0 à 80,0
Carbonate de chaux.	—	0,5 à 2,0
Phosphate de magnésie.	—	0,5 à 27,0
Chlorure, fluorure, manganèse, fer, soude, etc.	—	0,5 à 2,0

Dans leur état naturel, les os renferment 10 pour cent de principes gras.

Le sous-phosphate de chaux qui constitue la partie essentiellement active des os, tels qu'on les emploie le plus souvent, est composé pour cent de :

Acide phosphorique.	48,34
Chaux.	51,66

Les os sont utilisés par plusieurs industries et ils fournissent, dans les environs des villes où on les travaille, des débris fort recherchés pour la fumure des terres ; mais leur emploi, comme engrais, ne s'est généralisé que dans ces derniers temps. En 1823, les Anglais en avaient importé pour 359,875 fr. ; et, en 1837, pour 6,365,000 fr. Le prix s'en est élevé même en France, de 5, 6, à 12, 15 fr. l'hectolitre. Les fabriques de colle forte ont contribué à propager l'usage de la poudre d'os en agriculture.

TERRES QUI EN RÉCLAMENT. — L'efficacité du phosphate des os a été démontrée sur des gazons privés de phosphore par des vaches laitières ; sur des terres qui avaient été épuisées par la culture du blé ; dans des localités où une longue jachère morte avait accumulé des produits azotés, sans y porter des phosphates. Dans ces diverses circonstances, la poudre d'os, le noir animal, ont produit des effets prodigieux ; tandis qu'ils étaient sans action sur d'autres terres qui n'avaient pas été ainsi dépouillées de leur phosphore. On a vu le phosphate ammoniaco-magnésien mis sur un mauvais sol sextupler en grain et tripler en paille une récolte de sarrazin.

On emploie surtout la poudre d'os dans les sols où dominent l'argile et la silice ; elle produit d'excellents effets sur les céréales, dans des terres argilo-ferrugineuses nouvellement défrichées, et remplace avec avantage et à moindres doses, le noir des raffineries pour le défrichement des landes.

Les os qui n'ont été privés d'aucun de leurs principes, agissent à peu près sur toutes les natures de terrain par le phosphore, la chaux, la soude, la magnésie, et par les composés ammoniacaux comme par l'acide carbonique qui résultent de leur décomposition; tandis que ceux qui sont privés de matières organiques restent sans action dans les terres qui naturellement, ou par l'effet du chaulage ou de l'écobuage, contiennent de la chaux et des alcalis.

EMPLOI. — On les emploie après les avoir concassés et réduits en poudre. A cet effet, on peut les faire griller dans un four jusqu'à ce qu'ils aient perdu 1/5 de leur poids, les écraser ensuite avec deux cylindres et les réduire en poudre avec la meule de l'huilerie. En Angleterre, pour rendre leur action plus prompte on les traite par l'acide sulfurique, soit 100 parties d'os par 40 ou 50 parties d'acide étendu de 50 à 100 parties d'eau. Quand le mélange, appelé *superphosphate de chaux*, forme une bouillie, on le délaye dans 1,000 parties d'eau, et on l'emploie en cet état cu après avoir saturé l'excès d'acide avec de la chaux ou avec des cendres.

DOSES.—L'action des os se fait sentir pendant 4, 5 ans s'ils n'ont été que concassés, et pendant 2 ans seulement s'ils ont été bien pulvérisés ou râpés. En France, on met de 6 à 8 hect. de poudre d'os par hectare; les Anglais en répandent de 10 à 15 et de 25 à 30 même, pour les céréales. Ils mettent 100 à 200 kilogr. de phosphate acide qu'ils répandent avec la semence de navet et de turneps. Ils emploient souvent cet engrais concurremment avec le fumier.

VIII. Noir animal des raffineries.

On prépare le noir animal ou charbon d'os en carbonisant les os dans des vaisseaux clos. On ne l'employe en agriculture qu'après l'avoir utilisé pour la clarification des sirops de sucre. Pour 100 de sirop, on met 2 litres de sang de bœuf et 4 kilogr. de noir animal; on filtre, et l'on a sur le filtre un dépôt formé du charbon, du sang coagulé, et de diverses substances fournies par la matière sucrée. Cet engrais contient donc: la matière animale des os réduite à l'état de charbon, toutes leurs matières minérales, l'albumine qui a servi pour clarifier les sirops, et les substances fournies par ces derniers.

On peut faire servir le charbon à la clarification des sirops une seconde, une troisième fois en le revivifiant.

Le noir animal pèse 95 kilogr. l'hectolitre et contient pour 100 kilogr. 15 kilogr. de sang sec.

Cet engrais a été analysé par plusieurs chimistes, par MM. Moride et Bobierre en particulier. Il contient en moyenne :

Matières organiques.	16,30	Carbonate de chaux et de	
Sels solubles.	2,00	magnésie.	10,00
Phosphate de chaux.	62,70	Silice, alumine, fer.	9,00

Sa composition dépend de la quantité plus ou moins grande de substances réunies à l'os calciné. Les matières organiques qu'il renferme varient de 9,7 à 35,2 et l'azote de 0,75 à 2,66.

Il n'y a pas encore trente ans qu'on connaît l'utilité du noir des raffineries, et c'est seulement depuis quelques années qu'on apprécie les services que cet engrais peut rendre.

On évalue à près de 200,000 quintaux la quantité de noir étranger entrée annuellement dans les ports de Nantes et de Paimbœuf de 1840 à 1846. Le prix s'en est élevé depuis 1824, de 2, 3 francs, à 12, 14, 16 francs les 100 kilog.

Ces prix ont encouragé les marchands à altérer cet engrais. Celui qu'on trouve dans le commerce est rarement dans son état naturel. On y a souvent ajouté de la tourbe, de la houille, du terreau, du charbon et des schistes. On a évalué à 600,000 hectolitres la tourbe employée tous les ans à Nantes, pour sophistiquer le noir des raffineries. Aussi le prix de cet engrais varie-t-il beaucoup. A Nantes, on paye 2, 3 fr. de plus celui des raffineries indigènes dont on est sûr.

TERRES QUI EN RÉCLAMENT. — Les noirs de raffineries riches en azote, doivent être réservés pour les sols depuis longtemps cultivés et pauvres en terreau ; tandis que les noirs grenus, qui renferment de fortes proportions de phosphate de chaux et peu d'azote, doivent être employés dans les landes, les vieux gazons où se trouvent une grande quantité de terreau. Après les chaulages, les marnages, et même les simples écobuages, le noir de raffinerie réussit mal, et dans les pays fertiles il donne de moins bons résultats que dans les landes : dans ces dernières, une fumure avec 40,000 kil. de fumier produit moins d'effet que quelques hectolitres de noir des raffineries jusqu'à ce que la terre ait perdu cette disposition particulière qui favorise les effets de cet engrais.

EFFETS. — A la place de l'écobuage qu'on employait jadis pour le défrichement des landes, et qui tout en étant fort dispendieux, ne faisait obtenir que deux ou trois chétives récoltes de seigle après lesquelles il fallait laisser les terres rentrer dans un repos quasi-séculaire, on emploie de nos jours le noir des raffineries, et l'on obtient d'abord trois, quatre, fortes récoltes successivement, tout en ayant ensuite une terre qui, au moyen d'autres engrais, peut être indéfiniment soumise avec avantage à la rotation de culture usitée dans le pays.

Cet engrais est très efficace. Je ne crains pas d'affirmer de la manière la plus absolue, dit M. Chambardel, que l'on peut obtenir, à l'aide du noir animal, six ou sept magnifiques récoltes sur un défrichement de bruyère. M. de Gourcy évalue à 17 ou 1800 francs, la récolte de 4 années, tandis que les frais de culture n'ont pas dépassé 7 à 800 francs; de sorte que des terres qu'on n'estime pas à plus de 200 francs l'hectare, rapportent 250 fr. par an.

EMPLOI. — Pour mettre en rapport des landes avec le noir des raffineries, on donne au printemps, à la bruyère, un profond labour à la charrue ou à la pioche, et en septembre, après deux forts coups de herse, on met la terre en planches, et on y sème le seigle ou le blé avec une fumure de 4 hectolitres 1/2 de noir animal, à peu près deux fois le volume de la semence; on mouille l'engrais avec un liquide gélatineux pour le faire adhérer aux grains. Après la récolte, qui est de 20 à 25 hectolitres de blé ou de 30 à 35 de seigle, on donne en automne un labour, et l'on ensemence la terre comme la première année. Le plus ordinairement on répète la même succession de travaux une troisième et une quatrième fois. La deuxième récolte est même plus abondante que la première. Pour la troisième, on met souvent de la vesce d'hiver et du colza avec trois hectolitres et demi de noir, et pour la quatrième de l'avoine avec deux hectolitres et demi du même engrais. Après ces quatre récoltes, la terre ameublie est soumise à l'assolement habituel du pays et fumée avec les engrais ordinaires de la ferme.

La dose la plus convenable de noir est de 4 à 5 hectolitres la première année. Avec une plus forte quantité, les récoltes versent et elles manquent si l'on en met beaucoup moins.

En sortant le noir animal de la fabrique, on le laisse exposé, avant de l'employer, un mois ou deux au contact de l'air.

IX. Cendres.

On emploie en agriculture des cendres vives, des cendres lessivées, des cendres de tourbe, des cendres de houille, et des cendres de plantes marines.

CENDRES VIVES. — Elles varient selon les végétaux dont elles proviennent. La moyenne des analyses données par les auteurs, est de :

Acide carbonique.	14,2	Soude.	12,3
Acide phosphorique.	7,7	Chaux.	23,2
Acide sulfurique.	2,8	Magnésie.	4,9
Chlore.	4,5	Silice.	13,4
Potasse.	12,6	Fer, manganèse, charbon.	4,4

Outre les matières minérales, les cendres renferment souvent des principes organiques incomplétement décomposés par le feu.

Celles des mêmes espèces de plantes, diffèrent selon le sol dans lequel ces plantes ont végété et les eaux qui les ont arrosées. On a trouvé dans les cendres du foin d'ivraie, une fois 32,8 de potasse, et une autre fois 8,2 seulement ; mais le premier échantillon ne renfermait que 2,3 de soude, tandis qu'il y en avait 22,4 dans le second. Du foin de trèfle analysé par M. Boussingault, contenait 24,6 de soude, et 0,5 de potasse ; tandis qu'un autre échantillon de ce fourrage présentait à M. Hossford, 32,2 de ce dernier alcali, et 16,6 du premier.

Les cendres du bois flotté sont beaucoup moins riches : les sels alcalins du bois ont été en partie dissous et enlevés par l'eau.

CENDRES LESSIVÉES. — Dans l'Ouest, où il en est utilisé beaucoup, elles sont appelées *charrées*. Elles renferment en moyenne d'après des analyses faites par MM. Moride et Bobière :

Matières organiques.	6,2	Phosphate de chaux et fer.	16,8
Silice.	35,5	Carbonate de chaux.	36,2
Sels solubles.	2,3	Magnésie, perte.	3,0

Si les cendres lessivées sont moins actives que les cendres vives, elles exercent une influence de plus longue durée. On a observé en Angleterre que leur action se faisait sentir pendant 10, 15, et même 20 ans.

CENDRES DE TOURBE ET DE HOUILLE. — En passant à l'état de *tourbe*, les végétaux perdent dans l'eau une partie de leurs principes solubles, et se mêlent à des matières terreuses qui varient selon les localités. La tourbe brûlée fournit de 4 à 20 pour 100 de cendres. Celles d'une tourbe de Vassy, Seine-et-Marne, ont rendu :

Argile.	11	Sulfate de chaux.	26
Carbonate de chaux.	51,5	Oxyde de fer.	11,5

M. Letellier a trouvé dans une tourbe de Hagueneau :

Silice et sable.	65,5	Oxyde de fer.	5,7
Alumine.	16,2	Magnésie, chlore.	0,9
Acide sulfurique.	5,4	Potasse, soude.	2,3
Chaux.	6,0		

Les *cendres de houille* sont moins fertilisantes que celles de tourbe. Une houille, bonne qualité de Saint-Etienne, a fourni des cendres dans lesquelles on a trouvé pour 100 :

Argile.	67	Oxyde et sulfure de fer.	16
Magnésie	8	Oxyde de manganèse.	3
Chaux.	6		

La houille, comme la tourbe, contient de l'azote qui disparaît pendant la combustion.

Les cendres de tourbe et de houille agissent comme amendement des terres fortes par l'alumine calcinée qu'elles renferment. Elles peuvent être utiles aussi par leurs sels alcalins, surtout celles qui ont été brûlées dans les ménages avec plus ou moins de substances végétales. L'énorme quantité de sel calcaire et de plâtre, trouvée dans la tourbe de Vassy, explique les bons effets qu'on a quelquefois obtenus par l'emploi de la tourbe.

CENDRES DE PLANTES MARINES. — On brûle les plantes marines, quelquefois comme combustible, d'autres fois dans le seul but d'extraire les produits qu'elles renferment, et enfin pour en utiliser les cendres comme engrais.

D'après des analyses faites en Ecosse sur les diverses espèces du genre Fucus, ces végétaux renferment à peu près pour 100 :

Potasse.	11,69	Iodure de potassium.	1,33
Soude.	12,57	Acide sulfurique.	19,77
Chaux.	11,53	Acide phosphorique.	2,19
Magnésie.	8,29	Fer, silice, charbon.	12,21
Chlorure de sodium.	20,62		

Il suffit de jeter un coup d'œil sur ce résumé pour apprécier la valeur comme engrais de ces cendres et des plantes marines en général. Nous ferons seulement remarquer que lorsqu'elles n'ont pas été lessivées, elles doivent agir fortement sur le terreau, sur les sols tourbeux, et sur les silicates qu'elles décomposent par la forte quantité d'alcalis qu'elles renferment.

EMPLOI DES CENDRES. — Les cendres produisent de bons effets, les unes ou les autres, sur toutes les natures de terrain et sur toutes nos récoltes. Celles qui ont été lessivées conviennent surtout sur les *défoncements* de *landes* et de *bruyères*, et sur tous les sols riches en débris de végétaux. Leurs principes insolubles et les matières solubles du terreau se complètent et contribuent long-temps à la nourriture des plantes. On explique ainsi, pourquoi les charrées réussissent mieux après défrichement que les cendres vives dont les alcalis décomposent presque instantanément les matières organiques renfermées dans le sol.

C'est donc principalement pour les sols riches en matières

organiques, pour les alluvions, les terrains tourbeux, qu'il faut les réserver. Les cultivateurs des côteaux riches en principes salins de la Bourgogne, les vendent à ceux des plaines de la rive gauche de la Saône. Un commerce à peu près semblable a lieu entre les collines du Poitou et les marais de cette province, entre les montagnes et quelques vallées de la Lorraine. Dans toutes nos contrées, se trouvent des prairies où elles produiraient d'excellents effets, et sur lesquelles doivent les employer, quand ils ne trouvent pas à les vendre avec avantage, les cultivateurs dont les terres sont assez riches en principes salins. Plus que les autres engrais, elles ne doivent être mises que sur des terres sèches. Elles sont sans action quand elles sont répandues sur l'eau stagnante.

Sur les *céréales*, elles donnent de la consistance aux tiges et augmentent la quantité du grain. On les emploie aussi dans le courant de l'été, sur le *tabac*, le *maïs*, le *sarrazin*, le *houblon*, Sur les *prés*, elles détruisent les joncs et les carex.

Les cendres sont surtout favorables aux *prairies artificielles*, aux *légumineuses* ; elles font pousser ces plantes, même dans les prairies basses : il semble que les cendres renferment de la graine de trèfle blanc, nous disait un cultivateur du Lyonnais, tellement elles font pousser les pieds de ce précieux fourrage ; il les employait du côté d'Iseron et de l'Arbresles où le sol manque de sel calcaire. D'après Mathieu (d'Épinal), les cultivateurs des Vosges qui ne connaissent pas d'engrais plus actif que les cendres, supposent également qu'elles ont la propriété de produire spontanément de bonnes plantes. Mises sur les *choux*, les *navets*, le *colza*, elles en activent la végétation et détruisent les insectes nuisibles ; sur les récoltes d'automne, il est très avantageux d'en mettre la moitié avant l'hiver, et l'autre moitié au printemps.

Les cendres vives sont employées à la DOSE de 20 à 35 hectolitres par hectare. On peut en mettre de plus fortes quantités dans les contrées humides que dans le Midi.

On met jusqu'à 100 et 150 hectolitres de cendres lessivées et de cendres de tourbe sur la même surface de terrain. En Bretagne, on répand les cendres de varech à la dose de 20 à 30 hectolitres.

CHARRÉES DE SAVON. — Les alcalis lessivés pour la préparation des savons, laissent un résidu qui renferme de la chaux et des matières organiques. On a proposé de l'utiliser comme engrais et à plus faible dose que les charrées ordinaires.

X. Cendres pyriteuses, cendres de Picardie, cendres noires.

Dans le pays de Bray, dans la Somme et l'Aisne, on trouve à

une légère profondeur, ou à la surface du sol, des couches de lignite et d'argile contenant, en diverses proportions, du sulfure de fer, de la chaux, de la silice et des sulfates. Réunies en tas, et laissées à la surface de la terre, ces matières se modifient. Le soufre brûle spontanément, passe à l'état d'acide sulfurique, et il se produit de l'alun, du sulfate de fer, et du sulfate de chaux. Après les réactions qui ont eu lieu dans les tas de lignite, on lessive quelquefois les cendres qui en résultent pour en séparer l'alun : le résidu est appelé *cendres vitrioliques.*

Calcinées, les terres noires constituent les cendres rouges, ainsi nommées à cause du tritoxyde de fer rougeâtre qui se produit sous l'influence de l'air et de la chaleur.

Les cendres de Picardie renferment pour 100, 0,66 d'azote et celles de la Seine-Inférieure 2,72. MM. Girardin et Bidard ont trouvé dans ces dernières :

Matières organiques solubles.	2,71	Sulfate de fer.	1,79
Matières organiques insolubles.	49,83	Sulfure et oxyde de fer.	6,72
Sable.	38,92		

EMPLOI. — Ces cendres doivent leurs propriétés fertilisantes à l'azote et au sulfate de chaux. Quand elles ont été fortement chauffées, elles agissent comme amendement des terres fortes par l'argile calcinée qu'elles renferment. Dans les prés, elles contribuent à détruire les joncs et les carex.

Pour les distribuer, on les décharge en petits tas qu'on répand peu de temps après. M. Bazin les fait disséminer par un homme qui, monté sur un tombereau chargé, les projette avec une pelle, pendant que la voiture avance. Il faut, dans tous les cas, les répandre régulièrement, car, laissées en tas, elles détruisent les plantes.

DOSES. — Dans la Picardie, le pays de Bray, on répand de 4 à 6 hectolitres de cendres vitrioliques sur les prés et les herbages, de 8 à 10 sur les légumineuses, et seulement de 2 à 4 sur les récoltes du printemps ; mais, dit M. Girardin, c'est presque une dérision que de semer moins de 15 à 20 hectolitres de ces cendres par hectare. On peut même en mettre de 25 à 30 hectolitres sur les terres marneuses.

XI. Suie.

Celle du bois que nous brûlons dans nos foyers, renferme beaucoup de charbon qui la colore, et plusieurs substances propres à nourrir les plantes. Prises dans les cheminées elle est composée, d'après Braconnot de :

Acide ulmique.	30,2	de magnésie, d'ammonia-	
Charbon.	3,9	que.	10,5
Matière azotée.	20,0	Phosphate de chaux.	1,5
Sulfate de chaux.	5,0	Silice, oxyde de fer, chloru-	
Carbonate de chaux.	14,7	res, principe amer.	1,7
Acétate de potasse, de chaux,		Eau.	12,5

La suie rapprochée du foyer de combustion est plus riche en sels, plus fertilisante, que celle de la partie supérieure des cheminées; celle de houille renferme moins d'acide acétique, moins de matières alcalines et plus d'azote que celle de bois. D'après MM. Boussingault et Payen, l'une en a 1,59 et l'autre 1,31 °/₀. Schwertz a observé en effet, que la première est plus fertilisante.

Effets. — La suie agit à la manière des cendres et du plâtre. Elle contribue à nourrir les plantes, provoque la décomposition du terreau, et améliore les sols compactes. En outre, elle détruit les insectes et les limaces.

En Angleterre, on répand par hectare 18 hectolitres de suie sur le trèfle, le froment, les prairies naturelles. Les effets s'en font immédiatement sentir, dit Sinclair, après la première pluie: si les récoltes avaient une teinte pâle, elles deviennent d'un vert foncé. Le plus souvent on la répand en automne ou au printemps sur les récoltes, en couverture. D'autres fois on la recouvre par un coup de herse. Dans le nord de la France, on en met sur les semis de colza.

§ 3. *Des engrais proprement dits.*

Ces engrais, généralement fournis par le règne organique, diffèrent des précédents par leur composition chimique plus compliquée. Ils en diffèrent aussi en ce qu'ils sont ordinairement employés à fortes doses, qu'ils peuvent être mis indéfiniment sur les mêmes terres et qu'ils produisent, quoique cependant à des degrés divers, dans toutes les terres et sur toutes les récoltes, des effets en rapport avec la quantité employée.

Nous étudierons successivement les engrais fournis par le règne végétal, ceux qui proviennent du règne animal, et les engrais mixtes.

I. Plantes terrestres et d'eau douce.

On emploie comme engrais des végétaux frais, des végétaux desséchés, et des débris de parties végétales utilisées dans l'industrie.

Les VÉGÉTAUX FRAIS agissent par les matériaux nombreux qu'ils renferment et même par leur eau de végétation. On les utilise avec avantage, dans quelques pays exposés à la sécheresse, pour transplanter les récoltes d'été ; on tasse des fougères, des plantes aquatiques ou des feuilles, au fond des raies dans lesquelles on met les jeunes plants.

Les *feuilles de betteraves* qui, sèches, renferment p. 100 de 3 à 4, 50 d'azote, les *pampres de pommes de terre* qui en contiennent 3 %, les *feuilles des carottes*, celles des *raves*, sont utilisées comme aliment quand les circonstances le permettent ; mais quand on ne peut pas les faire consommer, on les enfouit, et si, dans les terres bien préparées pour le blé par une abondante fumure, elles sont sans effet, comme nous nous en sommes souvent assuré, elles sont fort utiles dans les terres mauvaises ou médiocres.

Les *plantes aquatiques*, — les potamogétons, les nymphœa — que nous avons vu utiliser dans l'Isère et les Hautes-Alpes pourraient rendre de grands services dans beaucoup de pays.

On cultive pour les enfouir comme engrais des plantes à végétation vigoureuse qui viennent, sans fumure, sur les terres maigres. On les sème de préférence sur les champs d'un abord difficile où l'on a de la peine à transporter le fumier. Le *lupin*, la *fève*, les *vesces*, le *sarrasin*, le *trèfle*, le *seigle*, le *maïs*, la *madia sativa*, la *moutarde*, la *navette*, les *raves*, même le *chanvre*, sont celles que l'on destine à cet usage. On doit choisir de préférence les espèces dont la croissance est la plus rapide et celles qui absorbent le plus les principes de l'atmosphère, qui sont les plus riches en azote. A ce dernier point de vue, les légumineuses se recommandent particulièrement. Dans le Dauphiné, près de Lyon, sur des terres graveleuses, et dans le Morvan sur des côteaux granitiques, on sème le lupin, *fève de loup*, en juin, pour l'enterrer en automne. Autant que possible, il faut l'enfouir pendant qu'il est en fleurs. Il fournit un bon engrais pour les terres légères, les sables, et les côteaux siliceux des pays chauds.

Il faut considérer comme engrais accidentels les *vieux gazons*, l'herbe des prés que l'on défriche. Les gazons agissent pendant longtemps en raison de leurs racines qui sont longues à se décomposer.

FEUILLES SÈCHES. — Quand on peut utiliser immédiatement, en automne, les feuilles qui couvrent la terre dans les lieux boisés, l'on en obtient de bons effets, dans les terres légères surtout. Cette fumure introduit dans le sol de l'argile et de la silice très divisée : en terrotant pendant plusieurs années consécutives les terrains sablonneux des jardins de l'Ecole d'Alfort nous en rendons la terre plus compacte et plus tenace.

Mais nous avons souvent vu ramasser en automne des *feuilles* dans les bois, les châtaigneraies, les bordures des prés, pour être mises en tas et employées à fumer des pommes de terre au printemps. Ces feuilles sont mal décomposées quand on les répand sur la terre, et les vents en enlèvent si elles ne sont pas bien couvertes. Cette pratique n'est excusable que lorsqu'on a des bois fort éloignés de l'habitation et des terres à fumer qui les avoisinent : on veut éviter alors les frais d'un double transport. Dans les circonstances ordinaires on doit faire imprégner les feuilles mortes de matières animales, soit en les employant pour faire la litière, soit en les plaçant dans l'endroit de la cour où passent et repassent souvent les animaux.

II. Plantes marines.

Les plantes marines renferment une forte quantité d'azote, d'iode, de sel marin, et en outre, elles sont toujours mêlées à des débris d'animaux, à des coquillages qui en augmentent la valeur fertilisante. Les plus intéressantes appartiennent à diverses espèces du genre *fucus* et sont connues sous le nom générique de *goëmon*.

On récolte le goémon deux fois par an, au printemps et en automne : le jour de la récolte est indiqué par l'autorité. Il est curieux de voir l'empressement que les Bretons mettent à aller cueillir cet engrais aussitôt que la récolte en est permise. A Roscoff, nous les avons vus par centaines, hommes et femmes, se jeter à la mer avant que la marée fût complétement retirée pour aller sur les rochers, avec leur famille, faire la moisson de la plante précieuse.

Les voitures arrivent en même temps que les gens. On emporte la récolte à mesure qu'elle est coupée, et on la dépose en tas sur le rivage ou sur les bords des chemins, pour l'enlever le lendemain quand il n'est plus permis de récolter.

Ces végétaux sont enfouis dans le sol à l'état frais, ou après un léger fanage, ou encore après avoir été mêlés à du fumier et avoir éprouvé un commencement de putréfaction. Dans quelques cas, on les fait griller ; il y a même des endroits où ils sont employés comme combustible ; ils fournissent des cendres très fertilisantes. Le goémon renferme pour 100, de 1 à 3 d'azote selon le degré de dessication.

III. Résidus.

Le règne végétal alimente plusieurs industries qui fournissent des résidus employés comme engrais.

TOURTEAUX. — Les résidus des semences oléagineuses contiennent, nous le verrons en les étudiant comme aliment, beaucoup d'albumine, de 5 à 7 % d'azote et une forte proportion d'acide phosphorique.

En nous fondant sur la moyenne de leur composition (voyez hygiène vétérinaire générale : *tourteaux*), nous trouvons que pour remplacer les 123 kilogr. d'azote et les 60 kilogr. d'acide phosphorique que l'on admet dans une fumure de 30,000 kilogr. de fumier, il faudrait :

	Pour l'azote.	Pour l'acide phosphorique.
Tourteaux d'arachide.	1,708 kilogr.	10,344 kilogr.
« d'œillette.	1,937 «	1,973 «
« de sésame.	1,990 «	3,871 «
« de lin.	2,196 «	2,531 «
« de cameline.	2,236 «	2,953 «
« de colza.	2,343 «	1,910 «
« de chanvre.	2,363 «	1,749 «
« de madia.	2,430 «	1,729 «
« de faine.	3,416 «	5,940 «

Mis en contact avec l'eau ou avec un sol humide, les tourteaux se décomposent rapidement et forment un engrais très actif.

Ils conviennent à tous les sols, mais plus particulièrement à ceux qui sont perméables. Pendant la sécheresse ils agissent peu; aussi sont-ils moins utilisés dans le Midi que dans Nord.

Lord Leicester les employait à Holkamm, dans le Comté de Norfolk, à la dose de 8 à 900 kilogr. par hectare. En France nous en mettons de 5 à 800 kilogr. On les répand sur la terre et on les recouvre en même temps que la semence, ou on les enfouit quinze jours, un mois avant cette dernière, ou enfin on les répand sur les récoltes levées.

C'est ordinairement comme demi fumure, et vers le milieu de la rotation de culture, qu'on les emploie.

Quoique très riches en azote et en phosphore, les tourteaux conviennent surtout comme complément d'autres engrais, d'engrais peu actifs, et à ce point de vue ils peuvent rendre de grands services : sans soulever le sol comme le fumier, ils y introduisent de fortes quantités de principes actifs; mais employés seuls, ils constituent un engrais incomplet : on a constaté leur insuffisance pour la culture de la garance. Il y a une vingtaine d'années les tourteaux produisaient les meilleurs effets; aujourd'hui, dit le *Bulletin de la Société d'Agriculture de Vaucluse*, cet engrais paraît ne plus suffire « on le trouve inefficace, on va jusqu'à lui reprocher d'avoir épuisé les terres. »

On ne peut pas espérer que 2 à 3 mille kilogr. de tourteaux, quoique aussi riches en azote que 30,000 kilogr. de bon fumier remplaceront complétement cette masse d'engrais, si riche en potasse, en soude, en chaux, en carbone, etc.

Les RÉSIDUS DES FÉCULERIES sont réservés pour la nourriture des bestiaux à moins qu'on n'en ait en excès. Mais trop souvent, on laisse perdre, au détriment de la santé publique, les eaux qui ont servi à séparer et à nettoyer la fécule; ces eaux peuvent être utilisées pour l'arrosage, ou bien conduites dans des réservoirs d'où elles s'évaporent et se perdent par infiltration dans le sol: elles laissent des dépôts qui renferment en partie, l'albumine et les sels solubles de la pomme de terre. Ces dépôts peuvent être directement répandus sur les terres ou employés à préparer ce que l'on appelle de la *poudrette végétale*.

On réserve également pour les animaux les principaux RÉSIDUS DES SUCRERIES; mais on utilise, comme engrais, les produits des défécations et les écumes. Ces dépôts renferment de l'albumine, des matières salines, et de la chaux.

Il est souvent difficile d'utiliser ces résidus pendant l'hiver, au moment où on les obtient; il faut alors les mêler, sur une surface destinée à les recevoir, avec des plâtras, des cendres lessivées, en faire des composts qu'on répand ensuite avec avantage à l'état pulvérulent, soit pour fumer les récoltes d'automne, soit pour préparer le sol à recevoir celles du printemps.

Nous mentionnons, pour mémoire, le MARC DE RAISIN, qui en raison du principe oléagineux qu'il contient, convient mieux pour nourrir les animaux, la volaille, que pour fumer les terres, mais qui peut être utile, à cause de sa durée, pour fumer les vignes. Le MARC DES POMMES et des POIRES si souvent perdu, pourrait entrer avec avantage dans la composition des composts.

IV. Sang.

Formé d'un liquide appelé *serum* et d'une partie solide dite *caillot*, le sang contient pour 100 :

Eau.	de 77,0 à 83,0	Phosphate de chaux. .	1 à 1,5
Globules fibrine. .	15 à 2,2	Chlorure de sodium. . :	4 à 5,5
Graisse.	1 à 2,5	Sels divers, fer.	1 à 2

Coagulé par la vapeur, le sang du cheval a fourni à M. Soubeiran :

| Matières animales. . . 78 | Sels, oxydes. . . . . . . 4,7 |
| Phosphate de chaux. . . 0,3 | Eau. . . . . 17 |

Quoique renfermant du chlore, du phosphore, de la soude, de la chaux, du fer, de la magnésie et de la potasse, le sang est recherché principalement comme matière azotée. Il contient de 15 à 16 °/₀ d'azote, quand il a été desséché, et de 1,50 à 3 dans l'état naturel.

Le sang est d'un emploi difficile parce qu'il se décompose rapidement, et que les plantes laissent perdre une partie des principes qu'il fournit, ne pouvant pas les absorber à mesure qu'ils se dégagent.

On a cherché à obvier à ces inconvénients, en étendant le sang de beaucoup d'eau, et en l'employant en arrosage : ce procédé est peu pratiquable ; en le traitant par de la terre fortement chauffée qui le dessèche : procédé dispendieux ; en le solidifiant par l'ébullition ou à l'aide de la vapeur ou de l'acide sulfurique, et en desséchant les parties solides.

Le sang desséché constitue un engrais pulvérulent, d'une grande puissance. On l'exporte en grande quantité pour les riches cultures des colonies.

V. Chairs musculaires.

La substance charnue est toujours mêlée à du sang, et on doit la considérer comme contenant tous les principes qui se trouvent dans ce liquide ; elle renferme 13 °/₀ d'azote. D'après M. Soubeiran, la viande du cheval est composée pour 100 de :

| Matières animales. . . . 84,8 | Matières terreuses. . . . 2,8 |
| Phosphate de chaux. . . 2,4 | Eau. . . . . 10,0 |

Les chairs musculaires constituent un engrais excessivement précieux, que les cultivateurs intelligents utilisent en dépeçant les animaux qui meurent dans les fermes, et en enfouissant les débris dans des terres qui réclament de riches fumures.

Dans les grands établissements d'équarissage, on traite d'abord la viande à l'aide de la vapeur, pour la séparer des os ; on la dessèche ensuite, par le même moyen, et l'on obtient un engrais très puissant quand il est pur. On l'exporte jusque dans les colonies pour la culture de la canne à sucre.

VI. Poissons.

A l'état sec, les poissons renferment de 10 à 11 °/₀ d'azote, une grande quantité de phosphate, et d'autres matières propres à favoriser l'accroissement des récoltes.

Sur les bords de la mer, on peut employer les poissons frais. On a remarqué, en Angleterre, que les harengs font pousser comme par magie, les plus riches récoltes sur les terres les moins fertiles : les fermiers du Norfolk les payent aux pêcheurs à raison de 35 à 45 francs les 1000 kilogr. La mer dans certaines localités peut en fournir presque indéfiniment.

Le résidu appelé *tanguin*, qu'on obtient quand on a traité les harengs par l'eau bouillante, pour en retirer l'huile, contient toute la matière du poisson, à l'exception de la graisse. Bien exprimé et desséché, ce produit fournit un engrais d'une très-grande activité. En raison de sa richesse en azote et en phosphore, il a été conseillé comme succédané du guano.

VII. Laine, chiffons, poils, plumes, cheveux, soie.

Ces produits se ressemblent par la forte quantité d'azote qu'ils renferment. Ils en contiennent pour 100 :

Laine.	15	Cheveux.	15
Poil de bœuf.	13,78	Soie.	17
Plumes.	16		

On y trouve des corps gras, beaucoup de soufre, mais peu de matières minérales.

Il est travaillé une immense quantité de *laine* dont les débris fourniraient de puissants engrais, si on savait les utiliser. Nous ne citerons que la bourre, déchet ou *tontisse*, qui se produit pendant la fabrication des étoffes, et les débris de ces dernières, rognées par les tailleurs ou usées sous forme d'habillement.

On a employé les chiffons à la dose de 3,000 kilog. par hectare. Cette fumure, qui remplace 45,000 kilog. de fumier, dure trois ans. Un des inconvénients de cet engrais, c'est la difficulté de le diviser. Les loques, mises entières, font pousser les récoltes inégalement. On les coupe avec des faulx implantées dans des planches. On a proposé de les imprégner de soude caustique, de laisser agir l'alcali, de les faire sécher, et ensuite de les broyer.

Les *poils*, les *plumes*, les *cheveux*, la *soie*, si faciles à employer doivent être classés dans la même catégorie. Dans la Romagne, on réserve les plumes pour fumer les chenevières. On sait que les Chinois se rasent la tête pour employer leurs cheveux à la fumure des terres.

VIII. Corne.

La corne renferme pour 100 de 14, 35 à 17, 40 d'azote et de 3 à 27 de soufre. On utilise les râpures et les rognures, des coutelleries et des fabriques de peignes; mais on laisse trop souvent per-dre les cornes, les sabots, les onglons, des animaux qui meurent dans les fermes et même de ceux qui sont abattus pour la boucherie. Les morceaux de corne enfouis dans les terres cultivées, dans les vignes, sur les provignages, et la râpure répandue sur les diverses récoltes ou enterrée avec les semences, forment un engrais très efficace. L'action s'en prolonge plusieurs années, si la corne n'est que grossièrement divisée.

IX. Résidus des fonderies de suif, des tanneries, etc.

Les résidus que laissent les matières animales utilisées par l'industrie, les rognures de cuir des cordonniers et des carrossiers, les résidus des tanneries, des fonderies de suif, des fabriques de colle et de cordes à boyaux, le suint et les débris de laine qui restent quand on fait écouler les eaux après le lavage des toisons, peuvent être utilisés pour fertiliser les terres. Toutes ces matières, en raison de l'azote qu'elles renferment en grande quantité, se décomposent rapidement, et fournissent en abondance des aliments aux plantes.

X. Colombine, poulaille.

La première constitue un de nos engrais les plus actifs. Elle contient de 8 à 9 °/₀ d'azote et beaucoup de phosphore. Dans le Nord on l'achète à raison de 100 fr., la voiture, produit annuel d'un pigeonnier habité par 6 à 700 pigeons. Cet engrais convient pour toutes les récoltes, pour le lin, le tabac, le trèfle.

La *fiente de poule* quoique moins active, forme aussi un très puissant engrais.

XI. Guano.

Depuis un temps immémorial, le guano est employé comme engrais par les Péruviens. M. de Humbold en a importé au commencement de ce siècle, sous le nom de *Duny*; mais, quoique analysé à cette époque par Fourcroy et Vauquelin qui le trouvèrent fortement azoté, cet engrais n'est utilisé en Europe que depuis une vingtaine d'années.

Le guano se trouve sur les côtes de la Patagonie, du Chili, de la Bolivie, du Pérou, et dans la plupart des îles de la côte occidentale de l'Amérique du Sud. Il existe aussi du guano dans l'Australie, dans quelques îles du sud de l'Arabie, et sur les côtes d'Afrique.

Le bon guano est d'un brun plus ou moins foncé, pulvérulent, et d'une odeur forte. Il renferme p. 100 en moyenne :

Substances organiques azotées.	51,5		Phosphate de chaux et de magnésie.	20,5
Urate, carbonate d'ammoniaque.	13,2		Oxalate de chaux, sable, terre.	1,8
Sels et chlorures alcalins.	7,3		Eau.	23,7

On estime celui qui est riche en phosphates.

Le guano varie selon sa provenance : celui des contrées pluvieuses, du Mexique, est plus riche en phosphates insolubles et moins en produits solubles azotés et alcalins que celui du Chili, de la Bolivie, et de quelques parties de l'Afrique où il pleut rarement. D'après des officiers de la marine anglaise, celui de l'Australie renferme beaucoup de phosphates.

Le guano du commerce est souvent sophistiqué, et il renferme alors moins d'azote et de phosphates; mais quand il est naturel, il est toujours assez riche en azote, en phosphore, en soufre, en chlore, en potasse, en soude, en chaux et en magnésie, pour agir sur *toutes* les terres et pour *toutes* les récoltes, comme un engrais très puissant et très prompt. Il renferme de 12 à 17 % d'azote.

UTILITÉ. — Le guano, et sa composition nous en donne les motifs, est favorable à toutes nos récoltes; mais on le réserve surtout pour celles dont la végétation est rapide, pour les différentes espèces de raves et de navets, pour les betteraves, les pommes de terre, les céréales, les légumineuses, et les diverses plantes industrielles.

EMPLOI. — On pulvérise le guano à l'aide d'un rouleau en pierre, et le plus ordinairement on le mêle, pour retenir l'ammoniaque, avec moitié de son poids de plâtre, ou de sulfate de soude. Quelques agronomes emploient la poudre de tourbe ou de charbon végétal qui agit sur l'ammoniaque comme absorbant.

Pour les récoltes d'automne, on répand le guano avant ou après l'hiver, et mieux, une partie avant et une partie après, quand surtout il est employé en quantité un peu considérable. On en met, avec avantage, une demi fumure sur les récoltes à moitié venues qui n'ont reçu, à l'époque de l'ensemencement, qu'une fumure insuffisante en fumier. Comme tous les engrais à odeur forte, il doit être répandu sur les plantes fourragères en automne, ou de suite après l'hiver avant la pousse de l'herbe.

On dissémine le guano à la main ou au semoir. Pour le disperser régulièrement à la volée, on mouille un peu le mélange, s'il n'est pas légèrement humide, afin que le vent n'enlève pas les parties les plus ténues. On peut le mêler à un poids égal de sel marin. Le mélange est assez humide pour se répandre régulièrement sur le sol (Turrel).

Doses. -- On met le guano à la dose de 400 à 600 kilogr. par hectare, un peu moins quand on le répand au semoir. Aussitôt disséminé, il doit être recouvert par un coup de herse. Après une fumure de 1,000 kilogr. par hectare, on a obtenu sur un bon terrain, un rendement en blé de plus de 52 hectolitres ; par l'emploi du guano, à la dose de 400 kilogr., les Péruviens font rendre à la terre en maïs, jusqu'à 230 pour 1 de la semence. S'ils emploient trop d'engrais, les racines de la plante sont brûlées. En général, il est bon d'en mettre peu à la fois et plus souvent, son action étant de peu de durée.

Guano artificiel. — On sait que le guano est d'origine animale, que ce sont des excréments d'oiseaux, qui par la suite des siècles se sont accumulés, et ont produit des couches de plusieurs mètres d'épaisseur. Ces excréments forment, dans quelques endroits, de véritables montagnes ; mais il ne s'en produit plus, et l'emploi comme engrais s'en est généralisé dans ces dernières années ; déjà dans l'île d'Itchaboe, et dans quelques autres parages, la mine à engrais est épuisée. Il en résulte que le prix s'en est considérablement élevé. L'importation en Angleterre qui avait été en augmentant jusqu'à ces dernières années, diminue aujourd'hui.

On cherche à remplacer le guano par des produits artificiels, aussi actifs et moins chers, que l'on prépare avec de la poudre d'os, ou de la chaux phosphatée, de la colombine, du sel marin, du plâtre, de l'urine, du sulfate d'ammoniaque et des cendres de plantes marines.

XII. Urine, purin.

Les urines, qui contiennent en grande partie les matières azotées rejetées du corps animal, varient, dans les différents animaux, par leur composition chimique. Elles renferment, à peu près pour 100 :

	Eau.	Substances anima'es.	Substances minérales.
Dans l'homme.	93	5	2
Le cheval.	92	4	4
Le bœuf, la vache. .	92,5	4,5	3
Le mouton. . . .	96	3	1
Le porc.	98	0,5	1,5
Le lion.	85	13	2

La nourriture animale et les végétaux fortement nutritifs rendent les urines *chargées*. On sait que l'usage exclusif de la viande prédispose les hommes aux calculs urinaires, et que les chevaux, comme les moutons, nourris à l'avoine y sont les plus exposés.

La matière animale des urines est formée : d'urée, d'acide urique, d'acide lactique, d'acide hippurique, d'acide benzoïque, de mucus, et d'albumine ; la matière minérale : de phosphore, de soufre, de chlore, de potasse, de soude, de chaux, de magnésie, de silice, d'alumine, de manganèse et de fer, diversement combinés.

Près d'un dixième de l'urine est formé de matières solides qui renferment de 16 à 17 °/₀ d'azote.

Quoique différente dans chaque espèce animale, l'urine se ressemble par la facilité avec laquelle elle entre en fermentation et perd une partie de son azote. On peut diminuer la déperdition des composés ammoniacaux, en versant dans le liquide, par hectolitre, 40 grammes de sulfate de fer, ou de sulfate de soude, ou 15 grammes d'acide sulfurique, ou 30 grammes d'acide chlorhydrique.

PURIN. — C'est le liquide brunâtre, coloré par le fumier, qui s'écoule des étables ; il est formé d'urine, de jus de fumier, et d'eau provenant des lavages, des chemins, des rues ou des basses cours.

Fosse à purin. Une pratique qui est restée longtemps bornée à quelques fermes de la Flandre et du Jura, tend à se généraliser. Elle consiste à construire, dans le voisinage des étables, un *puisard, fosse à purin, pissotière,* dans lequel se rendent les urines, les eaux qui ont servi à laver les étables, et quelquefois le jus des fumiers. En Suisse on y pousse même les excréments solides. Ce mélange constitue une matière éminemment fertilisante.

Un puisard est indispensable à côté des étables dont le sol est en planches et où les animaux couchent sans litière.

La fosse à purin est quelquefois à ciel ouvert, d'autres fois couverte. On y réserve une première ouverture par laquelle arrivent les urines, et une seconde dans laquelle est placée la pompe qui sert à retirer l'engrais pour le mettre dans des tonneaux.

Il serait à désirer, dans l'intérêt de l'hygiène publique et de l'agriculture, que l'usage des fosses à engrais se répandît dans toutes nos campagnes. On ne verrait plus, presque devant chaque porte, à côté de chaque étable, dans les rues de nos villages, un ruisseau où coulent, toute l'année, des liquides fétides qui attirent les insectes, corrompent l'air et occasionnent les plus graves maladies. Plusieurs conseils d'hygiène se sont justement préoccupés de cette question dans ces dernières années. Le département de la Moselle a voté des fonds destinés à encourager les communes à faire cesser cet état de choses, à construire des fosses, à vendre les boucs qui infectent les villages, dans le but d'assainir le pays et d'utiliser un produit de tant de valeur qui est généralement perdu.

La fosse à purin doit être en maçonnerie et imperméable : cette dernière condition existe toujours après un certain temps ; le jus forme, dans les fissures, un dépôt qui s'oppose au passage du liquide.

On prévient la déperdition des produits ammoniacaux et des odeurs infectes, en versant de temps en temps dans les fosses, du sulfate de fer ou du sulfate de soude. Le plâtre produit le même effet (voyez page 123).

EMPLOI. — L'urine fraîche, celle qui n'a pas été modifiée par la fermentation, fait mourir certaines plantes et détruit la propriété germinative des semences. Le purin concentré produit les mêmes effets. Etendus de 2 à 4 fois leur volume d'eau, ces liquides forment un engrais puissant qui agit avec rapidité et pousse surtout à la production des plantes herbacées ; du reste, leurs effets nuisibles sont subordonnés à la quantité que l'on en répand et à l'état de l'atmosphère, pendant et après leur emploi. L'action fertilisante des engrais liquides est de courte durée.

En Angleterre, MM. Kennedy, Méchi, Telfer, distribuent, au moyen de *canaux souterrains*, les engrais liquides. Les déjections des animaux se rendent dans des citernes où on les mêle avec de l'eau et même avec d'autres engrais. Une pompe mue par la vapeur, refoule ces engrais dans des conduits jusque sous les terres où on doit les répandre. On emploie, pour cette irrigation, des tuyaux en fonte placés à demeure dans le sol. Ces tuyaux présentent, tous les 180 ou tous les 200 mètres, des regards auxquels on adapte des tuyaux en gutta-percha qui, mus par des hommes, répandent directement le liquide comme des pompes à incendie, ou qui servent à remplir des tonneaux chargés sur des tombereaux. Dans tous les cas, la dispersion de l'engrais est très-facile. Chez M. Huxtable dans le Dorsetshire, un homme et un enfant suffisent pour fumer 2 hectares par jour ; on donne de 6 à 12 arrosages par an. M. Kennedy a obtenu par ce moyen jusqu'à 142,000 kilo. de ray-grass à l'hectare. Il y a aujourd'hui en Ecosse des fermes de 200 hectares fumées par cette méthode. Des essais de ce genre ont été faits sous la direction de MM. Moll et Mill dans des terres qui environnent le dépotoir de la Villette, et les bons effets de l'engrais ont été constatés sur un grand nombre de plantes.

XIII. Matières fécales, gadoue.

On trouve, dans les excréments de tous les animaux, de fortes proportions de chaux, d'acide phosphorique, d'acide sulfurique et d'azote, provenant d'aliments mal digérés, et de produits excrétés par l'appareil digestif.

Les excréments des herbivores, plus variés que ceux des carnivores, contiennent beaucoup de matières végétales non décomposées, et sont surtout fertilisants quand les animaux sont fortement nourris. Ils forment, dans tous les cas, la partie la plus riche du fumier.

A l'état sec, ils contiennent d'azote, pour 100 : ceux du cheval, 2,21 ; du bœuf, 2,30 ; du mouton, 1,70 ; du porc, 14,40.

Les excréments de l'homme sont composés, d'après Berzelius, de

Matières organiques.	4,5	Débris d'aliments.	7,0
Sulfates, phosphates, chlo-		Mucus, bile, graisse.	14,0
rure de sodium.	1.2	Eau.	74

Secs, ils renferment pour 100 1,48 d'azote.

Le produit des fosses d'aisance, appelé *gadoue, vidange,* contient souvent une grande quantité de liquide qui résulte en partie de l'eau qu'on y jette. Mais le mélange, quoique fort varié par sa nature, est toujours formé, en très-grande partie, par l'urine et les excréments solides, et constitue un très puissant engrais. On y trouve en grande quantité le phosphore et l'azote, si abondants dans les graines, les grains, le poisson, la viande, usités pour notre nourriture.

En tenant compte de la manière dont les aliments sortent de nos organes, en réfléchissant que la respiration se produit surtout aux dépens du carbone et de l'hydrogène ; que la transpiration cutanée enlève principalement de l'eau et des sels ; qu'une grande partie des matières azotées et des parties salines sont évacuées par les urines ou restent dans les fèces, on comprend la perte immense qui résulte de la dissémination de l'engrais humain, dans les égouts et les rivières.

On a trouvé qu'un homme rend en moyenne, par jour, 160 gr. d'excréments solides, et 1250 gr. d'urine. En réduisant ces quantités aux deux tiers, soit à 107 gr. d'excréments et à 833 gr. d'urine, et en admettant que ces matières renferment 1,3 d'azote, on trouve que les 35 millions d'habitants de la France, rendent, par an, 12,008,500,000 kilogr. de matières fertilisantes contenant 156,110,500 kilogr. d'azote.

L'odeur de ces matières en rend l'emploi difficile. Leur *désinfection* intéresse autant au point de vue de l'hygiène qu'au point de vue de l'agriculture. On s'en préoccupe beaucoup. Les moyens employés ont pour but, les uns de prévenir la formation des gaz infects, les autres de les absorber, de les détruire.

Pour prévenir la formation de ces gaz dans les fosses d'aisance, il suffit d'y jeter, de temps en temps, une dissolution de sulfate de fer ou de sulfate de zinc. Par ce moyen facile et peu dispendieux, on empêche la formation des produits fétides, l'infection des appartements, et on conserve aux matières fécales toute leur valeur fertilisante; en fixant les produits ammoniacaux, les sulfates rendent les engrais plus actifs et leur emploi moins désagréable.

D'ordinaire, on se borne à désinfecter les fosses au moment de les vider; cependant, la désinfection sur de grandes masses est moins complète, à cause de la difficulté de mélanger les agents désinfectants aux matières, souvent compactes, précipitées au fond des fosses.

A Paris, les entrepreneurs de vidange préparent, en grand, avec de vieux métaux, les sulfates liquides qu'ils emploient pour désinfecter. Ces sulfates, de fer ou de zinc, sont emportés dans les tonneaux qui doivent rapporter la vidange. Une ordonnance de police, du 8 novembre 1851, défend de procéder à l'extraction des matières contenues dans les fosses d'aisance, fixes ou mobiles, avant d'en avoir opéré complétement la désinfection. Des agents de police veillent à l'exécution de cette ordonnance : à l'aide d'un papier réactif, on reconnaît facilement le degré de désinfection.

On peut aussi désinfecter les matières fécales avec des corps absorbants. Nous avons opéré, à l'Ecole d'Alfort, la désinfection de plusieurs centaines de kilogr. de matières fécales avec du charbon de tourbe. Les engrais désinfectés, conservés plusieurs mois dans des sacs, ne répandaient aucune mauvaise odeur.

Mode d'emploi. — Jusqu'à ces dernières années on n'avait employé les matières fécales qu'en petit, ou par des procédés très imparfaits.

Il n'y a guère plus d'un demi siècle, vers 1800, trois spéculateurs de Lyon ayant voulu utiliser la *gadoue* de cette ville, dépensèrent leur fortune à cette entreprise. Aujourd'hui cet engrais a transformé, en riches campagnes, les amas de galets, les bancs de gravier, qui forment les plaines du département de l'Isère sur les rives du Rhône.

On répand la gadoue sous forme d'arrosage, étendue d'eau ou à l'état de pureté, selon le degré de concentration qu'on lui connaît. D'autres fois, on fait d'abord absorber la partie fluide par des corps poreux, végétaux ou minéraux, et on dissémine le mélange solide. Les cultivateurs *Dauphinois* emploient cet engrais en nature sur les céréales et les prairies artificielles. Ils conduisent la voiture et les tonneaux pleins à une des extrémités de la terre qu'ils veulent fumer; ils placent sous le tonneau un large baquet dans lequel ils font couler l'engrais, et avec une espèce d'écope, un vase à long manche, ils arrosent la terre qui est à l'entour du baquet, pour aller recommencer plus loin quand le vase est vide. De plus en plus on remplace ces ustensiles par un tonneau semblable à ceux avec lesquels on arrose les rues des villes; ou l'on fait simplement couler le liquide du tonneau sur une planche placée horizontalement en travers et en arrière de la voiture, et qui disperse le liquide.

Dans la *Flandre* on dépose d'abord la matière fécale dans de grandes fosses pavées en grès et d'une contenance de 1,500 à 3,000 hectolitres. Ces fosses sont en briques, disposées en voûte, et présentent deux ouvertures, une latérale pour l'entrée de l'air, et une supérieure qui sert à projeter l'engrais dans l'intérieur et à le retirer. On trouve même dans beaucoup de maisons, une de ces citernes adaptée aux latrines. L'engrais enlevé dans les villes est versé dans ces fosses où il séjourne pendant deux ou trois mois. Il en reste toujours dans le réservoir une certaine quantité qui agit comme levain. La matière devenue visqueuse constitue l'*engrais flamand*, la *gadoue*, la *courte graisse*. Quand on juge que l'engrais est trop épais, on y ajoute de l'eau, et s'il est trop aqueux, on l'améliore en jetant des tourteaux dans la fosse. On répand l'engrais à peu près comme dans le Lyonnais, à la dose de 150 à 600 hectolitres par hectare. On estime qu'un hectolitre, 100 kilogrammes, produit le même effet que 250 kilogr. de fumier.

L'emploi, comme engrais, des matières fécales, a depuis très longtemps attiré l'attention de quelques judicieux agronomes; mais ce n'est que dans ces derniers temps qu'il est devenu l'objet d'une préoccupation générale. Aujourd'hui que la science en a démontré la richesse, et que l'on a calculé la quantité énorme qu'il s'en perd, au détriment de la santé publique et du bien-être de tous, on a senti, mieux que par le passé, la nécessité d'en fumer les terres.

Jusqu'à ce jour on a été arrêté par la mauvaise odeur qu'il répand, et par le dégoût qu'il inspire: les moyens de désinfection connus ne remédient même qu'incomplétement à ces inconvénients.

C'est pour la dissémination de l'engrais humain que le système des tuyaux souterrains paraît être appelé à rendre de grands services.

La question a été très bien exposée au Congrès de Bruxelles, en 1856, par M. Ward. « Il s'agit, a-t-il dit, d'établir des tuyaux pour conduire l'eau dans les villes, des tuyaux pour la distribuer, des tuyaux pour conduire les résidus hors des villes, et des tuyaux pour les appliquer à la fertilisation des campagnes. Cent villes sont déjà plus ou moins organisées pour jouir de l'eau la plus pure et pour rejeter les immondices qui vont féconder les champs. »

On a calculé que les égouts de Londres versent, par jour, dans la Tamise, 325,753 mètres cubes d'un liquide qui en 1858, en raison des fortes chaleurs, est devenu une cause d'infection pour la ville. Le parlement a voté une somme de 75 millions pour remédier à cet état de choses. En admettant que cette eau renferme 722 gr. de substances salines par mètre cube, on évalue que le produit porté à la Tamise par ces égouts, fumerait 851,500 hectares de terre. Des terres arides qui ne se louaient que 3 fr. l'acre, se louent de 400 à 500 fr. depuis qu'elles sont arrosées avec les eaux provenant des égouts de la ville d'Édimbourg.

Les *Chinois* incorporent les matières fécales, qu'ils ont grand soin de ne pas laisser perdre, dans la terre glaise : ils forment des pains qu'ils font sécher et qu'ils pulvérisent ensuite pour en répandre la poudre. C'est à l'emploi de cet engrais, que l'on attribue la propreté de leurs terres cultivées.

Les EFFETS de la gadoue sont considérables et prompts, mais ils ne durent guère qu'une année. Dans le Nord, on la répand sur le colza et les betteraves ; en Alsace, sur le tabac et le chanvre. Dans les environs de Lyon, on a remarqué que le *fourrage* qui a poussé sous l'influence de cet engrais, est peu recherché par les animaux ; on lui a même reproché de communiquer une mauvaise odeur au lait des vaches, mais cela n'est pas démontré. Dans tous les cas, on peut prévenir ces inconvénients en employant ce liquide en moindre quantité, afin que les plantes moins vigoureuses soient moins aqueuses, et en le répandant dans le courant de l'hiver, ou au commencement du printemps, mais avant la pousse de l'herbe, afin qu'il n'en reste pas de résidus à l'aisselle des feuilles.

XIV. Parcage.

Ce moyen d'amender les terres n'est guère pratiqué qu'avec les bêtes à laine. Il produit un double effet : il fume les terres et il les tasse. On fait parquer comme moyen de plombage, des terres naturellement légères et sablonneuses.

La fumure est l'effet auquel on tient le plus. Pour qu'elle soit complète, il faut autant que possible ameublir le sol et le niveler exactement, afin que les animaux se couchent sur toute la surface du parc ; ne laisser pour chaque bête que l'espace qu'elle peut bien fumer, de 75 à 100 cent. selon la quantité de nourriture qu'elle consomme ; enfin nourrir abondamment et avec des aliments substantiels. On a proposé d'employer le plâtre pour fixer l'ammoniaque et prévenir ainsi le dégagement des engrais volatils. Ce sel qui pourrait, quant à ses effets, être remplacé par d'autres sulfates, s'emploie sous forme de poudre qu'on répand sur la terre nouvellement parquée ou avant le parcage.

Le parcage s'emploie comme demi fumure au milieu de l'assolement.

XV. Fumier.

Le fumier est le plus important de tous les engrais, c'est le seul presque qu'emploient encore un grand nombre de cultivateurs et celui sur lequel ils doivent tous le plus compter. C'est l'engrais par excellence ; ses qualités proviennent des éléments divers — urine, excréments, feuilles, foins, graius — qui le constituent. Il est d'un usage général, convient à tous les sols comme à toutes les récoltes, et peut à lui seul fournir une nourriture complète aux plantes, tout en entretenant indéfiniment la fécondité des terres.

Nettoyage des étables. — S'il est favorable à la santé et au bien-être du bétail de renouveler ou de faire sécher la litière tous les jours, cet usage est préjudiciable sous le rapport de l'économie rurale ; le premier moyen est employé seulement pour des animaux de luxe, et le second dans quelques lieux où la paille est chère relativement à la valeur du fumier.

Des agriculteurs belges nettoient leurs étables tous les deux jours ; après avoir enlevé le fumier, ils lavent le pavé et obtiennent ainsi, dans une fosse convenablement préparée, un engrais liquide abondant.

Beaucoup de propriétaires, dans les pays où les troupeaux mal nourris parquent une partie de l'année, ne nettoient les bergeries que tous les six mois, une fois l'an même. Quand ils enlèvent le fumier, il est sec et souvent décomposé, rongé par la moisissure, principalement contre les murailles où il est moins tassé : on reconnaît à cette altération que l'humidité n'a pas été assez abondante, et que la fermentation a été incomplète. Dans quelques pays, on a des rateliers mobiles que l'on élève à mesure que la couche de fumier devient plus épaisse.

Cette méthode épargne la main d'œuvre et produit toujours un excellent engrais sans avoir de graves inconvénients, ni pour la santé des animaux, ni pour la production du lait, ni pour celle de la graisse ; car le fumier piétiné, privé du contact de l'air par cette foulée continuelle, se putréfie beaucoup plus lentement que lorsqu'il a été remué et mis en tas peu pressés.

Le plus communément, la litière reste sous le bétail quinze jours ou trois semaines et sans inconvénients. La malpropreté qui règne dans les étables de nos campagnes provient moins de cette cause que de la mauvaise disposition du sol : il faut, ou que la litière soit assez abondante pour absorber les urines, ou que la pente du sol soit assez forte pour faire écouler au dehors le liquide surabondant.

QUANTITÉ DE FUMIER PRODUITE PAR LES ANIMAUX. — Il est démontré par l'expérience que la quantité de fumier donnée par un herbivore est égale en poids à deux fois la quantité de fourrage consommé et de litière employée. Si nous admettons qu'un animal reçoit 15 kilogr. de fourrage par jour et qu'il foule 5 kilogr. de litière, nous trouverons qu'il produira 40 kilogr. de fumier par jour, soit 14,600 kilogr. environ par an.

Selon Mathieu de Dombasles, 7,300 kilogr. de fourrages secs, consommés par des chevaux dans l'espace d'une année, ont donné 16,200 kilogr. de fumier ; 100 kilogr. de fourrage en ont fourni 222 kilogr : la litière était assez abondante pour absorber toutes les urines ; dans le bœuf, la même quantité de foin produit 347 kilogr. de fumier, les bœufs ne sortant pas de l'écurie, et consommant plus de litière ; 100 kilogr. de foin pris par des moutons ne forment que 164 kilogr. de fumier, quoique ces animaux passent plus de temps dans les habitations que les chevaux, ce que l'auteur explique par la plus grande décomposition du fumier de mouton quand on le sort de la bergerie.

On trouve dans l'*Agriculture pratique et raisonnée* de Sinclair (t. II, p. 390) que 500 kilogr. de paille, lorsqu'elle se pourrit, mélangée avec l'urine et les excréments solides du bétail nourri avec des turneps, produit 2,000 kilogr. de fumier, pourvu que le procédé de préparation ait été bien suivi.

Il est certain que la quantité d'engrais formé dépend de l'âge des animaux et des produits qu'ils rendent comme de la nourriture et du mode d'entretien ; les vaches laitières, les femelles pleines et les élèves, chez lesquels la sécrétion mammaire, la nutrition du fœtus ou l'accroissement, absorbent une grande partie des composés azotés et des sels contenus dans la nourriture, don-

nent moins de fumier que les animaux formés, desquels on ne retire aucun produit épuisant.

En outre, pour savoir la quantité de fumier que rendent annuellement les animaux, il faut tenir compte du temps qu'ils
passent dans les étables. On admet en économie rurale, que le
poids de la litière employée et du foin consommé, donnent la
quantité de fumier produit quand il est multiplié par :

    2,25   pour le bétail d'engrais ;
    2,20   pour les animaux en stabulation complète ;
    1,60   pour les bêtes à laine restant l'hiver à la bergerie ;
    1,10   pour les animaux de travail. (*Principes économiques*, par M. Lecouteux).

FOSSE A FUMIER. — Il peut convenir de laisser le fumier pendant longtemps dans les bouveries et les bergeries, mais il ne
faut jamais le mettre en tas dans un lieu clos ; quand il a été
remué, il entre rapidement en fermentation et répand des vapeurs et des gaz qui nuisent aux animaux et aux bâtiments.

Quelquefois on accumule le fumier dans des fosses de 2 à 3
mètres de profondeur rendues imperméables par une couche de
béton ou de terre glaise. Pour prévenir
un excès d'humidité, on garnit le fond de
la fosse d'une couche de terre sèche, absorbante, que l'on renouvelle chaque fois
qu'on enlève le fumier. D'autres fois, on
dispose pour le recevoir, une aire bien
battue sur laquelle on le met en tas ; l'o-
pération est plus longue que lorsqu'on le
jette dans une fosse, mais le temps qu'elle
exige de plus est compensé par la facilité avec laquelle on le charge pour le
porter dans les terres. Si l'aire est placée
près d'un caniveau, elle doit être assez
élevée pour ne pas être submergée par
l'eau, et légèrement en pente pour que
l'eau n'y séjourne pas. Il faut l'entourer
de rigoles, et creuser, à la partie la plus
basse, un puisard dans lequel se rendent
les liquides qui s'écoulent du tas.

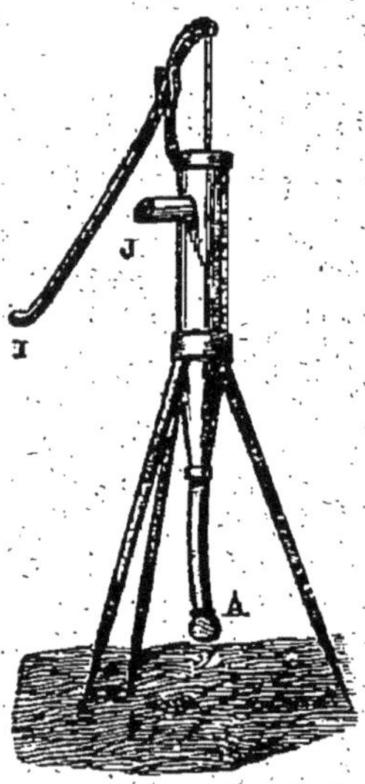

Fig. 32. Pompe en fer.

Dans ce puisard, on placera une pompe
destinée à arroser le fumier : une pompe en bois, comme il s'en
trouve communément dans les campagnes, est suffisante, mais elle
peut être remplacée par une pompe en fer (*fig.* 32) très-simple
et portative. Le corps de pompe est porté sur un trépied. On y

adapte un tube d'aspiration A en gutta-percha et un tube d'arrosage J en toile, d'une longueur suffisante pour diriger le jet d'eau
sur les diverses parties du tas de fumier; par son levier I elle
ressemble à la pompe en bois ordinaire.

Fig 33. Pompe Faure, aspirante et foulante (Chez Peltier jeune).

La pompe (*fig.* 33) également pourvue d'un tube d'aspiration A
et d'un tube d'arrosage J mobile, forme une bonne pompe à purin. Cet instrument, très puissant, est fixé sur une brouette; il
peut servir au besoin de pompe à incendie. En adaptant à l'extrémité du tube d'arrosage des ajustages convenables, on peut
l'utiliser pour arroser les arbres et les jardins.

L'extrémité inférieure des pompes à purin doit toujours être
garnie d'une plaque percillée, en pomme d'arrosoir (*fig.* 32 A)
destinée à empêcher les corps solides d'entrer dans l'instrument.

Souvent, le petit cultivateur se borne à faire un trou, au lieu
du puisard, à côté de son fumier, et se sert pour arroser d'une
pelle ou d'une écope.

On doit toujours entasser le fumier loin des fenêtres et des portes
des étables, afin que ni les gaz, ni les vapeurs qui s'en dégagent, ni les

insectes qu'il attire en été, n'incommodent les animaux. Quand on veut lui donner tous les soins qu'il réclame, on doit faire les fosses sous un hangar ; on le préserve ainsi de l'action du soleil en été et des pluies en hiver ; dans ce cas, il faut avoir à sa disposition de l'eau en abondance, et arroser le tas pour le maintenir constamment humide.

Celui qui ne se sent pas capable de cette précaution fera sa fosse en plein air, mais éloignée des toitures, afin que l'eau des gouttières ne délave pas le fumier. La pluie qui tombe directement de l'atmosphère peut bien délaver la surface du tas, mais elle ne nuit à la masse que lorsqu'elle est très abondante et que le fumier est naturellement très humide, c'est-à-dire rarement.

Une fosse à ciel ouvert doit être au nord plutôt qu'au midi, et autant que possible à l'ombre.

Elle aura assez de superficie pour qu'on puisse mettre le fumier en plusieurs tas qu'on enlève ensuite successivement à mesure que l'engrais est parvenu au point convenable.

Nous avons vu que la quantité de fumier que produisent les animaux égale deux fois à peu près la quantité de fourrage et de litière consommée. Mais nous savons aussi que pour avoir la quantité réellement produite à l'étable, il faut tenir compte du temps que les animaux passent hors des habitations, soit pour travailler, soit pour aller au pâturage. En admettant *en moyenne*, qu'ils restent un tiers du temps dehors, il n'y a que 9,800 kilogr. de fumier produit par an, au lieu de 14,600 kilogr. pour chaque animal consommant 15 kilogr. de fourrage par jour. Et en supposant que le fumier serait porté dans les terres deux fois par an, resteraient 4,900 kilogr. représentant la quantité que devrait pouvoir contenir la fosse.

Quel est l'espace nécessaire pour cette quantité de fumier ? Le fumier moyennement pailleux, non tassé, pèse, de 350 à 400 kilogr. le mètre cube. Par la fermentation, s'il est suffisamment mouillé, il se tasse et devient lourd ; il pèse alors de 600 à 800 kilogr. selon qu'il est plus ou moins humide.

En supposant que le fumier tassé pèse 600 kilogr., la fosse devrait avoir à peu près une capacité de 8 mètres cubes pour contenir le fumier d'une bête de travail.

Ces données ne sont qu'approximatives. Chaque propriétaire réglera le nombre et les dimensions de ses fosses en ayant égard au temps pendant lequel les divers animaux de sa ferme restent dans les étables, et à la rotation agricole qu'il a établie : avec un asssolement qui comporte l'établissement de cultures dans toutes les saisons, il faut, cela est évident, des fosses d'une moins grande dimension.

Soins a donner au fumier. — Un bon aménagement du fumier est la première condition de toute amélioration agricole et une condition sans laquelle aucun progrès n'est réalisable, ni aucune dépense, pour réaliser des améliorations, fructueuse. Même dans une petite ferme, il est possible, par un bon emploi de la litière et par des soins donnés au fumier, de produire deux ou trois tombereaux de fumier de plus qu'on n'en produit ordinairement. Ce surplus d'engrais peut facilement faire pousser quatre ou six voitures de fourrage. Nous n'avons pas besoin de suivre plus loin les conséquences de ce premier progrès.

On met le fumier en tas pour le faire fermenter et détruire les mauvaises graines ; on a pour but en outre, de le rendre homogène et d'une action plus prompte, en faisant désagréger la litière souvent à peine mouillée par les animaux. En éprouvant ces modifications, le fumier devient plus léger ; il perd une partie de son eau ; mais il perd également de l'ammoniaque, de l'acide carbonique, et des sels solubles s'il est délavé. Le fumier laissé trop longtemps en tas, réduit à l'état de terreau, a perdu les 9/10 de son poids, et il contient en proportion, moins d'azote que le fumier frais. Quand on est obligé de laisser le fumier en fermentation plus longtemps que cela ne serait nécessaire pour l'améliorer, il est donc important de le soigner.

Les soins donnés au fumier doivent avoir pour but de s'opposer à la déperdition des matières fertilisantes, de prévenir la formation des champignons, du *blanc*, d'éviter le dessèchement de la masse, et de la préserver des pluies trop abondantes.

On obtient ces divers résultats en mêlant exactement, quand on met le fumier en tas, les parties sèches avec celles qui sont bien imprégnées d'urine et de fiente, en le pressant uniformément, et en le mouillant à propos.

L'arrosage a pour but de tasser le fumier, de le faire fermenter, et de prévenir la formation du blanc, qui se développe sur le fumier sec et le détruit en très peu de temps.

En prenant les précautions que nous indiquons, on peut réduire le fumier en une masse homogène dans laquelle on distingue la litière mouillée, un peu altérée, mais encore visible. C'est le but vers lequel il faut tendre. Quand la paille devient méconnaissable, que le fumier passe à l'état dit de *beurre noir*, la décomposition est trop avancée.

Quelque précaution que l'on prenne, le fumier perd pendant la fermentation, une partie de ses principes fertilisants. On diminue la déperdition en arrosant, de temps en temps, le tas avec du jus ou tout autre liquide dans lequel on a ajouté, par hectolitre, de 2 à 3 kilogr. de sulfate de fer, ou 4 à 5 kilogr. de plâtre pulvérisé, ou une égale quantité de sulfate de soude. On peut remplacer ces sels par de l'acide sulfurique étendu en raison de 1 kilogr. pour 2 ou 300 litres d'eau.

Un habile cultivateur de la Haute-Marne, M. Didieux, emploie le plâtre en nature : il prépare avec ce sel un fumier plus actif que le fumier ordinaire (voyez *plâtre.*)

Ces divers moyens agissent de la même manière : c'est toujours l'acide sulfurique qui décompose le carbonate d'ammoniaque, et se combine avec l'alcali, pour former un sulfate fixe.

Quand le fumier doit rester longtemps en fermentation, il faut, aussitôt que le tas est assez fort, le couvrir d'une couche de terre ou de boue pour faire absorber les parties qui s'évaporent, et prévenir le desséchement par l'action du soleil et de l'air.

Ces diverses précautions sont plus nécessaires si le bétail consomme des fourrages secs que s'il est nourri à l'herbe ; plus, pour le fumier de cheval et de mouton que pour celui de vache ; plus, dans les fermes qui suivent l'assolement triennal et n'emploient le fumier qu'en automne, que dans celles où se trouvent des terres libres, devant être fumées presque à toutes les époques de l'année. Elles sont même indispensables en Afrique et dans le midi de la France, où non-seulement les cultures d'été sont bornées ou nulles, mais où le temps est très chaud, et l'air très sec : dans ces circonstances il peut même être nécessaire de déposer le fumier dans des fosses.

QUALITÉS DU FUMIER. — On trouve dans le fumier tous les corps simples qui entrent dans la composition des plantes. Tel qu'il est d'ordinaire dans les fermes, il est composé de :

Matières organiques.	14,0
Matières minérales.	6,7
Eau.	79,3

Ce fumier renferme pour 100 :

	à l'état normal.	à l'état sec.
Azote.	0,41	2
Acide phosphorique.	0,20	0,06
« sulfurique.	0,13	0,60
Potasse et soude.	0,50	2,50
Chaux.	0,58	2,80
Magnésie.	0,20	1,16
Argile, silice, fer.	4,87	23,34

La *nourriture* consommée par les animaux influe beaucoup sur les qualités du fumier : les fourrages aqueux, les herbes, si l'on met suffisamment de litière, en font produire de fortes quantités, mais il est de médiocre qualité; tandis que celui qui est produit par des animaux recevant de fortes rations d'avoine, de grains ou de tourteaux, est riche en principes fertilisants : les boissons en augmentent le poids toujours, et quelquefois elles l'améliorent. M. Boussingault a calculé qu'à sa ferme de Bechelbronn, les boissons fournissent tous les ans plus de 100 kilogr. de sels alcalins au fumier.

Le fumier varie encore *selon les animaux* qui le fournissent. Celui du cheval est sec et chaud, c'est-à-dire qu'il fermente facilement et dégage beaucoup de chaleur. Il convient, s'il est pailleux, pour les terres fortes. Il contient presque toujours des graines de mauvaises plantes, et ne doit être étendu que lorsqu'il est en partie décomposé.

Celui des bêtes à cornes, en général gras et humide, doit être réservé pour les terres légères : il attire les hannetons. Du reste, il varie beaucoup selon la manière dont les animaux sont entretenus, et les produits qu'ils rendent. Celui des vaches laitières est pauvre en acide phosphorique et convient moins pour les céréales que pour les récoltes herbacées. Les bêtes à l'engrais ordinairement nourries avec des grains, des graines, des farines, des tourteaux, en produisent beaucoup et de bonne qualité.

Les moutons donnent un très-bon fumier qui fermente rapidement, échauffe le sol, pousse la végétation, et convient pour les terres froides.

Les porcs étant essentiellement omnivores, font un fumier plus ou moins azoté, selon la nature des aliments dont ils ont été nourris ; mais toujours la litière est incomplétement mêlée aux excréments et à l'urine, excepté que les animaux soient très-étroitement logés. Il en résulte que mis en tas seul, il fermente incomplétement. Il a la réputation de faire fuir les rats, les taupes, et le ver blanc ; nous avons remarqué qu'il détruit le liseron des champs.

On emploie les fumiers séparément quand on a des terres qui réclament particulièrement, ou les uns, ou les autres. Dans le cas contraire, il faut les mêler en les enlevant des étables. Ceux qui sont humides ramollissent ceux qui sont secs, et ceux qui sont plus riches en principes fermentescibles échauffent la masse. On obtient par le mélange un produit moyen approprié à la plus grande partie de nos terres et de nos récoltes.

EMPLOI DU FUMIER. — *A l'état frais.* Le transport direct du fumier dans les terres donne au cultivateur le moyen d'utiliser ses attelages à ce travail dans toutes les saisons, fait profiter la terre des émanations qui se produisent pendant la fermentation, et imprègne mieux le sol des principes propres à nourrir les jeunes plantes après la germination, que lorsqu'on fume au moment des semailles.

Une quantité donnée de fumier produit plus d'effet quand elle est portée directement dans les terres que lorsqu'elle a fermenté dans une fosse ; mais elle dissémine de mauvaises graines et nécessite le maintien de terres constamment libres pour le recevoir. Cette pratique n'est pas possible avec l'assolement triennal.

Quand on la suit, il faut autant que possible porter le fumier sur des terres meubles, préparées pour absorber les émanations fertilisantes, et l'enterrer par l'avant-dernier labour qui précède les semailles, afin de laisser germer les mauvaises graines, et de pouvoir, avant d'ensemencer, détruire par une façon, les plantes qui en proviennent.

Après fermentation. Le plus souvent on ne porte le fumier sur les terres que lorsqu'il a fermenté. On fait cette opération principalement en automne pour semer les céréales, et au printemps pour les diverses récoltes de mars.

MODE D'EMPLOI DU FUMIER. — En France, on ne place généralement le fumier sur la terre qu'avec le labour des semailles qui l'enterre immédiatement. On peut aussi le mettre en couverture sur la semence ; s'il se dessèche rapidement, il conserve la terre fraîche, en prévient le tassement par les orages, facilite la germination des graines. Nous avons souvent vu employer ce moyen dans le Midi, sur les chénevières.

Dans les contrées fraîches, l'exposition du fumier à l'air n'a pas les mêmes inconvénients que dans les contrées chaudes. Beaucoup de cultivateurs pensent, dans quelques parties de l'Allemagne, qu'il y a avantage à laisser le fumier sur le sol quelque temps avant de l'enfouir. M. Legnitz, professeur à Eldéna, a fait des expériences que M. E. Marie rapporte de la manière suivante, dans le *Journal d'Agriculture pratique.*

Un arpent (25 ares 53) du champ d'expériences d'Eldéna, a été divisé en quatre parties égales.

Le n° 1 n'a pas reçu d'engrais ;

Le n° 2 a reçu une fumure de 40 quintaux de fumier d'étable, qui ont été immédiatement épandus et enterrés par un labour à la charrue ;

Le n° 3 a été traité de la même manière, avec cette différence, que le fumier a été enfoui à la houe.

Enfin, la même quantité de fumier, portée sur le n° 4, est demeurée pendant trois semaines épandue sur le sol, pour être ensuite enterrée à la houe.

Le 10 octobre, les quatre parcelles soumises à l'expérience ont été ensemencées en seigle, à raison de 54 litres.

Voici quel a été le poids total de la récolte pour chaque parcelle, grain et paille compris :

Le n° 1 a produit. . 265 kilogr.   Le n° 3. . . . . . 372 kilogr.
Le n° 2. . . . . . 350 «   Le n° 4. . . . . . 425 «

NATURE DE FUMIER QUE RÉCLAME CHAQUE ESPÈCE DE TERRE. — Quel que soit le fumier dont on dispose, si la terre où on veut le mettre est forte, grasse, on le répandra en le retirant des étables : les pailles et les gaz qui se produisent pendant la putréfaction divisent le sol et le rendent perméable à l'air et aux racines ; mais si le sol est léger et sans consistance, on y portera un fumier humide et compacte ayant fermenté sous l'influence d'une assez forte humidité. Ces dernières terres veulent être peu fumées à la fois et souvent.

Pour faire lever les petites graines, pour faire pousser les parties herbacées des plantes et par conséquent les fourrages, il faut employer des engrais dont la décomposition soit bien avancée, et surtout ceux qui sont liquides et qui agissent promptement ; tandis que si les récoltes doivent occuper le sol longtemps, si l'on tient principalement aux graines, aux fruits mûrs, on fumera avec des substances dures qui agissent lentement, et restent longtemps dans le sol avant d'être entièrement décomposées : le fumier pailleux, convient pour cela ; il est très bon aussi pour les plantes à tubercules, à grosses racines, pour la pomme de terre, les choux, le maïs, etc.

DES QUANTITÉS DE FUMIER QUE RÉCLAMENT LES TERRES. — Le mélange résultant des divers fumiers des animaux entretenus dans les fermes, formé de pailles bien imprégnées d'excréments et d'urines, réduit par la fermentation en masse homogène, compacte, uniformément humide, dans laquelle on reconnaît la paille aplatie ou les autres litières herbacées, est pris pour type des engrais.

On ne peut pas donner la quantité exacte de fumier que réclament les terres pour les diverses récoltes. Selon les pays et les fermes, on en met de 30,000 à 180,000 kilog. tous les 3, 4 ou

5 ans, soit à raison de 10,000 à 60,000 kilog. par an. La quantité de 60 à 80,000 kilog. pour un assolement de 5 ans, forme la fumure la plus convenable pour les bonnes terres. Quand on veut mettre une plus forte quantité de matières fertilisantes, il faut la répandre en plusieurs années, et mieux, composer la fumure d'une partie de fumier et d'une partie d'engrais pulvérulents, riches en azote et en phosphore, qui agissent comme complément ; c'est ainsi que dans le Nord, on met 60,000 kilog. de fumier, et 1,000 à 1,200 kilog. de tourteaux.

Le fumier est relativement à son volume, trop pauvre en principes actifs ; on ne peut l'appliquer en fortes fumures, que sur des terres d'une grande épaisseur, profondément labourées, et convenablement amendées.

Ces fumures doivent toujours être mises sur les cultures qui, comme les plantes sarclées et les fourrages à faucher, ne craignent ni les mauvaises herbes, ni le versement.

Généralement, il est avantageux de faire de fortes fumures. Il y a dans les cultures des frais de *surface* ou *fixes* et des frais de *récolte* ou *proportionnels*. Les premiers — impôts, fermage labours, — sont toujours en rapport avec les surfaces cultivées ; et les seconds — récolte, conservation, — avec l'abondance du produit. En fumant abondamment, on imprègne la terre d'humus, on la rend apte à bien loger les racines et on en porte le rendement au maximum, sans accroître, dans la même proportion, les frais de l'exploitation. On peut ainsi diminuer de deux tiers, et même de trois quarts, le prix de revient des récoltes, et augmenter de 1 à 3 et même à 4, le prix auquel est payé le fumier employé.

On sait que les terres ne donnent le maximum de rendement que lorsqu'elles sont convenablement imprégnées de matières fertilisantes, qu'il faut faire au sol une avance suffisante de fumier pour que cet engrais produise tous ses effets. 100 kilog. de fumier qui font pousser 15 kilog. et plus de blé sur une terre en très-bon état, n'en font rendre que 9 à 10 sur des terres moyennes, et 4, 5, 6, sur celles qui sont maigres.

Ainsi s'explique pourquoi les défoncements du sol ne font rendre des récoltes plus abondantes, qu'autant que les quantités d'engrais employées correspondent à l'épaisseur de la terre labourée. Sans cette condition, les bons effets qui résultent de la plus grande épaisseur de la terre ameublie, sont neutralisés par ceux qu'entraîne le mélange d'une terre dépourvue d'engrais avec la terre qui en est imprégnée.

XVI. Boues, immondices des villes.

Ces engrais sont produits par le sable, le gravier, qui se
détachent des pavés, et par le dépôt sur la voie publique du produit du balayage des maisons, du nettoyage des poêles et des
foyers réunis aux débris des légumes, du gibier, de la volaille et
du poisson consommés dans les ménages. Ces diverses matières
forment une masse prodigieuse d'engrais d'une valeur très-variée : à Paris, le balayage du macadam n'est bon que pendant la
belle saison; celui des quartiers populeux constitue un engrais
dans lequel on trouve en assez forte quantité, des matières alcalines, beaucoup de produits animaux et de débris de végétaux ;
les balayures des environs des halles, sont dans toutes les saisons,
riches en matières organiques.

Ces derniers engrais ne doivent être employés qu'après être
restés six mois exposés à l'air. On les mettra en tas et loin des
habitations, car ils répandent des vapeurs infectes et malsaines.
Dans la plupart des villes, le nettoyage des rues est opéré par
plusieurs cultivateurs des environs. De cette manière, les boues
déposées en différentes localités ne sauraient avoir pour le voisinage, les inconvénients qu'elles ont quand elles forment des tas
trop considérables.

Ces engrais renferment tous les éléments nécessaires à la
fumure des terres; la quantité fournie annuellement par les
110,000 habitants de Scheffield renferme d'après Haywood et Lee :

Potasse et soude.	540,200 kilogr.
Chaux.	368,500 «
Acide phosphorique.	528,100 «
Azote.	750,700 «

Les boues favorisent principalement le développement des
crucifères et du jardinage. Celles des rues peu habitées et souvent parcourues par des voitures, sont toujours fortement graveleuses et conviennent mieux pour les sols argileux que pour
les sols légers.

XVII. Engrais industriels.

Nous voulons parler ici des produits que l'on prépare exclusivement en vue de les employer pour amender les terres. On fabrique ces engrais le plus souvent dans des établissements industriels pour les vendre aux cultivateurs.

La préparation des engrais peut avoir pour but de hâter

la putréfaction des végétaux fibreux; de retenir des produits volatils; de rendre certaines substances d'un transport économique et d'un emploi facile; enfin, de fixer des produits utiles, et de créer ainsi des engrais de toute pièce.

Composts. — On donne le nom de composts à des mélanges préparés principalement dans le but de ramollir les végétaux durs, ligneux, et de les rendre susceptibles de se décomposer facilement sous l'influence de la terre et des agents atmosphériques.

Tout en cherchant à désagréger les plantes ligneuses, on réunit dans les composts les matières nécessaires à l'accroissement des récoltes : l'humus, que les végétaux sont surtout aptes à fournir en grande quantité; l'azote, que certaines matières animales donnent à bas prix, et les éléments minéraux, que l'on trouve en abondance dans les cendres, le sable marin, la vase des fossés, les plâtras, et dans certains sels communs dans la nature.

Les principes azotés sont nécessaires pour développer la fermentation : ils fournissent le levain qui provoque une décomposition sans laquelle des matières fibreuses resteraient longtemps intactes; les excréments solides, l'urine, sont propres à remplir le rôle de ferment.

Il faut, autant que possible, approprier les mélanges que l'on prépare aux sols que l'on veut améliorer, et aux produits que l'on veut obtenir.

Pour toutes les terres riches en humus, pour les landes, les marais et les vieux gazons, on fera prédominer les matières salines, les phosphates; pour les terres riches en matières minérales, en sels de chaux et de potasse, on concentrera les principes azotés.

On fera de préférence entrer dans la composition de ces engrais des phosphates et des silicates susceptibles de devenir solubles pour fumer les céréales; des sulfates et des phosphates pour le colza; des sels alcalins pour les betteraves; des matières azotées, dont l'action est prompte, pour les fourrages herbacés.

Les composts sont solides ou liquides et peuvent être composés avec les substances les plus variées. Le professeur Grognier, en 1818, en proposant à la Société d'agriculture de Lyon, d'accorder une récompense à un polonais, nommé Kriepht, qui avait enseigné aux cultivateurs du Lyonnais le moyen de composer un bon compost, comptait une dizaine de formules.

On prépare les *composts liquides* dans des fosses creusées sous des hangars. Les dimensions de ces fosses doivent varier, bien entendu, comme les quantités de matières qu'on veut y introduire.

Celle que décrivait le zélé secrétaire de la Société d'agriculture de Lyon, avait 7 mètres de longueur, 4 de largeur et 3 de profondeur. Elle était couverte en madriers sur lesquels on pouvait déposer les instruments aratoires. Des conduits y menaient les urines des étables et à volonté les eaux de la cour. On y jetait du fumier, des mauvaises herbes, du lupin, des graines de cette plante, du plâtre, de la chaux, etc.

Ajoutant peu d'importance aux mots, nous ne dirons pas que le nom de compost convient peu pour désigner des engrais liquides; mais nous ferons remarquer qu'on ne peut composer ces engrais qu'avec de fortes quantités d'eau, ce qui en augmente le poids sans en augmenter la valeur; qu'il ne faut en préparer que lorsqu'on a des terres peu éloignées de la fosse pour les recevoir.

ENGRAIS JAUFFRET. — Les avantages des composts n'ont été généralement appréciés que depuis les travaux de Jauffret. Cet homme a rendu un grand service à l'agriculture en exagérant les avantages d'une recette qu'il cherchait à exploiter.

Pour la préparation de son compost, appelé aujourd'hui *engrais Jauffret*, il recommandait de faire un tas d'orties, d'herbes de jardin, de fougères, de feuilles, de menue paille de colza, de roseaux, de genets, de bruyères, de branchilles d'arbres, etc., de tasser toutes ces substances coupées, brisées, sur un sol uni à côté d'un réservoir, approprié et en partie rempli d'eau, de jeter dans ce réservoir des matières fécales, de l'urine, du jus de fumier, du sang, des crottins, des cendres, de la suie, du sel, des plâtras.

Pour 500 kilogr. de paille ou 1,000 kilogr. d'herbes, il mettait :

Eau.	10 hect.	Plâtre.	200 kilogr.
Jus de fumier ou liquide provenant d'une opération antérieure.	25 litres.	Chaux.	30 «
		Suie	25 «
		Cendres.	0,500
Matières fécales.	100 kilogr.	Salpêtre.	0,520

Avec cette lessive, on arrose, de temps en temps, le tas de matières végétales; bientôt la fermentation s'établit et la masse s'échauffe. L'engrais est préparé après une quinzaine de jours si le mélange est composé d'herbages. La préparation est plus longue, si l'on a mis dans la masse des matières ligneuses, des genets, des bruyères, des ajoncs.

Le succès de l'opération ne tient en particulier, ni à aucune substance, ni à aucune quantité, et plus le mélange est compliqué, plus la fermentation est prompte et le produit fertilisant. Chaque cultivateur possède tout ce qu'il faut pour préparer d'excellents engrais, et si tous savaient utiliser les herbes nuisibles, les curures des fossés, les râclures des chemins, les cendres, le sang et les débris d'animaux qui se perdent trop souvent, aucun n'aurait besoin d'acheter des engrais industriels.

Nous dirons des *règles* de l'opération ce que nous venons de dire de la nature des ingrédients : il n'y a rien de fixe; chacun peut agir selon sa commodité. Nous ferons seulement remarquer qu'en préparant ces mélanges, on fait presque toujours abus de la chaux : elle doit être mise avec précaution dans les matières qui contiennent du gaz ammoniac ou qui peuvent en fournir, car elle le chasse de ses combinaisons et le fait dégager dans l'espace. Le plâtre n'a pas le même inconvénient.

Engrais de Noirmoutiers. — Pour préparer l'engrais, dit de Noirmoutiers, on fait un mélange de cendres, de fumier, de plantes marines fraîches, de débris de poissons, de coquillages, de sable de mer, et de terre ; on arrose le tout avec de l'eau de mer.

On emploie cet engrais sur les prés et les cultures d'été à la dose de 60 à 100 hectolitres à l'hectare.

POUDRETTE. — Certaines substances organiques se décomposent avec trop de promptitude ; il en résulte que les principes qu'elles fournissent, l'ammoniaque, l'acide carbonique, ne peuvent pas être complétement absorbés par les plantes, et se perdent en grande partie dans l'espace. D'autres matières sont infectes, ou molles, pâteuses, et d'un emploi désagréable. On pratique diverses préparations qui ont pour but de remédier à ces inconvénients.

La conservation des engrais est plus facile que celle des aliments, parce que les plantes sont moins exigeantes que les animaux, que nous n'avons pas à craindre d'altérer leur nourriture : il suffit que nous leur offrions les principes dont elles ont besoin pour se nourrir ; elles savent toujours se les approprier.

On s'est demandé, c'est vrai, si en rendant les matières animales susceptibles de se conserver, on ne diminuerait pas leur vertu fertilisante. Cela n'est pas à craindre. Aucune préparation ne peut les rendre complétement imputrescibles : la peau transformée en cuir, quoique si profondément modifiée, forme un excellent engrais. De cet exemple, nous pouvons déduire que le sang, le poisson, la viande, les excréments, peuvent être rendus susceptibles de se conserver assez longtemps pour être transportés au loin, sans perdre la propriété de se décomposer sous l'influence de la terre, de l'eau et de l'air. Le sang, nous l'avons vu, peut être desséché et exporté pour les plus lointaines colonies, et loin de nuire à ses vertus fertilisantes, la préparation qu'il a subie les a accrues.

Pour rendre les matières fécales d'un emploi plus facile, on peut les mêler à de la poudre de tourbe carbonisée dans la proportion de 50 à 75 °/₀ selon la consistance et la nature des matières.

A Paris, on les transporte à la Villette, dans un établissement appelé *dépotoir*, situé à côté d'un bras du canal de l'Ourcq. Cet établissement reçoit de 600 à 700 mètres de gadoue tous les jours. La matière solide déposée dans des tonneaux est conduite par le canal à Bondy, où on la fait égoutter et où on la transforme ensuite en *poudrette*; tandis que les liquides, qui y sont poussés au moyen d'une pompe et d'une machine à vapeur, déposent dans des bassins où ils arrivent, les matières solides qu'ils renferment. Lorsque les dépôts ont une certaine épaisseur, on les enlève et on les fait dessécher pour en former aussi de la poudrette. Les eaux vannes se rendent à la Seine, à côté de Saint-Denis.

La préparation de la poudrette dure longtemps, est désagréable, et occasionne une déperdition énorme de matières fertilisantes, qui infectent les environs du lieu où on la pratique. On pourrait diminuer cet inconvénient en ajoutant à la masse en dessication du plâtre ou du sulfate de fer. Nous avons vu qu'on cherche aujourd'hui le moyen d'employer les matières fécales après une simple désinfection.

La poudrette contient pour 100 en moyenne, d'après les analyses de M. Soubeiran :

Matières organiques.	. . 26,35	Sulfate de chaux.	. . .	3,94
Phosphate ammonia-		Sels alcalins.	. . . .	0,64
co-magnésien.	. . . 6	Matières terreuses.	. .	54,01
Phosphate de chaux.	. . 2,45	Eau.	. . . .	20,80
Carbonate de chaux.	. . 5,61			

Elle renferme d'azote 1,88 °/₀ ; l'on en met de 8 à 25 hectolitres par hectare. Elle se vend 4 fr. 50 c. l'hectolitre.

FAUSSES POUDRETTES. NOIRS ANIMALISÉS. — On a préparé différents engrais simulant la *poudrette*, tantôt en divisant la chair musculaire, les rognures de peau, le sang caillé, qu'on mêlait, pour en augmenter le volume, à des matières inertes, à de la terre, à des plâtras, à du charbon, à de la tourbe, ou à du terreau épuisé; tantôt en mêlant, à ces matières, des sels plus actifs. Il y a rarement avantage à employer ces engrais, parce qu'on ne peut pas en connaître exactement la composition.

On appelle *noir animalisé* des matières pulvérulentes, inertes, ou peu actives, imprégnées de substances animales. On prépare cet engrais avec de la tourbe carbonisée, du poussier de charbon, ou même de la terre végétale qui, par sa calcination dans des vases clos, est devenue poreuse, absorbante et noire. On imprègne ces matières de principes azotés en les mêlant à du sang, à des matières fécales, ou à des débris d'animaux.

On a voulu ainsi composer un engrais pouvant remplacer le noir des raffineries. Mais on n'a produit qu'une espèce de poudrette inférieure à celle qui se vend à Bondy et à Montfaucon. L'azote, le phosphore, y sont en quantité variable et toujours très-petite.

Les engrais fabriqués à l'aide du charbon ont l'avantage, en raison de la faculté qu'a ce corps d'absorber et de retenir les gaz et en particulier le gaz ammoniac, d'être inodores et à cause de cela, d'un emploi facile.

NITRIFICATION. — De tous les moyens de préparation, celui qui a pour but de créer des engrais de toutes pièces semble être le plus avantageux; il n'a cependant encore rendu que de bien faibles services; car il est d'un emploi très borné : les plantes n'absorbent que des corps d'une composition chimique peu compliquée et il y a avantage à employer dans leur état naturel, la plupart de ceux qui sont susceptibles de les nourrir.

L'azote est le seul corps avec lequel il peut être avantageux de créer des engrais : ce corps est, nous l'avons vu, très répandu dans la nature, mais les composés qui en contiennent beaucoup à l'état de combinaison, sont d'un prix trop élevé pour les usages agricoles.

De toutes les manières de rendre l'azote susceptible d'être absorbé par les plantes, la plus simple consiste à le faire combiner avec l'oxygène et à le transformer ensuite en nitrate. Pour obtenir ce résultat, on met en tas, au contact de l'air, des plâtras, de la chaux, des cendres, ou simplement des pierres calcaires, de la craie, du marbre, et on les arrose avec des liquides azotés; M. Claez a démontré que cette dernière condition n'est même pas nécessaire; que, sous l'influence des matières poreuses et des alcalis, l'azote et l'ozone se combinent, forment de l'acide azotique et des azotates. M. Lucas a également obtenu de l'azotate de potasse en faisant passer un courant d'air sur de la potasse. La nitrification mérite d'être plus souvent pratiquée pour les usages agricoles.

ENGRAIS CONCENTRÉS. — Quelques marchands d'engrais ont donné à leurs préparations des noms, *engrais concentré, poudre azotée, liquide super azoté,* qui avaient pour but de faire croire que l'azote avait été fixé en très forte quantité dans ces divers produits. On allait jusqu'à prétendre avoir trouvé le moyen de remplacer les fumures ordinaires par quelques kilogrammes de certaines poudres ou par quelques litres de liquide. Le plus souvent on n'avait cependant, que mêlé des substances très actives à des matières inertes : par ces mélanges on avait simplement accru, sans compensation, les frais de transport de certains composés très riches en azote. On se rappelle que pendant quelques années le commerce de ces engrais avait pris une certaine extension aux dépens des cultivateurs. En parlant de la préparation des semences, nous verrons quels sont les résultats que l'on peut espérer de ce mode de fumure ; nous nous bornerons à donner ici la composition de quelques uns de ces engrais d'après M. Girardin.

1° Engrais Bickès :

Eau.	9,00	Phosphate de chaux, sable charbon.	6,50
Plâtre, sel marin, nitrate de soude.	2,50	Gélatine.	22,00
Craie.	60,00		

2° Engrais Huguin :

Eau.	26,00	Sulfate d'ammoniaque.	5,50
Phosphate de chaux.	52,00	Charbon.	32,00
Sel marin.	4,50		

3° Autre :

Eau	12,00	Sel ammoniaque, plâtre.	3,50
Phosphate de chaux.	17,40	Charbon.	17,00
Carbonate de chaux.	50,10		

Quelques fabricants d'engrais vendent les produits sur analyse. M. Derrier garantit que l'engrais fabriqué dans son établissement renferme environ 5 °/₀ d'azote et 28 de phosphate de chaux. Il serait à désirer, dirons nous avec M. Barral, que la vente de tous les engrais et du guano lui-même, se fît avec une garantie positive de leur richesse en phosphate, en azote, en potasse. Il existe dans plusieurs départements des règlements sur cette matière. Nous devons nous borner ici à recommander de n'acheter des engrais inconnus qu'en prenant de grandes précautions.

§ 4. *Equivalents, choix des engrais.*

ÉQUIVALENTS. — On appelle en chimie *équivalent*, c'est-à-dire *quantité équivalente,* la quantité d'un corps qui est nécessaire pour en remplacer un autre dans une combinaison. En hygiène, l'équivalent d'un aliment est la quantité de cet aliment qu'il faut administrer pour nourrir autant qu'un autre aliment. En agriculture, l'équivalent d'un engrais est la quantité de cet engrais qu'il faut donner à la terre pour la fumer autant qu'avec un autre engrais.

En chimie, les équivalents sont exactement connus parce que les corps que l'on met en rapport sont constamment les mêmes : il faut toujours la même quantité d'oxyde de fer ou d'oxyde de potassium pour saturer une quantité donnée d'acide sulfurique; donc la même quantité d'un de ces oxydes suffira, dans tous les cas, pour remplacer l'autre dans ses combinaisons avec cet acide.

En hygiène, nous le verrons, les connaissances sur ce sujet sont beaucoup moins positives, parce que les aliments comme les animaux ne sont pas toujours semblables : 230 kilogr. de betteraves peuvent remplacer 100 kilogr. de foin une année, et être insuffisants l'année suivante, soit parce que la racine est moins bonne, soit parce que les animaux ont un plus grand besoin de nourriture sèche.

De même en agriculture, l'étude des équivalents est loin d'avoir eu jusqu'ici l'utilité qu'elle a en chimie : d'abord parce que les terres ni les récoltes n'exigent pas toujours les mêmes engrais, et surtout parce que les engrais ne sont pas constamment semblables à eux-mêmes. Nous ne parlons pas des poudrettes, des noirs animalisés, des composts et autres engrais industriels, dans lesquels les ingrédients varient au gré des fabricants; nous parlons des engrais naturels, de l'urine, des cendres, du guano, dans lesquels les principes les plus actifs, l'azote, le phosphore, peuvent varier du simple au triple.

En chimie et en hygiène même, les équivalents ont été déterminés par l'observation; en agriculture ils l'ont été surtout par l'analyse chimique : on a cherché quelle est la quantité de sang, d'urine, nécessaire pour fournir autant d'azote qu'une certaine quantité de fumier. Il résulte de ce mode d'opérer que les équivalents expriment les quantités relatives des corps qu'on a comparés, plutôt que les quantités d'engrais qui peuvent se suppléer pour fumer les terres.

Dans le tableau suivant, la valeur du fumier, pris pour unité, est représentée par 100, et l'on suppose un fumier qui renferme à l'état humide 0,41 d'azote. Les chiffres des autres engrais, dans la sixième colonne, indiquent la quantité de ces engrais nécessaire pour fournir au sol la même quantité d'azote que 100 de fumier.

	Azote. dans 100 d. matière.		Titre. à l'état		Équivalent. à l'état	
	sèche	humide	sec	humide	sec	humide
Fumier	2,00	0,41	100	100	100	100
Eau de fumier.	1,54	0,60	77	15	129,8	769
Feuilles de betteraves. . . .	4,50	0,50	225	122	44,4	81,9
Fanes de pommes de terre. . .	2,30	0,55	115	134	86,9	74,6
« de carottes.	2,91	0,83	147	207	67,8	48,5
Feuilles de chêne.	1,57	1,18	78,5	287,8	127,3	34,7
« de hêtre.	1,91	1,18	95,5	287,8	104,7	34,7
Fucus frais.	«	0,54	«	131,7	«	75,9
Coquilles d'hoîtres.	0,40	0,32	20	78	500	128,2
Tangue.	0,42	0,40	21	97,5	476	102,5
Traez.	0,14	0,13	7	31,7	1428,5	315,4
Mearl.	0,52	0,51	26	124,3	384,5	80,4
Tourteaux de lin.	6,46	5,60	343	1363	29,1	7,3
« de colza.	5,86	5,25	293	1280	34,1	7,8
« d'arachide.	7,68	7,20	384	1756	26	5,6
« de madia.	5,70	5,06	285	1234	35	8,1
« de cameline. . . .	5,91	5,50	295,5	1341	33,8	7,4
« de chenevis. . . .	5,90	5,20	295,	1268	33,8	7,8
« de pavot.	6,75	6,53	337,5	1548	29,6	6,4
« de faîne.	3,83	3,60	191,5	878	52,2	11,3
Marc de pommes séché à l'air. .	0,63	0,59	31,5	143,9	317,4	69,4
Pulpe de betteraves	1,26	1,14	63	278	158,7	35,9
« de pommes de terre. . .	1,93	0,55	97,5	129	102,5	77,5
Excréments de vache.	2,30	0,32	115	78	86,9	128,2
Urine de vache.	3,80	0,44	190	107,3	52,6	93,2
Excréments de cheval.	2,21	0,55	110,5	134	90,4	74,6
Urine de cheval.	12,50	2,61	625	656,5	16	15,7
Excréments de mouton. . . .	2,99	1,11	149,5	270,7	66,8	36,9
Urine de mouton.	9,70	1,51	483	319,5	20,6	31,2
Excréments de porc.	3,37	0,65	168,5	155,6	59,3	65,1
Urine de porcs.	11	0,23	550	56	18	178,5
Engrais flamand.	« «	0,19	«	46,3	«	215,9
Colombine.	9,02	8,50	451	2024	22	4,9
Guano.	6,20	5	310,	1219,5	32	8,2
Muscles séchés à l'air. . . .	14,25	13,04	712,5	3180	14	3,1
Sang liquide.	«	7,93	«	1939	«	5,1
Sang coagulé.	15,50	12,18	773	2970	12,9	3,3
Os fondus.	7,58	7,02	379	1712	26,3	5,8
Pain de creton.	12,93	11,88	646,5	2897,5	15,4	3,4
Noir animal.	2,04	1,06	102	258,5	98	38,6
Suie de houille.	1,51	1,33	79,5	329,	125,7	50,3
Suie de bois.	1,31	1,15	65,5	280,4	152,6	55,6
Plumes.	17,61	15,34	880,5	3741	11,3	2,6
Poil.	15,12	13,78	756	3361	13,2	2,9
Laine.	20,26	17,98	1013	4383	9,8	2,2
Corne.	15,78	14,56	789	3502,1	12,6	2,8
Poudrette de Montfaucon . . .	2,67	1,56	133,5	380	74,8	26,3

Ainsi la langue et le fumier ayant pour 100 dans l'état ordinaire, l'un 0,40 d'azote, et l'autre 0,41, peuvent se suppléer, à doses à peu près égales, pour fournir au sol une certaine quantité d'azote ; les feuilles de carottes ayant 0,85 d'azote, 48,3 de cet engrais fourniraient au sol autant d'azote que 100 de fumier.

Le *titre* est le chiffre qui représente la valeur d'un engrais comparativement à un autre engrais pris pour point de comparaison. Ainsi, étant admis que le titre ou valeur du fumier est 100, le titre ou valeur des coquilles d'huîtres à l'état sec, sera 20, parce que dans cet état, cet engrais renferme cinq fois moins d'azote que le fumier.

Le titre est proportionnel à la richesse en azote, tandis que l'équivalent est en raison inverse de cette richesse : le titre et l'équivalent du fumier sec qui a 2 d'azote, étant 100, le titre des coquilles d'huîtres qui en contiennent seulement 0,40, sera 20 et l'équivalent 500.

Pour trouver un équivalent, on cherche d'abord la valeur ou *titre* de l'engrais que l'on veut comparer au fumier. Ainsi, le fumier contenant à l'état humide 0,41 d'azote et sa valeur ou titre étant 100, le titre du tourteau de lin qui renferme 5,60 d'azote sera 1365.

$$0,41 : 5,60 :: 100 : x = \frac{5,60 \times 100}{0,41} = 1365.$$

Pour trouver à présent la quantité de tourteau qui serait nécessaire pour remplacer 100 de fumier on dira :

$$100, \text{ titre du fumier} : 1365, \text{ titre du tourteau} :: x : 100 \quad \frac{100 \times 100}{1365} = 7,3.$$

Choix. — Jusqu'à ce que l'expérience nous ait appris la loi des équivalents fertilisants, c'est d'après l'ensemble de leurs propriétés qu'il faut juger de la valeur des différents engrais.

Chimiquement, les engrais agissent sur les terres, sur l'air atmosphérique, et sur les plantes.

L'action chimique qui s'exerce sur le *sol* tend à provoquer la décomposition des matières organiques et des minéraux, des carbonates, des silicates, des phosphates ; elle met ainsi à nu, de l'acide carbonique, des produits azotés, des alcalis, des phosphates solubles que les plantes absorbent.

Comme agissant d'une manière particulière sur les sols, se placent en première ligne, la potasse, la soude, la chaux. Ces corps attaquent les matières minérales directement, et indirectement par l'acide carbonique qu'ils font dégager en décomposant le terreau et les matières organiques.

On considère comme agissant sur l'*air atmosphérique* et fixant l'humidité, ou l'ammoniaque, ou l'acide carbonique, et peut-être l'oxygène, les sels déliquescents et le sulfate de chaux.

La plupart des engrais contribuent directement à la nourriture des *plantes* par les composés qu'ils fournissent; mais ceux qui agissent particulièrement de cette manière, sont les matières organiques dont les éléments, en réagissant les uns sur les autres, donnent naissance à des produits qui, absorbés par les racines ou les feuilles, sont assimilés par les tissus végétaux.

On recommande comme particulièrement propres à la croissance des céréales, les engrais qui, comme les cendres lessivées, les cendres de tourbe, le produit de l'écobuage, contiennent peu de matières solubles et sont riches en silice, en alumine. Pour les récoltes qui ont beaucoup de potasse comme les betteraves, les navets, les pommes de terre, le maïs et la vigne, il faut réserver les cendres vives, les résidus des sucreries, les engrais végétaux, le bois même; tandis qu'on doit répandre des engrais calcaires, de la chaux, des coquilles, et du fumier plâtré, sur le trèfle, la luzerne, les lentilles et le tabac.

Parmi les corps si nombreux et si variés qui constituent les engrais, il faut distinguer ceux qui, comme le carbone, l'argile, les oxydes terreux sont d'une utilité secondaire, parce qu'ils sont communs, que les récoltes les tirent en suffisante quantité de l'atmosphère, du sol, ou de l'eau répandue pour l'arrosage; de ceux qui sont, ou plus utiles à la végétation, ou plus rares, et que les terres cultivées ne peuvent pas fournir aux plantes en suffisante quantité, comme l'azote, le phosphore, la potasse, la soude, le soufre. Les premiers augmentent inutilement les frais de transport des seconds. La préférence donnée au sang desséché qu'on transporte de Paris dans les colonies, au guano qui nous arrive des Antipodes, au noir d'os qu'on tire de l'Amérique et de la Russie, comme de nos usines, provient en partie de ce que ces engrais renferment peu de ces matières inertes, et qu'ils sont d'un transport relativement peu dispendieux. Nous nous bornons à attirer l'attention sur l'importance qu'il y a à ne pas acheter, pour les charrier au loin, des produits dans lesquels on trouve 70, 80 °/₀ et souvent plus, d'eau, de tourbe ou de terre.

Art. IV. — Écobuage.

On PRATIQUE l'écobuage de deux manières : quelquefois on arrache d'abord les genêts, les bruyères, et après les avoir disposés en meules, on ameublit le sol par des labours ; puis, lorsque la terre a été desséchée par le soleil du mois d'août, on la recouvre des arbustes arrachés, et on les brûle dans un moment où le bois et la terre pulvérisée, sont fortement desséchés par le soleil. On fait ces *brûlis* principalement sur les genestières.

C'est l'autre procédé qui constitue l'*écobuage* proprement dit. Il comprend deux opérations : l'enlèvement, et la combustion du gazon.

Enlèvement — S'il se trouve dans le gazon que l'on veut écobuer beaucoup d'arbustes, on les arrache préalablement ; s'il y en a peu, on les laisse adhérer aux mottes qu'on enlève. Le gazon est détaché sous forme de plaques minces, que l'on replie en les soulevant pour en faciliter la dessication.

On se sert principalement d'instruments à main, parce que c'est la petite culture qui pratique presque toujours l'écobuage, et parce qu'il est très difficile de construire des instruments mus par des animaux, qui enlèvent des plaques de gazon minces et suffisamment étendues.

Plusieurs sortes de charrues ont cependant été construites pour cette opération, et la charrue ordinaire à soc bien saillant et bien aiguisé, peut même y être employée quand le gazon est uni et bien fourni.

Lorsque les mottes de gazon sont sèches, on les *brûle*. On fait de petits fagots de broussailles et de bois bien sec ; on les recouvre de mottes de gazon , en ayant soin de tourner l'herbe du côté du bois ; on dispose ainsi de petits *fourneaux* auxquels on ménage une ouverture pour faciliter la combustion. Le feu mis au bois se communique bientôt au gazon et aux racines qui sont dans la terre. Pendant que les fourneaux (*fournels*) se consument, on doit avoir soin de boucher l'ouverture qu'on avait laissée et les trous à mesure qu'ils se produisent, afin d'arrêter les courants d'air et de faire brûler la terre régulièrement de tous les côtés.

L'écobuage est pratiqué sur les friches, les landes, les prés, les gazons ; on traite aussi quelquefois les chaumes d'une manière à peu près semblable : après les avoir labourés, on fait sécher les éteules et la terre qui y adhère ; on les réunit par tas, et on y met le feu.

Dans quelques contrées, aussitôt que les cendres sont refroidies, *on les étend* et on les couvre par un léger labour ; en d'autres localités, on ne les dissémine qu'au moment des semailles, pour les couvrir en même temps que la semence. On doit répandre les cendres le plus tard possible, afin que la pluie n'entraîne pas, hors de la portée des racines, les sels solubles mis à nu par la combustion ; mais d'un autre côté, il ne convient pas que les fourneaux reçoivent de fortes pluies, et que les cendres soient délavées sur la place où elles ont été formées ; on ne pratiquera donc l'écobuage qu'à l'époque où l'on voudra établir la récolte, sans attendre cependant les temps pluvieux.

Effets. — L'écobuage modifie beaucoup le terrain : il change les propriétés physiques et la composition chimique des terres, les rend noires ou rougeâtres, pulvérulentes, friables, poreuses, perméables, absorbantes, et disposées à se saturer de gaz ; il leur donne même une odeur particulière de brûlé très prononcée ; il les imprègne de carbonate de potasse, de carbonate de soude, de chlorure de sodium, de sels calcaires et de phosphates, provenant des silicates, de la fiente et de l'urine que les animaux avaient répandus sur les gazons, et des insectes contenus dans les mottes brûlées.

Il améliore beaucoup les terres fortes, les *marais desséchés*, la tourbe ; il rend l'argile et la vase grenues, sèches, très divisées. La partie du sol qui a été brûlée améliore le fonds, le rend perméable. Il n'est presque pas possible, dit Sinclair, d'améliorer les marais et les terrains tourbeux, sans l'aide du feu. Cette opération est d'autant plus rationnelle que l'écobuage des sols tourbeux est facile.

La combustion détruit beaucoup d'*animaux nuisibles*, les larves, et les œufs des insectes ; elle brûle les *graines* de genêt, de bruyère, d'ajonc, et de toutes les mauvaises plantes ; cette opération donne un bon moyen de défricher les landes et doit être renouvelée sur ces terrains si, après qu'elle a eu lieu, l'ajonc, la bruyère, y sont encore en grande quantité.

Les résultats extraordinaires que produit l'écobuage s'expliquent par les changements que la combustion imprime au sol. Le feu met en liberté tous les *composés minéraux* contenus dans les plantes, et ces composés mêlés à un terrain qui est imprégné de tout l'humus produit par plusieurs années de jachère, déterminent la plus vigoureuse végétation ; et ce qui prouve que les bons effets qui suivent l'écobuage proviennent de la richesse naturelle du sol autant que des effets du feu, c'est que la moitié des cendres transportées dans une terre qui n'a pas été en jachère, y produisent une action moindre, que sur le lieu d'où le gazon avait été enlevé. L'écobuage pratiqué sur un chaume ou sur une terre qui vient d'avoir d'autres récoltes, produit moins d'effet que sur un vieux gazon.

On dit que l'écobuage *n'apporte rien aux terres*, qu'il les épuise, qu'*il dissémine* dans l'espace, sous forme de fumée, *beaucoup de produits fertilisants* provenant des animaux et des plantes; que s'il améliore les terres fortes, les tourbières, c'est en transformant des produits qui s'y trouvent et non en y ajoutant de nouveaux produits.

Cela est incontestable, mais il a le grand avantage de rendre bienfaisantes des matières qui comme les silicates, l'argile, la tourbe, sont naturellement peu favorables à la végétation; de décomposer instantanément des corps, du bois, de la bruyère, de l'ajonc, de la tourbe et des minéraux; de rendre ainsi utilisables des produits qui, abandonnés à eux-mêmes, seraient perdus à cause de la lenteur avec laquelle ils se décomposeraient.

Toutefois, il doit être pratiqué avec ménagement sur les sols légers, maigres. Peut-être même faut-il s'en abstenir dans les prés et les bons fonds, car pourquoi faire brûler, décomposer par le feu qui en détruit une si forte quantité, un gazon gras qui mis dans le sol, se putréfierait dans l'année, et servirait en totalité à l'accroissement des récoltes? Il est difficile que l'avantage résultant d'une décomposition plus prompte des substances organiques, compense les grandes déperditions occasionnées par le feu.

Dans tous les cas, il ne faut pas manquer, si l'on veut continuer de faire produire les sols écobués, de leur rendre, par de bons engrais, l'humus que les récoltes ont absorbé sous l'influence des sels fournis par les cendres.

L'écobuage est favorable aux *graminées*, aux *légumineuses*, aux *pommes de terre*, aux *crucifères*, et aux *arbres forestiers*. MM. Baudrillard et de Morogues ont remarqué que les graines de pin, de bouleau, répandues sur une terre écobuée, donnent les plus beaux résultats. On doit aussi recommander cette préparation pour les crucifères, car les cendres éloignent les insectes nuisibles à ces plantes. Sur les terres écobuées, les produits sont bons, sapides, salubres, et très nutritifs.

De nos jours, les cultivateurs qui peuvent se procurer, avec facilité, du noir des raffineries l'emploient sur des terres qui autrefois auraient été mises en culture par l'écobuage; ils leur fournissent ainsi sans les altérer, les substances minérales nécessaires pour former avec l'humus naturel au sol, un mélange favorable aux récoltes.

CHAPITRE III.

DE L'ATMOSPHÈRE.

SECTION PREMIÈRE.

Composition de l'atmosphère; altérations qu'elle éprouve.

ART. I". — AIR ATMOSPHÉRIQUE DANS SON ÉTAT NORMAL.

COMPOSITION. —- L'atmosphère est formée dans toutes les circonstances : en volume de 20, 81 d'oxygène et de 79, 19 d'azote ; en poids, lorsqu'elle est à l'état sec et privée d'acide carbonique, de 23, 01 du premier de ces gaz, et de 76, 99 du second : l'oxygène est plus lourd que l'azote.

En outre, on y trouve généralement de l'acide carbonique (en poids, 0,65 pour 1,000) et un peu plus la nuit qu'à midi, des traces d'acide nitrique, de nitrates, de chlorures, d'ammoniaque, d'iode et de brome, enfin des corpuscules solides provenant de la surface de la terre.

L'oxygène et l'azote constituent l'air atmosphérique proprement dit ; ils forment les quatre-vingt-dix-neuf centièmes de la masse gazeuse qui entoure notre globe. On les y trouve toujours dans les proportions que nous venons d'indiquer : une plus grande quantité de l'un ou de l'autre de ces gaz, rendrait l'air impropre à l'entretien de la vie des animaux supérieurs.

Ces deux gaz n'exercent pas la même influence sur les phénomènes qui intéressent le cultivateur et le vétérinaire.

D'après les faits connus, l'*azote* libre est sans action sur les êtres organisés ; mais dans certaines circonstances, il existe dans l'air sous forme d'ammoniaque, d'acide nitrique, soit que ces composés proviennent de la surface de la terre, soit qu'ils se forment dans les régions supérieures de l'espace sous l'influence de l'électricité. Dans tous les cas, entraînés sur le sol par la rosée, par les pluies et la neige, ils se décomposent et contribuent à nourrir les plantes en leur fournissant l'azote qu'ils renferment.

On attribue à l'*oxygène* un rôle beaucoup plus important. Ce gaz, tel qu'il existe dans l'air, est indispensable à la germination comme à la respiration des plantes et des animaux : les êtres animés meurent dans un milieu privé d'oxygène, et les graines pourrissent quand elles sont enterrées trop profondément, ou placées dans un sol trop humide pour être suffisamment aéré.

Indépendamment de son action directe, l'oxygène joue un rôle très important en facilitant la décomposition des engrais, du terreau, et de quelques substances minérales : il provoque, facilite, aux dépens des matières organiques, la formation de gaz que les feuilles et les racines s'approprient ; il agit sur les composés de fer, de potasse, de soude, de chaux, renfermés dans les terres, et donne naissance à des corps solubles propres à nourrir les plantes.

On sait que les plantes plongées dans l'eau ou dans un sol trop humide se carbonisent, se transforment en tourbe, et deviennent impropres à servir d'engrais ; tandis que, dans un sol aéré, où elles sont sous l'influence de l'oxygène, elles se décomposent et fournissent de l'acide carbonique, des composés ammoniacaux, et même des sels minéraux susceptibles d'être absorbés par les racines.

Quand on expose l'oxygène à l'action de l'électricité, quand on obtient ce gaz en décomposant l'eau au moyen de la pile, il répand une odeur qui rappelle celle du soufre et du phosphore. C'est à cause de cette odeur qu'on l'a appelé *ozone*.

L'ozone, ou oxygène odorant, a une grande tendance à se combiner avec les autres corps de la nature ; il exerce plus d'influence sur la décomposition des engrais et sur la végétation que l'oxygène ordinaire. Il décompose l'iodure de potassium, de sorte que s'il est mis en contact avec du papier imprégné d'amidon et de cet iodure, il le colore en décomposant ce dernier ; l'iode en liberté agit sur l'amidon. On appelle *ozonométrique, ozonoscopique*, le papier imprégné d'une dissolution de 50 gr. d'amidon et de 5 gr. d'iodure de potassium par litre d'eau. Le papier ioduré prend une teinte d'autant plus prononcée, que l'air dans lequel il est plongé, est plus riche en ozone. Le papier mouillé est plus sensible que le papier sec.

D'après quelques observations, l'air qui ne produit aucune réaction sur le papier ozonométrique est moins sain pour les hommes et les animaux que celui qui le colore. Il paraît démontré que les phénomènes qui développent de l'ozone sont favorables à la santé, et contribuent à assainir le pays. Ainsi peuvent s'expliquer les effets salutaires bien connus, que la végétation, les arrosages, l'évaporation de l'eau, la combustion des corps inflammables, exercent pendant le règne des épidémies et des épizooties.

En parlant des altérations de l'air, nous verrons que l'*acide carbonique* est toujours nuisible aux animaux. Nous devons dire

ici que dans les circonstances ordinaires il est favorable à la végétation.

Il concourt puissamment à la nutrition des plantes. Absorbé
par les radicules et par les parties vertes, il est élaboré dans les
feuilles : sous l'influence du soleil, les végétaux le décomposent,
s'approprient le carbone et dégagent l'oxygène. En outre, entraîné dans le sol, il facilite la décomposition des minéraux et la
formation de sels solubles que l'eau charrie ensuite dans les racines.

La végétation ne peut avoir lieu que dans l'air atmosphérique ;
mais elle est plus vigoureuse lorsque ce fluide renferme un léger
excès d'acide carbonique. Il est probable que cet acide était plus
abondant qu'aujourd'hui dans notre atmosphère, lorsque se sont
formés les végétaux gigantesques que nous retirons des entrailles
de la terre sous forme de houille et d'anthracite.

Aucun être organisé ne pourrait vivre dans une atmosphère
complètement sèche. La *vapeur d'eau* rend l'air doux, moins
irritable, moins *desséchant* surtout ; en outre, absorbée par les
plantes, elle concourt à leur développement.

Pour expliquer les effets salutaires de la vapeur d'eau qui, dans
certains pays où il pleut rarement, entretient la vie des plantes,
nous devons ajouter que l'air circule sans cesse dans le sol, qu'il
s'en dégage, s'élève dans le moment des fortes chaleurs, et qu'il
y rentre le soir, à mesure que le sol se refroidit. Il y abandonne
son humidité, et probablement d'autres principes qu'il contient
dans l'état ordinaire.

La vigueur de la végétation dans les marais et près des lieux
où se trouvent des matières organiques en décomposition, nous
démontre l'influence salutaire que les *composés ammoniacaux*
et les *corpuscules hétérogènes* répandues dans l'atmosphère,
exercent sur la vie des plantes. Bornons-nous ici à faire remarquer que l'utilité diverse de ces principes nous explique les bons
effets du desséchement, des labours, et de toutes les opérations
qui ont pour résultat de rendre le sol perméable et de faciliter
l'arrivée de l'air aux racines.

Enfin, l'*iode*, le *brôme*, les *chlorures* qui s'élèvent de la mer,
quoique en minime quantité, donnent de la vigueur aux plantes,
améliorent les fourrages, et favorisent le développement des
animaux.

ACTION DE LA RESPIRATION SUR L'ATMOSPHÈRE. — On ignore
les phénomènes qui ont lieu dans l'acte de la respiration pour la
transformation du sang veineux en sang artériel ; mais on con-

naît les *altérations éprouvées par l'air* dans la poitrine; on sait que l'oxygène diminue, que l'acide carbonique et la vapeur d'eau augmentent, tandis que la quantité d'azote reste à peu près invariable : tantôt elle augmente, tantôt elle diminue. Aucun autre gaz ne peut remplacer l'oxygène, et l'air qui a servi à la respiration est impropre à remplir le même usage. Celui des bâtiments habités doit être sans cesse renouvelé, de manière que les altérations qu'il éprouve soient insensibles.

On admet en moyenne que, pendant la respiration, un animal absorbe, par heure, 1 gr. d'oxygène pour chaque kilogr. de son poids ; mais l'on sait aussi que chaque animal altère plus ou moins l'air, selon la nourriture qu'il consomme et l'activité de ses fonctions. Dans l'état ordinaire, l'air expiré contient de 15, à 16,5 % d'oxygène et de 5 à 3,5 d'acide carbonique. La quantité de ce dernier gaz peut aller jusqu'à 8,5 et 9 quand les phénomènes respiratoires sont lents : avec six inspirations par minute, l'air contient 5,7 d'acide carbonique ; avec 12 — 4,1 ; avec 24 — 3,3 et avec 48 — 2,9. Cependant, et lors même que l'air est moins altéré à chaque inspiration, il y a, en définitive, une plus forte quantité d'acide carbonique produite, dans un temps donné, quand la respiration est accélérée : si cette quantité est, par minute, de 171 pour 6 inspirations, elle devient de 246 pour 12 et de 696 pour 48.

On sait aussi que la continuation des phénomènes respiratoires est indispensable à la vie ; que la force, la santé, la vigueur, la *chaleur* des animaux sont en rapport avec l'étendue, la perfection, de ces phénomènes : qu'une poitrine ample, des poumons sains, des voies aériennes libres et larges, sont nécessaires pour une bonne respiration ; que pour maintenir la chaleur propre à l'état de santé, il faut bien nourrir les animaux et leur procurer un bon air ; que l'habitude de tenir les étables fermées pour prévenir le refroidissement des animaux peut avoir des suites funestes ; enfin que les effets de l'air sur l'économie animale sont variables selon l'état physique et la composition de ce fluide, et selon l'état des animaux qui le respirent.

Sous l'influence d'un air impur, ne serait-il que légèrement altéré, la *santé des animaux se détériore* ; les principes qui proviennent de la digestion sont moins bien élaborés, le sang est moins nutritif, les humeurs s'altèrent, et les plus graves maladies se déclarent. Ces effets s'observent lors même qu'il ne manquerait à l'air qu'un centième d'oxygène ; or, comme la respiration enlève 3 ou 4 centièmes de ce gaz, un litre d'air respiré en altère, par son mélange, 3 ou 4 autres litres ; de sorte que les animaux enfermés dans une étable, souffrent faute d'oxygène, si un quart de l'air qui les environne a été respiré.

ART. II. — ALTÉRATIONS DE L'AIR.

L'air peut être altéré par des gaz, par des vapeurs, des corps pulvérulents, des émanations marécageuses, et par des substances animales.

§ 1er. *Altérations de l'air produites par des corps gazeux.*

Les gaz qui altèrent l'atmosphère agissent, les uns d'une matière négative, les autres par des propriétés particulières. Ceux-là nuisent en occupant la place des fluides nécessaires à la vie et produisent l'asphyxie ; les derniers exercent sur l'économie animale une action spéciale, délétère, toxique.

I. Gaz qui asphyxient.

ACIDE CARBONIQUE, OXYDE DE CARBONE. — Ces gaz sont le produit de phénomènes nombreux qui ont lieu dans le sein et à la surface de la terre, notamment de la combustion, de la respiration, et de la fermentation.

La *combustion* des substances qui contiennent du carbone en dégage. Beaucoup de personnes croient que le *charbon de bois* est le seul corps dont la combustion soit dangereuse ; c'est une erreur qui a eu maintes fois de funestes résultats : elle provient de ce que le charbon dégage, au moment où il commence à brûler, une odeur plus ou moins forte, produite par les substances étrangères que renferme ordinairement ce combustible. Ces substances, étant plus combustibles que le carbone, disparaissent les premières, et une fois le charbon bien allumé, le produit de la combustion est inodore, mais il n'en est pas moins dangereux, car il est exclusivement formé d'acide carbonique et d'oxyde de carbone. La combustion de la *braise* est au moins aussi délétère que celle du charbon qui s'allume.

La combustion du *bois*, de la *paille*, du *linge*, des *substances animales*, produit, outre de l'acide carbonique et de l'oxyde de carbone, de la vapeur d'eau, de l'acide acétique, de l'huile empyreumatique et du gaz ammoniac. Ces vapeurs sont aussi dangereuses que le gaz provenant du carbone ; mais l'irritation qu'elles déterminent avertit du danger qui résulte de leur introduction dans la poitrine, et force les animaux à fuir le lieu où elles sont répandues. De la combustion de la *houille*, résultent de l'acide carbonique, de l'oxyde de carbone, de l'hydrogène carboné, et quelquefois de l'acide sulfureux, de l'acide sulfhydrique dont l'action délétère est assez connue.

La *respiration des animaux* et celle des *plantes* vertes placées dans l'obscurité, la *fermentation alcoolique*, celle du *vin*, du *cidre* et de la *bière*, produisent de l'acide carbonique.

Le gaz acide carbonique se dégage quelquefois des *crevasses* que présente la terre, des *volcans*, de certaines *eaux minérales;* il s'amasse dans les grottes, dans les fissures des rochers, au fond des mines, ou se perd dans l'espace.

L'acide carbonique est un gaz incolore; il a une saveur aigrelette, mais peu prononcée; il est plus lourd que l'air, et il occupe, principalement lorsque ce dernier fluide est tranquille, les régions inférieures de l'atmosphère. Il éteint les corps en combustion : toutes les fois qu'une lampe ou une chandelle ne peut pas brûler, que sa lumière pâlit, l'air du lieu où elle se trouve est vicié. De l'eau de chaux, placée dans un endroit où ce phénomène a lieu, se couvrirait, en peu de temps, d'une pellicule dure de carbonate de chaux.

Respiré à hautes doses, bien que mêlé à l'air, l'acide carbonique asphyxie en privant les poumons de l'oxygène nécessaire à la respiration : il détermine l'assoupissement, l'envie de dormir et la mort, sans que les animaux éprouvent aucun sentiment qui les porte à fuir ; si l'air n'en contient qu'une petite quantité, il exerce une action spéciale sur le cerveau et occasionne des douleurs de tête.

Les effets de l'acide carbonique sont assez intenses pour que quelques auteurs aient placé ce gaz parmi les poisons. L'oxyde de carbone est cependant beaucoup plus actif : un animal peut vivre dans de l'air qui contient 30 à 40 °/₀ d'acide carbonique, mais il succombe lorsque l'air contient seulement 4 °/₀ d'acide carbonique s'il renferme en outre 0,50 ou 1 °/₀ d'oxyde de carbone.

C'est par l'action très-délétère de ce dernier gaz, que l'on explique pourquoi l'acide carbonique est plus dangereux quand il est dégagé par la combustion, que quand il provient, par exemple, de la décomposition d'un carbonate.

On *garantit* les animaux de l'acide carbonique et de l'oxyde de carbone, en éloignant les causes qui produisent ces gaz, et en employant des moyens de ventilation. En outre, on peut absorber l'acide carbonique qui se dégage dans les lieux confinés avec la chaux vive ou le chlorure de chaux.

AzoTE. — Quoique nécessaire à la respiration, l'azote ne doit pas se trouver dans l'air en trop forte proportion. L'atmosphère qui en contient plus de 81 à 82 centièmes est impropre à la respiration des animaux.

Il est très-rarement dégagé à l'état de pureté. Il ne devient surabondant dans l'air que par la disparition de l'oxygène, comme cela s'observe au fond de quelques mines où des sulfures absorbent ce dernier gaz ; quand l'air est altéré par la fermentation, la respiration et la combustion, il devient prédominant aussi, mais il est mêlé à un excès d'acide carbonique : cela a lieu toutes les fois que des animaux sont enfermés dans un lieu bien clos.

Le mot *azote* est formé de deux mots grecs, α privatif, et ξωον, vie. Il n'exerce pas cependant d'action spéciale sur les animaux ; mais il produit l'asphyxie en les privant de la quantité d'oxygène qui leur est nécessaire.

Il se combine très-rarement d'une manière directe avec les autres corps ; on ne peut en prévenir les mauvais effets qu'en renouvelant l'air des lieux où il est en trop grande quantité.

II. Gaz qui empoisonnent.

Parmi les gaz de cette deuxième classe, les uns agissent comme des irritants, les autres comme des poisons stupéfiants, et déterminent la mort, quoiqu'ils n'aient été respirés qu'en petite quantité. Les uns et les autres sont nuisibles aux plantes.

GAZ IRRITANTS. — CHLORE. — Le chlore libre est un produit de l'art. On fait dégager ce gaz pour les usages de l'industrie ou de la médecine. On s'en sert pour blanchir les tissus et la cire, pour opérer la désinfection, et pour traiter certaines maladies.

Lorsque les animaux ne respirent que de petites quantités de chlore, ils éprouvent des irritations dans les voies aériennes qui se dissipent facilement si l'action du gaz irritant a été de courte durée ; mais s'ils le respirent long-temps, ils sont atteints de toux violentes, d'inflammations, qui passent souvent à l'état chronique, produisent la phthisie et se terminent par la mort. Si le chlore est introduit dans les bronches en grande quantité, il occasionne des irritations très intenses, des toux suffocantes, de grandes douleurs, et une mort très prompte.

Il faut ne laisser que le moins de temps possible les animaux exposés à l'action du chlore ; on doit établir dans les blanchisseries des courants d'air qui entraînent, hors de ces établissements, toutes les particules délétères qui s'échappent des cuves et des appareils. Le gaz ammoniac a bien la propriété de neutraliser le chlore en se combinant avec lui; mais ce moyen ne peut pas être usité en grand, à cause du prix élevé de cet alcali et de l'action qu'il exerce lui-même sur les êtres organisés.

Si on emploie le chlore pour désinfecter des étables, il ne faut remettre les animaux dans les lieux désinfectés qu'après avoir laissé les portes, les fenêtres, ouvertes assez longtemps pour renouveler complétement l'air.

Dissous dans l'eau à petites doses, le chlore hâte la germination de certaines graines; mais répandu dans l'air, même en faible quantité, il fait mourir les plantes.

ACIDE CHLORHYDRIQUE. — Cet acide est produit en grande quantité dans quelques fabriques de produits chimiques; il se présente sous forme de gaz soluble dans l'eau, d'une odeur très forte, et d'une saveur fortement irritante.

Il agit sur les animaux comme le chlore, et il est très nuisible à la végétation. On ne trouve jamais de plantes dans les environs des fabriques où on le prépare. L'aérage est encore le seul moyen qu'on puisse employer utilement contre cet acide.

ACIDE SULFUREUX ET ACIDE NITREUX. — Avant la découverte du chlore, l'acide sulfureux était seul employé pour blanchir les tissus. Ce corps est gazeux, blanchâtre, d'une odeur suffocante. C'est lui qui se dégage lorsqu'on brûle du soufre. Il produit sur les organes de la respiration, des maladies qui varient par leur intensité, depuis la plus légère irritation jusqu'à la phlegmasie la plus intense.

L'acide nitreux, ou gaz rutilant, est un corps gazeux, rougeâtre et d'une odeur suffocante, qui se dégage toutes les fois qu'on fait agir l'acide nitrique sur un corps combustible; les ouvriers qui emploient ce dernier acide pour décaper les métaux, pour polir le cuivre, en produisent et en souffrent fréquemment.

L'acide nitreux, respiré en assez grande quantité, occasionne des phlegmasies très graves, la suffocation, et même la mort. A petites doses, il détermine une sensation fort désagréable et la toux. La phthisie peut être la conséquence de l'action souvent renouvelée de l'acide nitreux.

On prévient les accidents causés par ces gaz au moyen de l'aérage, et l'on en neutralise les effets par l'emploi des anti-phlogistiques.

Le GAZ AMMONIAC, encore appelé ALCALI VOLATIL, se produit toutes les fois que des substances azotées entrent en fermentation.

C'est lui qui se dégage dans les fosses d'aisances, dans les berge-ries d'où l'on n'enlève le fumier qu'à de longs intervalles : il se reconnaît, à son odeur piquante, urineuse, à son action sur les yeux, et à l'écoulement de larmes qu'il occasionne.

Ce gaz irrite les organes respiratoires et donne aux membranes muqueuses une teinte rose. Son action continuée produit des ophthalmies, des angines, des bronchites ; une inspiration un peu forte occasionne seulement une sensation très désagréable ; mais, introduit en grande quantité dans les bronches, il donne lieu, en peu de temps, à la suffocation et à la mort.

Pour prévenir les effets de l'ammoniaque, il faut nettoyer les lieux où ce gaz se produit, en enlever toutes les matières azotées susceptibles de fermenter ; si l'on ne peut pas en prévenir la formation, il faut renouveler sans cesse l'air de ces lieux et y répandre du chlorure de chaux.

Le gaz ammoniac se forme aussi dans l'atmosphère pendant les orages sous l'influence de l'électricité ; il s'en élève constam-ment de la surface de la terre à l'état libre ou de combinaison. L'air en renferme toujours, et en plus grande quantité dans les villes que dans les contrées isolées.

Celui qui est répandu dans l'espace s'y trouve en quantité très minime et n'est jamais malfaisant ; il est entraîné dans le sol par l'air et la pluie ; il fertilise la terre.

GAZ STUPÉFIANTS. — Tous les gaz compris sous cette dé-signation se ressemblent par la faculté qu'ils ont de déterminer la mort, lors même qu'ils ne sont pas absorbés en assez grande quantité pour asphyxier, ni pour produire une grande inflamma-tion.

HYDROGÈNE SULFURÉ, ACIDE SULFHYDRIQUE ; SULFHYDRATE D'AMMONIAQUE. — Ces gaz sont connus des vidangeurs sous le nom de *plomb*, à cause de la promptitude avec laquelle ils occa-sionnent la mort.

Ils se produisent dans les fosses d'aisances, dans les égouts et dans tous les endroits où se putréfient des substances renfermant du soufre et de l'azote.

M. Savi a trouvé du gaz sulfhydrique dans les émanations des marais, en Toscane. Selon cet auteur, ce gaz résulte de la dé-composition, par des matières organiques, des sulfates contenus dans les eaux et dans la terre ; M. Daniel (*Philosophical Ma-gazine*) attribue la production de l'hydrogène sulfuré qu'on trouve sur les côtes d'Afrique, à l'action des matières végétales sur les sulfates des eaux de la mer.

L'hydrogène sulfuré est quelquefois le résultat d'opérations chimiques ou industrielles. On le reconnaît toujours à une odeur qui rappelle celle des œufs pourris.

Le résidu des savonneries, dit *marc de soude*, est nuisible aux animaux à cause de l'acide sulfhydrique qu'il dégage; dans le mois d'août 1840, on a vu périr dix-sept poulets qui étaient restés logés pendant quarante-huit heures dans un poulailler placé à 5 mètres de distance d'un tas de résidu de savonnerie (*Annales provençales d'Agriculture*).

Ces gaz sont très délétères : quelques centièmes dans l'air suffisent pour occasionner la mort en très peu de temps; les animaux qui les respirent en grande quantité tombent comme frappés par la foudre.

Aérer les lieux où ils se dégagent, déplacer les substances qui se décomposent, sont les moyens qu'on doit employer contre ces gaz. Si des animaux ont été incommodés par leur action, il faut les mettre à l'air, leur faire respirer du chlore.

HYDROGÈNE PHOSPHORÉ, HYDROGÈNE ARSÉNIÉ. — Nous mentionnerons très-brièvement l'hydrogène arsénié, gaz excessivement dangereux, qu'on prépare dans les laboratoires de chimie; l'hydrogène phosphoré, produit de l'art, mais qui se dégage aussi de certains terrains où se trouvent des matières animales en putréfaction. C'est ce dernier gaz qui constitue les *feux follets* qu'on voit dans les cimetières.

§ 2. *Altérations de l'air produites par des liquides et par des corps pulvérulents.*

Parmi ces altérations, les unes agissent mécaniquement comme les corps inertes, et les autres modifient la vitalité des organes.

I. Substances qui agissent mécaniquement.

Il y a fréquemment dans l'air des substances pulvérulentes plus ou moins fines, qui y sont maintenues par leur légèreté spécifique, par l'action du vent qui les déplace, ou par l'effet d'une force qui les projette d'un lieu dans un autre. Parmi ces substances, nous trouvons la *poussière* fine des routes, celle des pierres qu'on taille, des murs qu'on démolit, le sable, les graviers déplacés par les vents, le poussier du charbon, la poussière répandue dans les greniers, dans les amidonneries, dans les filatures, etc. Ces corps, introduits dans les voies aériennes, s'y déposent sur les membranes muqueuses, tendent à les irriter et à produire la toux : lorsqu'ils sont très fins, ils sont moins dangereux ; mais un peu gros, surtout s'ils sont anguleux, ils déterminent des coryzas, des bronchites et des ophthalmies. On a eu maintes fois occasion d'observer les effets de la poussière sur l'organe de la vue du cheval, pendant les diverses campagnes faites par la cavalerie française dans les pays chauds, couverts de sable.

Les jeunes chevaux qui voyagent pour la première fois sont souvent indisposés ; la poussière des routes concourt, avec d'autres causes de maladie, avec la fatigue, le changement de régime..., à déterminer les bronchites, les gourmes, dont ils sont fréquemment atteints.

Les corps répandus dans l'air peuvent se fixer sur la peau, et occasionner des démangeaisons, des maladies cutanées ; déposés sur l'herbe, ils usent les dents des animaux, et introduits dans les voies digestives, ils en irritent la surface, concourent à produire a pourriture, et à former des calculs intestinaux.

On peut diminuer les effets des causes morbifiques que nous signalons, en lavant souvent les yeux et le nez des animaux qu'on est obligé de laisser exposés à la poussière ; en les pansant avec beaucoup de soin, en les faisant aller, autant que possible, dans le sens du vent. Si plusieurs animaux marchent ensemble, il faut les placer de manière que les uns ne reçoivent pas la poussière soulevée par les autres, et, dans tous les cas, mettre du côté d'où vient le vent, les plus faibles et les plus impressionnables. Ces précautions sont surtout nécessaires pour les animaux qui ont toujours vécu dans des pâturages ou dans des écuries. Après les vents secs, il ne faut conduire les troupeaux, du moins ceux de bêtes à laine, dans les pâturages qui bordent les chemins, que lorsque la pluie a lavé les plantes.

II. Substances qui modifient l'organisme.

MÉTAUX. — Les métaux à l'état de pureté, sont sans action sur l'économie animale. Même ceux qui, comme l'arsenic, le mercure, le cuivre, forment les composés les plus vénéneux, pourraient être mis impunément en contact avec les surfaces vivantes, si l'on pouvait les conserver à l'état métallique ; mais tous s'altèrent, passent à l'état de sel ou d'oxyde avec une facilité plus ou moins grande, et presque tous agissent ensuite sur les animaux comme sur les plantes, à la manière des poisons.

MERCURE. — Le mercure, abandonné à lui-même, se volatilise à toutes les températures : il se répand dans l'air, et l'on en trouve dans toute la capacité des vases et des appartements où on le lient ; mais l'évaporation est plus rapide quand on le chauffe et quand on le déplace. Les animaux qui respirent de l'air imprégné de vapeurs mercurielles ne tardent pas à être incommodés ; ceux qui habitent dans les ateliers des doreurs et des étameurs de glaces, dont l'atmosphère contient presque toujours du mercure, y contractent fréquemment des convulsions, des tremblements, qui peuvent entraîner le marasme et la mort.

PLOMB. — Le plomb, quoique très lourd et très fixe, se répand dans l'espace à l'état pulvérulent, lorsqu'on le travaille pour en faire des balles, du plomb de chasse, et des lames. Les composés de ce métal, le *minium*, la *litharge*, les *acétates*, la *céruse*, le *jaune de Naples*, se répandent toujours dans les endroits où l'on prépare ces substances, et dans ceux où on les emploie : ces corps produisent des douleurs intestinales, des coliques connues sous le nom de coliques des peintres. On a remarqué ces accidents sur des chevaux employés à tourner les manéges où l'on pulvérise les préparations saturnines. M. Trousseau a vu le cornage produit sur les chevaux par le minium, dans une fabrique où l'on préparait ce corps. La respiration était bruyante, et elle devenait de plus en plus difficile : on était obligé de pratiquer la trachéotomie ; mais après cette opération, les accidents disparaissaient, et les animaux pouvaient continuer leur service.

Dans la fabrique de Tours, où ces faits ont été observés, les hommes contractent la colique des peintres et les chats prennent des convulsions qui les font promptement périr. Les chiens conservés dans l'établissement n'ont jamais donné aucun signe de maladie qui indiquât un effet des émanations du plomb. Les rats des bâtiments où l'on prépare le blanc de céruse ne vivent pas longtemps : ils deviennent paralysés du train postérieur.

CUIVRE. — Tous les composés de cuivre, les *acétates*, le *laiton*, les corpuscules du métal pur, à cause de la facilité avec laquelle ils s'oxydent quand ils sont en contact avec les liqueurs animales, sont dangereux : ils occasionnent fréquemment des accidents dans les ateliers des fondeurs, dans les celliers où l'on prépare le vert-de-gris, dans les boutiques des chaudronniers, etc.

CARACTÈRES D'IMPRIMERIE. — Les particules répandues dans les ateliers des imprimeurs par les caractères d'imprimerie, sont toujours dangereuses à respirer ; elles produisent sur les ouvriers des maladies souvent mortelles. Les animaux exposés à ces émanations contractent des affections nerveuses, des convulsions, et meurent dans le marasme.

ÉTAIN, ZINC. — Comme les métaux que nous venons d'examiner, le zinc, l'étain..., répandent dans l'air, quand on les travaille, des particules qui peuvent nuire aux animaux.

ARSENIC ET SES COMPOSÉS. — L'arsenic se volatilise avec une grande facilité, et forme des composés dont tout le monde connaît les funestes effets. Les environs des établissements où l'on prépare des métaux dont les minerais contiennent de l'arsenic, sont toujours insalubres.

Mentionnons encore l'*acide arsénieux*, les *sulfures d'arsenic*, qui se répandent dans l'air quand on les pulvérise, et qui produisent des accidents promptement mortels; toutefois, la pulvérisation de ces substances est presque toujours faite en petit et par l'homme, de sorte que les animaux en ressentent très rarement l'action.

PHOSPHORE. — Ce corps sert depuis quelques années à plusieurs préparations industrielles. Très volatil, il se répand facilement dans l'espace. On lui a attribué des maladies du système osseux, la carie du maxillaire chez les ouvriers qui travaillent dans les fabriques d'allumettes. Il est souvent mêlé à une certaine quantité d'arsenic auquel il faut peut-être rapporter en partie les cas pathologiques que les médecins ont observés.

SUBSTANCES ORGANIQUES. — Nous mentionnerons dans ce paragraphe, la *poudre de cantharides*, celle d'*euphorbe*, les particules de *résine* et de *tabac*, répandues dans l'air. Toutes ces substances sont très dangereuses : elles irritent d'abord la pituitaire, et produisent des inflammations dans les organes respiratoires. Les *cantharides* agissent spécialement sur les organes génito-urinaires.

III. Précautions hygiéniques.

Il n'y a pas de moyens efficaces pour remédier à l'action des substances délétères introduites dans l'économie animale par les voies aériennes et par la peau. Il faut prévenir les effets de ces causes de maladie, en ne laissant les animaux dans les lieux malsains que le temps rigoureusement nécessaire pour le travail, en établissant des courants d'air qui emportent hors des ateliers, les particules nuisibles à mesure qu'elles sont produites, en changeant la destination des animaux qui, malgré les précautions qu'on peut prendre, présentent des symptômes de maladie. L'albumine, le blanc d'œuf, sont très-efficaces contre les empoisonnements occasionnés par le mercure ou le cuivre introduits dans les voies digestives; mais ces contre-poisons n'exercent aucun effet contre les substances absorbées par les inhalants bronchiques et cutanés. Le camphre peut être utile pour combattre les effets des cantharides.

§ 3. *Altérations de l'air produites par les émanations marécageuses.*

MARAIS. — La vase qui forme le fond des marais renferme beaucoup de substances organiques qui, sous l'influence de la chaleur, se décomposent, entrent en fermentation, et donnent naissance à divers produits dont les uns restent dans la terre ou se dissolvent dans l'eau, et dont les autres se répandent dans l'atmosphère.

On divise les marais, en *marais d'eau douce*, en *marais d'eau salée*, et en *marais mixtes;* en *marais malsains* et en *marais indifférents ;* en *marais des pays froids, marais des pays tempérés,* et *marais des pays chauds;* en *marais verts,* ou prés marécageux, en *marais à bruyère,* et en *marais stériles.*

Les marais des climats chauds sont dangereux toute l'année. Parmi ceux formés par la mer, les uns, connus sous le nom de *marais salants,* creusés par la main de l'homme, sont en général peu nuisibles; mais ceux qui se forment spontanément sont le plus souvent très insalubres, surtout si l'eau salée s'y mêle à l'eau douce, car les débris organiques contenus dans les eaux de la mer, éprouvent une fermentation plus active lorsqu'ils cessent d'être en rapport avec de l'eau salée pure: en Italie, on a assaini des marais formés d'eau douce et d'eau de mer, en empêchant l'eau de mer d'y parvenir.

Les *routoirs,* les *mares,* les *rizières,* les *fossés,* qui contiennent de l'eau une partie de l'année, émettent dans l'atmosphère des substances malfaisantes, et exercent des effets toujours en rapport avec leur étendue, avec la quantité et la nature des matières que l'eau renferme.

Les routoirs sont plus dangereux que les simples mares, que les fossés; le chanvre y laisse des principes qui dégagent, en se décomposant, une odeur infecte et nuisible à la santé.

NATURE DES ÉMANATIONS MARÉCAGEUSES. — Les substances qui s'élèvent des marécages sont peu connues. On sait qu'elles sont formées, en grande partie, de gaz hydrogène protocarboné, quelquefois d'hydrogène sulfuré, de gaz ammoniac, et de vapeur d'eau contenant une matière organique azotée très putrescible.

En regardant l'eau des marais pendant les temps chauds, on aperçoit le dégagement des gaz qui surgissent de la vase, s'élèvent à travers l'eau sous forme de bulles et se répandent dans l'atmosphère. On peut se procurer de ces corps en remuant avec un bâton, la bourbe des marécages et en recueillant sous l'eau dans une cloche renversée, les fluides qui se dégagent.

Pour avoir la vapeur d'eau et la matière organique, on expose dans une atmosphère chargée d'émanations un ballon en verre rempli d'un mélange réfrigérant. Bientôt les vapeurs aqueuses et les substances qu'elles contiennent se condensent sur la surface du ballon ; on les fait ensuite égoutter dans une capsule, et l'on fait évaporer à une très douce température. Le résidu est formé du produit cherché.

De quelle nature est cette matière? Est-ce un acide, un alcali? Sont-ce des animalcules? On l'ignore ; on ignore même si les émanations des eaux salées sont de même nature que celles des eaux douces. Quelle que soit leur composition, les médecins les désignent sous le nom d'*effluves*, mot qui comprend l'ensemble des produits qui se dégagent des lieux humides, des eaux croupies, des étangs, etc.

Origine, dégagement et propagation des effluves.— Il n'est pas possible d'apprécier directement la *production* des effluves ; on peut seulement supposer la promptitude avec laquelle ils sont produits et disséminés, par les effets qu'ils exercent. Or, on a remarqué que leur action dépend de la température ambiante, de l'état hygrométrique de l'air, de la nature des marais, de la situation des lieux, et des mouvements qu'éprouve l'atmosphère.

Des émanations marécageuses se forment toutes les fois que des matières organiques, placées dans un lieu humide, sont exposées à une *température* de 15 à 25, 30°. La chaleur peut être considérée comme la principale cause de la production des effluves ; elle agit en faisant évaporer l'eau des marais et en activant la fermentation putride.

Une infinité de plantes et d'animaux naissent et meurent continuellement dans les eaux stagnantes ; mais si le liquide est en grande quantité, s'il est agité, les matières putrides n'entrent pas en *fermentation*. C'est lorsqu'elles ont été concentrées par l'évaporation de l'eau que la putréfaction s'y développe, et devient d'autant plus active que la nappe d'eau est plus mince et qu'elle est, ainsi que la vase qu'elle recouvre, plus fortement échauffée par le soleil : toutes les émanations produites alors, ne pouvant être dissoutes par le peu de liquide qu'elles traversent, se répandent dans l'espace.

De ce qui précède il résulte que l'insalubrité des marais doit augmenter à mesure que *l'eau diminue* : les effluves ne sont jamais plus abondants ni plus dangereux que lorsque la vase est sèche ; il suffit quelquefois, pour rendre un marais insalubre, de couper les arbres qui l'ombragent et le préservent des rayons solaires.

Le *contact de l'air*, nécessaire à toute fermentation, facilite la production des effluves. Les matières organiques se conservent dans les terres fortes sans éprouver aucune altération ; mais elles fermentent et dégagent des gaz insalubres, si on les ramène à la surface du sol. On a vu, à la suite de labours, d'anciens marais à fond argileux, devenir des foyers d'infection.

Une légère humidité suffit souvent pour déterminer la production des émanations morbifiques : les terrains non submergés qui renferment des substances salines et des matières organiques, peuvent en émettre lorsqu'ils sont soumis à des alternatives de pluie et de chaleur. Les Toscans disent alors que la terre *bout* : elle fermente et dégage, entre autres produits, de l'hydrogène carboné et de l'hydrogène sulfuré.

Le *calorique* facilite la *propagation* des effluves, en augmentant la force dissolvante de l'air, et en activant le déplacement de ce fluide : à mesure que les couches inférieures de l'atmosphère sont échauffées, raréfiées par la chaleur, elles dissolvent une plus grande quantité d'émanations et les entraînent dans l'espace ; l'air qui vient occuper la place abandonnée par celui qui s'élève, s'échauffe, se dilate, s'en charge à son tour, et les dissémine ensuite, comme celui qui l'avait précédé sur la surface du marécage.

Les temps froids arrêtent la fermentation putride, diminuent en même temps la force dissolvante de l'air, et s'opposent à l'extension des effluves.

Les marais du Nord, qui ne se dessèchent jamais, ne sont pas insalubres ; ceux des Antilles, de l'Inde, sont pernicieux durant toute l'année ; et dans notre climat, les eaux stagnantes sont sans action pendant l'hiver, le printemps, et cessent d'exercer des ravages en automne, dès l'arrivée des premières gelées.

Pendant les chaleurs du *milieu du jour*, les émanations marécageuses se répandent dans l'atmosphère avec abondance, mais élevées dans les régions supérieures de l'air par les mouvements ascensionnels que le calorique détermine dans ce fluide, elles ne produisent aucun mauvais effet sur les animaux ; tandis que le soir, quand l'air perd avec sa chaleur, sa force dissolvante, elles se rabattent, retombent, et se joignent à celles qui continuent à s'échapper du sol échauffé, et qui ne peuvent pas être élevées par l'air frais de la nuit. C'est donc après le coucher du soleil, que le voisinage des marais est le plus nuisible, surtout en automne, quand les soirées déjà fraîches succèdent à des journées très-chaudes.

Les *pluies abondantes* s'opposent à la propagation des effluves, les rendent moins insalubres, en diminuant la température de l'air et en augmentant l'eau qui recouvre la vase des marais; elles humectent l'atmosphère, affaiblissent sa tendance à dissoudre les vapeurs, et ramènent même à terre les matières insalubres déjà répandues dans l'espace.

Les *montagnes,* les *forêts*, peuvent s'opposer à la propagation des émanations marécageuses en arrêtant les courants d'air. D'après Lancisi, les marais Pontins n'ont exercé de ravages sur la ville de Rome, qu'après la destruction des forêts situées entre ces lieux insalubres et la capitale de la chrétienté. Peut-être les arbres décomposent-ils les effluves pour leur nourriture, et purifient-ils ainsi l'air marécageux qui traverse les bois.

Au fond des *vallons,* sur les collines dominées par des bois, les marais sont plus dangereux que sur les lieux élevés et nus : l'air toujours agité des hautes montagnes dissémine les effluves à mesure qu'ils sont produits.

C'est lorsque *l'air est tranquille,* quand des obstacles s'opposent aux mouvements de l'atmosphère, que le voisinage des marais est malsain; mais pendant le règne des vents, lorsque l'air circule librement sur les marécages, il y a moins de dangers à y conduire le bétail.

Si le temps est calme, les effluves ne se propagent en assez grande quantité pour nuire, qu'à une petite distance du lieu où ils sont produits : ils s'élèvent plus qu'ils ne s'étendent horizontalement. Les lieux élevés, les côteaux dominant les marais, sont, en général, plus insalubres que les plaines également éloignées de ces foyers d'infection.

Si les *mouvements de l'atmosphère* sont *rapides,* impétueux, irréguliers, les effluves sont entraînés, dispersés, disséminés dans tous les sens et rendus inertes ; mais si un vent régulier ne souffle que légèrement, il peut transporter, à de très-grandes distances, et sans les affaiblir, les principes morbifiques élevés des lieux humides. Les effluves des étangs de la Bresse font quelquefois sentir leur influence dans les côteaux du Beaujolais (Bottex).

EFFETS DES ÉMANATIONS MARÉCAGEUSES. — Les effluves agissent

sur la *peau* surtout si elle est humectée par le brouillard, sur les *nerfs*, sur la *membrane muqueuse* des voies respiratoires, et sur la *sanguification*; ils exercent aussi un effet direct sur l'*appareil digestif*, se mêlent au chyle et altèrent le sang.

Sous l'influence des lieux marécageux, les *fonctions organiques* languissent, du moins chez tous les animaux des classes supérieures, la digestion est difficile, le chyle peu réparateur, le sang pauvre, aqueux et la lymphe abondante ; l'assimilation se fait mal et les tissus sont mous et pâles ; les herbivores ne prennent ni muscles ni graisse et semblent formés exclusivement de tissus blancs, albumineux ; ils ont la peau épaisse, rude, les productions cornées très-développées, et la viande fade, peu nutritive. Depuis le desséchement des marais de la Charente, la chair des bœufs de ce pays a un grain plus fin ; elle est plus courte, plus savoureuse, nourrit mieux et se conserve davantage.

Les *fonctions animales* sont peu actives sous l'influence des marais ; la sensibilité est peu développée, les contractions musculaires sont faibles, les mouvements lents, difficiles ; les animaux qui vivent dans les pays à marécages ont une constitution faible, débile ; toutes les causes de maladie les influencent ; ils sont souvent affectés d'enzooties, d'épizooties.

Les *effets pathologiques* des effluves se montrent quelquefois longtemps après que les animaux ont été soumis aux influences marécageuses. On voit même fréquemment des individus exposés longtemps à l'action d'un marais ne devenir malades qu'après avoir quitté le lieu malsain, et présenter cependant des affections analogues à celles qui se développent dans la localité marécageuse.

D'autres fois les effluves agissent presque instantanément. On a vu sous l'équateur, des équipages contracter des maladies pestilentielles, pour avoir fait passer leur vaisseau à côté d'un lieu marécageux.

Il existe une très-grande différence entre les effets des émanations marécageuses. Celles des marais indifférents, de nos marais en hiver, comme celles des rivières et des lacs, ne déterminent que des *rhumatismes*, des *bronchites*, etc. ; celles des marais en partie desséchés par le soleil, occasionnent des *hydropisies*, la *pourriture* et *des lésions organiques du foie*; en automne, lorsque les émanations sont plus abondantes, que les animaux ne reçoivent que des fourrages irritants, que les boissons sont rares et malsaines ; les marais déterminent des maladies charbonneuses et impriment un *caractère adynamique* aux affections de l'estomac, des reins, du poumon.

L'influence des effluves varie *selon les animaux*. Continuelle-ment courbés vers la terre, les quadrupèdes en ressentent beau-coup l'influence pernicieuse; ils les inspirent et les avalent avec l'herbe qu'ils broutent. Vic-d'Azir a vu les eaux stagnantes pro-duire sur l'homme des fièvres, et sur le bétail des affections charbonneuses. Lancisi, Bailly, ont observé que dans les pays où l'espèce humaine contracte des fièvres intermittentes, les animaux sont atteints de maladies organiques dans les viscères de l'abdomen. M. Malingié a même fait la remarque que les agneaux élevés en plein air dans la Sologne, deviennent ma-lades au moment où les fièvres attaquent l'homme, et que le mal de ce dernier présente dans son intensité les mêmes phases que celui des bêtes à laine.

Les marais sont plus nuisibles aux *ruminants* qu'aux autres herbivores; ils donnent au *mouton* la pourriture, et au *bœuf* le charbon, des affections de poitrine.

Le *porc*, le *buffle*, les *oiseaux aquatiques* sont, parmi les ani-maux domestiques, ceux qui résistent le mieux aux effluves.

Quelques *poissons* ne peuvent vivre que dans les eaux vives; mais ceux qui supportent le mieux l'influence des eaux stagnantes sont malades, prennent des chairs molles, fades, et de mauvais goût, lorsque le liquide diminuant, se charge de principes nui-sibles.

Les *animaux non acclimatés*, ceux qui n'ont pas été encore habitués aux effluves, ceux qui ont été mal nourris pendant l'hi-ver, ceux qui pressés par la faim ont les vaisseaux absorbants très actifs, souffrent plus de l'influence des marais que ceux qui se trouvent dans des conditions opposées.

Il ne faut pas perdre de vue l'action des *fourrages* : les efflu-ves agissent ordinairement sur des animaux nourris de plantes li-gneuses, insapides, peu riches en principes alibiles et souvent cou-vertes de vase; il est bien difficile dans la plupart des cas, de distinguer les effets de l'atmosphère de ceux des aliments.

Toutes les *plantes* ne craignent pas également les environs des eaux vaseuses. Les céréales en souffrent beaucoup : les effluves rendent les grains petits, maigres, et font rouiller la paille.

PRÉSERVATIFS. — Il est inutile de recommander d'*assainir* les marais, de les combler, de les dessécher lorsque cela est pos-sible. Mais on ne doit pas tenter le dessèchement si l'on ne croit pas pouvoir l'effectuer d'une manière complète. Plutôt que de dimi-nuer l'eau, il vaudrait mieux dans ce cas, au moyen de chaussées, transformer le marécage en étang.

On a constamment remarqué que les diverses maladies que nous avons attribuées aux effluves ont disparu après l'assainissement des pays où on les observait et que, en général, les dessèchements sont aussi favorables aux récoltes qu'aux animaux.

Si l'on ne peut pas prévenir la formation des effluves, il faudra donner aux *animaux* une nourriture tonique, excitante, faire usage de sel et de couvertures : ces précautions sont utiles surtout pour les bestiaux qui labourent le sol des étangs et pour ceux qui ont été nouvellement introduits dans le pays. Les *habitations* doivent toujours être hors de l'influence des marécages; si l'on construit des étables près des lieux humides, on aura égard à la direction des vents, et lors même que les constructions seraient éloignées des foyers d'infection au-delà de la distance ordinairement parcourue par les effluves, il sera prudent de ne pas faire les ouvertures de ce côté.

On ne doit conduire les troupeaux dans les *pâturages* qui avoisinent des marais que lorsque le vent et le soleil ont dissipé la rosée; le soir il faut les ramener de suite après le coucher du soleil. Le bétail ne doit y aller qu'après avoir reçu une ration au râtelier ou avoir déjà pâturé dans un lieu sain, car chez les individus à jeun l'absorption est plus active et la force de résistance moindre. Il ne faut pas laisser reposer les animaux près des terres vaseuses, surtout le soir, et principalement s'ils ont travaillé pendant le jour.

Les *végétaux*, en arrêtant les rayons du soleil, en absorbant les effluves, en décomposant les gaz malsains, et en émettant de l'oxygène, assainissent les environs des marais. Des arbres rapprochés en lignes agissent en outre favorablement en activant les mouvements ascensionnels de l'air, en dirigeant les vents les plus fréquents sur les lieux insalubres, et en facilitant ainsi la ventilation et la dispersion des émanations délétères dans l'espace. Les lignes d'arbres doivent être disposées de manière à détourner des habitations les vents insalubres et à diriger sur les marais tous les courants d'air en général. Les plantes herbacées peuvent même être utiles : on cite en Lombardie des contrées préservées des émanations marécageuses par des champs de maïs. Les grosses fèves, qui réussissent très bien dans les marécages, peuvent aussi contribuer à les assainir.

D'autres fois il peut être utile d'arracher des arbres qui nuisent à la ventilation : on cite des marais qui ont été assainis dans des bois par des coupes faites de manière à donner passage à certains courants d'air.

§ 4. *Altérations de l'air produites par des substances animales.*

Les émanations animales qui altèrent l'air, proviennent de substances mortes, ou du corps des animaux vivants. Nous appellerons les premières émanations putrides et les autres miasmes.

I. Émanations putrides.

NATURE, ORIGINE, PROPAGATION.—Ce sont des matières provenant de substances animales privées de vie et en état de décomposition. D'après diverses analyses, elles sont formées de vapeur d'eau, de gaz ammoniac, d'acide sulfhydrique, de sulfhydrate d'ammoniaque et d'une substance organique qui se putréfie facilement.

Ces émanations sont abondantes dans les fosses d'aisances, aux environs des voiries, des tueries, des boyauderies, des fonderies de suif, des fabriques de colle, et des égouts où l'on jette les débris des cuisines, les balayures ; enfin dans les endroits où l'on a enfoui, à une petite profondeur , des animaux morts : ces dernières localités deviennent très dangereuses, si l'on déterre les cadavres avant la destruction complète des parties molles.

Un air chaud, humide, stagnant, est favorable à la décomposition des matières organiques, et à la propagation des fluides qui en émanent ; il s'imprègne d'émanations putrides, et semble agir ensuite comme un levain qui hâte la fermentation des substances non encore altérées. Le froid arrête la putréfaction ou s'oppose à l'expansion, dans l'atmosphère, des produits qui se dégagent des corps en décomposition. Un temps sec absorbe l'humidité des substances animales, les dessèche, et leur fait perdre la propriété de se putréfier. L'entassement de beaucoup de matières animales est très insalubre ; le mouvement de fermentation qui s'établit au centre, en élève la température, et rend les réactions chimiques très actives.

EFFETS. — Les émanations n'exercent pas toujours des effets en rapport avec l'impression qu'elles font sur nos sens. Les triperies et les fabriques de chandelles, répandent une odeur très infecte, et cependant ne produisent pas toujours des maladies ; tandis que d'autres lieux, où la pituitaire ressent à peine la présence de matières odorantes, sont très insalubres. Les herbivores, dit M. Grognier, résistent moins que l'homme aux émanations animales ; les chevaux, les bœufs surtout, plongés dans une atmosphère putride mangent peu, maigrissent ; leur poitrine s'altère ; ils sont disposés aux maladies adynamiques, charbonneuses.

Pour PRÉVENIR ces accidents, il faut désinfecter les égouts, y faire passer des courants d'eau qui entraînent et disséminent les matières susceptibles de se décomposer; enfouir profondément les cadavres des animaux, ou mieux les transformer de suite après la mort en produits chimiques, ou les employer comme engrais, en les découpant en petites parties qu'on enterre séparément. Il faut placer les voiries et les fonderies de suif, dans des lieux élevés et isolés de tout ce qui peut s'opposer aux courants de l'atmosphère, tenir ces établissements bien propres, et bien disposer les ouvertures pour faciliter l'aérage.

Les émanations putrides sont favorables aux *plantes* qui les absorbent, et purifient ainsi l'air altéré par la putréfaction.

II. Miasmes.

Tous les animaux exhalent continuellement des principes qui se répandent dans l'espace à l'état gazéiforme, le plus souvent invisible. Ces principes, toujours plus ou moins insalubres, exercent sur la santé une influence qui varie selon leur quantité et l'état des êtres dont ils proviennent.

ORIGINE, NATURE DES MIASMES. — Fournis par le corps des animaux vivants, sains ou malades, les miasmes *proviennent* de la transpiration cutanée, de la perspiration pulmonaire, des sécrétions et des exutoires.

L'air chaud et humide, les grands rassemblements d'animaux, sont favorables à leur développement et à leur propagation.

Leur *nature* est très-peu connue. Ce sont des matières organiques en dissolution dans la vapeur d'eau ; on les a recueillies en plaçant dans une salle d'hôpital, un ballon renfermant un mélange réfrigérant. L'humidité déposée sur les parois du vase a laissé, en s'évaporant, une substance gélatineuse douée d'une grande tendance à se putréfier.

Les miasmes se répandent dans l'air à l'aide de l'humidité. On a remarqué que toutes les circonstances qui favorisent la concentration et la production de vapeurs, dans un lieu limité, déterminent la formation de molécules infectes, et en augmentent la force. La chaleur assez intense pour dessécher les corps organiques, arrêterait la production des miasmes ; mais alors elle serait assez forte pour nuire à la santé des animaux : on ne la remarque jamais dans les étables ; donc on peut dire que plus la température d'un lieu est élevée, plus elle est favorable à l'infection. L'humidité, l'air calme, la malpropreté, l'entassement de matières susceptibles de s'échauffer, de se décomposer, accélèrent toujours l'action des émanations malfaisantes.

EFFETS. — Les émanations miasmatiques s'introduisent dans les animaux par les voies respiratoires, par la peau, ou par les voies digestives avec la nourriture.

De quelque manière qu'elles aient pénétré dans le corps, elles se mêlent au sang, sont charriées dans toute l'économie animale, et donnent ordinairement naissance à des maladies aiguës, graves, qui se ressemblent par la tendance qu'elles ont à devenir atoniques, adynamiques, putrides; cependant leurs effets varient en raison de leur quantité, de la disposition des individus sur lesquels elles agissent, et selon l'état de ceux dont elles s'échappent.

L'influence des miasmes est relative à leur concentration. Toutes les fois que des animaux sont renfermés dans un lieu étroit, non aéré, l'affection des malades qui s'y trouvent devient plus grave. Les bestiaux qui ont été habitués insensiblement à l'action des principes délétères, en souffrent moins que les autres; les animaux qui font de longs voyages, contractent constamment des maladies graves, s'ils sont surmenés et si, en route, ils ne sont pas bien nourris et bien logés. Ainsi s'expliquent les fréquentes épizooties qu'on observe sur les troupeaux d'approvisionnement qui suivent les armées. Enfin, les sujets déjà malades sont ceux qui ressentent le plus fortement les effets des miasmes.

Les miasmes qui proviennent des animaux malades sont d'ordinaire plus concentrés, en raison des exhalaisons abondantes que fournissent les exutoires et les excrétions souvent fluides et fétides rendues par ces animaux. Ces miasmes sont plus nuisibles que ceux fournis par des bêtes en santé; ils ne produisent pas des maladies spéciales comme les virus, mais ils aggravent toutes les affections: on voit souvent des inflammations franches, des lésions consécutives au parf, à la castration, et aux autres opérations chirurgicales, qui se termineraient par la résolution et la cicatrisation dans un air pur, prendre un caractère putride, devenir gangréneuses, si les animaux sont logés dans un local où se trouvent d'autres malades.

On cherchera à PRÉVENIR les effets des miasmes, en arrêtant leur formation, en les dispersant ou les détruisant (v. désinfection) et en soignant les animaux qui y sont exposés. Comme les miasmes agissent en raison de leur quantité, il faut toujours ne mettre dans une *habitation* qu'un nombre d'animaux, petit relativement à la capacité du local, à la masse d'air que celui-ci renferme, et à l'activité de la ventilation; on doit moins craindre pour les animaux, le froid que l'encombrement dans les étables. Il faut bien nourrir les troupeaux qui *voyagent*, leur faire faire de petites journées, les placer sous des hangars plutôt que dans les locaux étroits, et aussitôt qu'il y a un malade, le séparer des bêtes en santé.

§ 5. *Influence des végétaux sur la salubrité de l'atmosphère.*

Les plantes modifient la COMPOSITION CHIMIQUE de l'atmosphère en émettant des corps liquides et des substances gazeuses.

L'eau qu'elles exhalent renferme des sels et des gommes qui restent sur la plante à l'état solide, à mesure que le liquide se répand dans l'air sous forme de vapeurs. Celles-ci humectent, rafraîchissent l'atmosphère et exercent sur les animaux une influence en général salutaire. En été, quand les arbres sont couverts de verdure et que l'exhalation en est abondante, l'air des forêts dont le sol est sain, est frais et humide. Les plantes ne rendent insalubres que les lieux naturellement chargés d'un excès d'humidité : elles agissent alors en répandant des vapeurs dans l'air, et en conservant, par leur ombre, la fraîcheur de la terre.

Les substances liquides qui n'ont pas l'eau pour base, sont des *huiles essentielles* tenant en dissolution des résines et du camphre. Parmi ces substances, celles qui sont volatiles communiquent à l'air diverses propriétés : elles le rendent odorant, excitant ou narcotique ; mais, à moins que la chaleur n'active l'exhalation des végétaux, et que le calme de l'air ne retienne les émanations près du lieu où elles ont été formées, elles sont rarement en assez grande quantité pour nuire aux animaux. Ce qu'on raconte des effets pernicieux produits par l'ombre de quelques arbres est exagéré : dans tous les cas, on ne trouve point dans nos climats, de plantes dont les exhalations soient assez actives pour communiquer à l'air libre des propriétés si nuisibles ; mais, dans les lieux fermés, les exhalations végétales peuvent produire des maladies graves et même la mort.

Parmi les *substances gazeuses*, se trouvent en grande quantité, l'oxygène et l'acide carbonique. *Pendant le jour*, les végétaux absorbent, comme nous l'avons dit, le dernier de ces gaz, s'en approprient le carbone, et en dégagent l'oxygène. Les plantes vertes absorbent aussi les gaz insalubres qui résultent de la respiration des animaux et de la putréfaction.

Dans l'obscurité, les végétaux, ceux qui sont coupés, mais encore verts comme ceux qui sont sur pied, dégagent de l'acide carbonique. Il est dangereux de passer la nuit dans un appartement qui renferme des plantes fraîches. Les parties végétales qui ont une couleur autre que la verte sont les plus dangereuses et sous ce rapport, les enveloppes florales tiennent le premier rang. Il paraît même que dans certains cas, les fruits peuvent altérer l'air.

Les arbres nuisent à la salubrité de l'atmosphère par l'influence qu'ils exercent sur les PROPRIÉTÉS PHYSIQUES DE L'AIR. L'ombre d'un bosquet ou seulement d'un grand arbre bien touffu, occasionne quelquefois des maladies aux animaux qui, étant en transpiration, vont y chercher un abri contre les ardeurs du soleil. Les végétaux deviennent aussi dans quelques cas, des causes de maladie en s'opposant aux mouvements de l'atmosphère ; il faut alors les élaguer, afin de livrer passage aux rayons du soleil et aux courants d'air.

SECTION II.

Propriétés physiques de l'atmosphère.

Pesant, compressible, élastique, l'air est invisible s'il est en couches minces, et revêt une couleur bleue, appelée *bleu de ciel*, quand il est en masses considérables. La plupart des corps qui en altèrent la composition en diminuent la transparence.

Il agit sur les plantes et sur les animaux par sa pesanteur, par sa température, par son humidité, et par les frottements qu'il opère en se déplaçant.

I. Pesanteur de l'air ; pression atmosphérique.

INTENSITÉ. — Un décimètre cube d'air pèse à la température de 0 sous le 45° de latitude, 1 gramme 2927. On mesure la pression que l'air exerce sur les corps plongés dans son sein au moyen du baromètre. Cette pression au niveau de la mer, élève le mercure dans le vide de 761 millimètres et l'eau de 103 décimètres au-dessus de leur niveau ; elle *diminue* à mesure qu'on s'élève dans l'atmosphère, que la couche d'air devient moins épaisse ; à l'altitude de l'observatoire de Paris, 64 mètres au-dessus du niveau de la mer, elle n'élève le mercure que de 756 millimètres ; sur le Mont-Dore, à une altitude de 1884 mètres, de 600 m. m. ; et sur le Grand Saint-Bernard, à 3670 mètres, elle ne l'élève plus que de 550 m. m. La diminution de pression est dans les lieux peu élevés de 1 millimètre pour 10 mètres d'altitude.

La pression de l'atmosphère éprouve des VARIATIONS que l'on distingue en *horaires* et en *irrégulières*. Elles dépendent du mouvement, de la composition, et de la température de l'air.

Quoique moins marquées que dans les régions tropicales, les variations *horaires* sont dans nos climats, au nombre de quatre : les plus fortes pressions ont lieu à Paris, le matin à 9 heures en été et à 8 heures en hiver, et le soir, à 9 heures en été et à 11 heures en hiver ; les moindres pressions s'observent à 4 heures, le matin et le soir. La pression de midi à une heure, est sensiblement égale à la moyenne des pressions observées à toutes les heures du jour.

Produites par l'action du soleil sur l'atmosphère, les variations horaires ne varient que de 2 à 3 m. m. Elles sont moins intéressantes, au point de vue de l'hygiène, que les variations *irrégulières*. Ces dernières reconnaissent plusieurs causes : les changements de la température atmosphérique, la présence des vapeurs et des vents qui, en déplaçant de grandes masses d'air, font monter le baromètre dans certains pays, pendant qu'ils le font baisser dans d'autres. Ces causes ne sauraient être prévues et produisent des effets considérables : on a vu à Paris, le mercure s'élever à 781 millimètres et descendre à 719, c'est-à-dire s'élever à 25 millimètres au-dessus, et descendre à 37 au-dessous de la hauteur moyenne. Les variations barométriques sont plus fortes en *hiver* qu'en *été*. Ainsi, les deux que nous venons de citer ont eu lieu, l'une en décembre et l'autre en février 1821. On remarque que dans l'Ouest et le Nord de la France, le baromètre baisse pendant le règne des vents du Sud et du Sud-Ouest ; il s'élève quand le vent froid du Nord vient à souffler.

EFFETS. — Sous la pression qu'on remarque au niveau de la mer, tous les corps supportent une couche d'air dont le *poids* est égal à celui d'une colonne d'eau qui aurait pour base la surface de ces corps et pour hauteur 103 décimètres ; de sorte qu'un corps ayant un décimètre de surface, supporte un poids de 103 kilogrammes. Un homme de taille moyenne ayant une surface de 150 décimètres carrés, supporte donc 150 fois 103 kilogrammes, soit 15,450 kilogrammes.

L'air ayant une *élasticité* égale à sa pesanteur, presse les corps plongés dans son sein également sur toute leur surface ; la pression qui s'exerce sur le dos d'un cheval est neutralisée par l'élasticité qui agit sous le ventre ; de même la pression qui a lieu de droite à gauche est balancée par celle qui s'opère de gauche à droite. Les animaux plongés dans l'atmosphère, n'éprouvent donc aucun effet sensible de la pression atmosphérique.

Ce que nous disons de la totalité du corps des animaux s'applique à chacune de ses couches ; car les gaz, l'air, les vapeurs et les liquides renfermés dans les tissus, réagissent contre la pression extérieure et lui font équilibre. Chaque membrane, chaque pellicule du corps, se trouvant ainsi également pressée sur ses deux faces, n'éprouve, dans l'état ordinaire, aucune pression fatiguante. Les êtres organisés tendent toujours à se mettre en rapport de densité avec la pression atmosphérique sous laquelle ils vivent, et lorsque cette pression est constante, ou éprouve des variations très-lentes, le rapport s'établit insensiblement et les animaux jouissent de la plénitude de leurs facultés : ils sont dans de bonnes conditions de santé.

Les êtres vivants ne sont incommodés par *la pression de l'air* que si cette pression *éprouve brusquement de grandes variations*. Quand ils passent sous une *pression plus forte*, ils sont comprimés de dehors en dedans : les personnes qui descendent sous l'eau dans la cloche à plongeur, ressentent aux oreilles des douleurs produites par l'air qui presse sur la face externe de la membrane du tympan ; tandis que les animaux qui sont placés sous la machine pneumatique quand on y fait le vide, et les personnes qui s'élèvent dans des aérostats, n'étant plus suffisamment pressés par l'air atmosphérique, éprouvent des hémorrhagies par les oreilles, le nez, les yeux.

Un fait de même nature se produit quand certains poissons, habitués à vivre à une grande profondeur dans la mer, sont ramenés à la surface. Organisés pour vivre sous une couche d'eau qui représente la pression de plusieurs atmosphères, ils se dilatent tellement quand ils n'ont plus à supporter que la pression ordinaire de l'air, que les intestins sortent par les ouvertures naturelles.

Quand *les diminutions de la pression atmosphérique ont lieu lentement*, les fluides renfermés dans le corps se perdent en partie sous forme de transpiration, leur densité diminue comme celle de l'air extérieur, et les effets de la diminution sont nuls.

L'homme et les animaux peuvent vivre à des hauteurs considérables : à l'hospice du Grand Saint-Bernard, à 2491 mètres, à Puno, ville du Pérou, à 3911 mètres au dessus du niveau des mers. Cependant, ces lieux très-élevés sont peu favorables à l'existence des êtres organisés : les religieux ne peuvent passer que quelques années au Grand Saint-Bernard ; mais les animaux, comme l'homme, jouissent d'une parfaite santé sur les Monts d'Auvergne, sur les contreforts des Alpes et des Pyrénées, à 1,800 à 2,000 mètres d'élévation, dans une atmosphère qui, par sa rareté, occasionnerait les plus graves accidents sur des animaux qui la subiraient immédiatement après la pression qui a lieu au niveau des mers.

Le poids de l'air est sur chaque mètre de surface de :

10,595	kilogrammes pour une pression de 78 centimètres.
10,525	« « de 76 «
10,189	« « de 75 «
9,510	α « de 70 α
8,152	α « de 60 «
6,792	« α de 50 «

De sorte qu'un animal dont la surface du corps représente 2 mètres carrés passe d'une pression de 20,650 kilog. à une pression de 16,304 quand la pression barométrique à laquelle il est soumis passe de 76 à 60 cent., comme cela a lieu pour un animal qui va des plaines de la Charente sur les Monts d'Auvergne. Dans la première de ces localités, il supporterait 4,346 kilog. de plus que dans la seconde.

Les bestiaux qui sont conduits tous les ans des herbages du Cantal dans les prairies des bords de l'Océan éprouvent un changement inverse : ils passent d'une pression de 16,304 kilog. à une pression de 20,650.

Généralement, ces changements quoique si considérables, sont sans effet appréciable parce qu'ils s'opèrent graduellement, à mesure que les animaux s'élèvent sur la montagne ou descendent vers la plaine.

Nous *perdons dans l'air,* comme dans l'eau, une partie de notre poids égale au poids de l'air que nous déplaçons ; en outre ce fluide contribue à maintenir notre corps dressé ; il presse nos organes les uns contre les autres, de sorte que quand sa pression diminue, notre corps perdant moins de son poids et étant moins soutenu tend à se laisser aller ; alors l'air nous paraît lourd : il faut faire de plus grands efforts musculaires pour nous soutenir. C'est ainsi qu'il y a dans l'eau des plantes, des poissons, qui tombent comme des masses informes quand ils sont transportés dans l'air : l'effet qu'éprouvent les animaux en passant sous des pressions atmosphériques moindres est de même nature, mais moins sensible parcequ'il y a, entre l'air plus dense et l'air plus léger, moins de différence qu'entre l'eau et l'air ; et parceque les organes des animaux terrestres, les os, sont plus résistants que ceux des espèces aquatiques dont nous venons de parler.

Pour expliquer les effets variés qui se font observer quand on s'élève sur de *hautes montagnes*, il faut tenir compte, et de la diminution de pression, et de l'influence très grande que l'air raréfié exerce sur les phénomènes chimiques de la respiration.

A mesure qu'on s'élève sur les montagnes, la *respiration et la circulation s'accélèrent :* on se sent plus ou moins oppressé. Ces effets résultent sans doute de la fatigue ; mais ils sont produits aussi en partie par la rareté de l'air et par la quantité moindre d'oxygène qui, à chaque inspiration, est introduite dans les cavités pulmonaires. Cette quantité étant peu considérable, il faut que les inspirations soient plus fréquentes pour opérer la transformation du sang veineux en sang artériel et pour remplacer la *chaleur* qui se perd si rapidement sur les montagnes, et par les courants d'air, et par le rayonnement. On sait que l'appétit augmente sur les lieux élevés, que cependant les animaux n'y prennent pas un très grand développement : la respiration y enlève une plus grande quantité de carbone et d'hydrogène, que dans les lieux bas.

On explique la *bonne santé* dont jouissent les animaux sur les montagnes, malgré le peu de densité de l'atmosphère, par la pureté et la fraîcheur plus grandes de l'air qu'ils respirent, par l'exercice qu'ils prennent, et par les aliments meilleurs, les plantes plus sapides, dont ils se nourrissent.

Quoique moins étendues, *les diminutions de pression* qui ont lieu *dans chaque localité* sont souvent assez brusques et assez grandes pour déterminer la dilatation des liqueurs, favoriser les hémorrhagies et provoquer même des apoplexies. Ces effets se font remarquer sur les individus faibles, vieux, exténués par la fatigue, et, au printemps surtout, sur les animaux qui ayant été mal nourris en hiver, sont prédisposés aux coups de sang par la nourriture plus abondante de la belle saison ; la dilatation des liquides est produite à la fois, et par la diminution de la pression atmosphérique, et par l'élévation de la température. Il faut, pour *prévenir* les conséquences de ces conditions hygiéniques, nourrir modérément les animaux, ne pas les exténuer de travail, et leur faire éviter les variations brusques de température.

L'augmentation dans la densité de l'air est rarement nuisible aux animaux, parcequ'elle se produit presque toujours graduellement ; d'ailleurs elle est par elle-même favorable à nos organes. Si on ne s'aperçoit pas de l'influence salutaire exercée par la densité plus grande de l'atmosphère, cela provient de ce que nous ne l'éprouvons que dans des lieux bas où les bons effets en sont neutralisés par la stagnation et l'impureté de l'air que nous respirons.

On a cherché à utiliser les bons effets d'un air dense en plaçant les malades atteints de certaines affections organiques dans des réservoirs où l'on comprime l'air au moyen d'une pompe foulante ; mais ce moyen ne produit pas le même effet qu'une augmentation de densité à l'air libre, parce que l'air ne peut être comprimé que dans des lieux clos, où il s'altère rapidement sous l'influence de la respiration.

Utilité du baromètre. — Les variations apportées dans la constitution de l'atmosphère, par les causes qui font varier la colonne barométrique, déterminent souvent des *changements de temps*. Les vents du Nord, du Nord Est, qui font monter le mercure, amènent presque toujours la sécheresse en France ; tandis que ceux du Sud et du Sud-Ouest, qui le font baisser, sont un signe de pluie. A Paris, le beau temps n'est assuré que lorsque le baromètre dépasse 766 millimètres ; la sécheresse est presque toujours de longue durée quand il est à 780 ; tandis que le temps est variable, ou à la pluie, quand le mercure n'est qu'à 758 ou 760. C'est un signe certain de pluie ou de tempête quand il est plus bas.

On apprécie généralement l'utilité des baromètres pour la connaissance du temps. Mais ce qu'on ignore trop souvent, c'est que l'élévation qui correspond au temps sec et au temps pluvieux, varie selon les pays ; chaque cultivateur, après avoir placé son baromètre là où il veut le laisser, doit l'observer et remarquer à quelle hauteur, à quels chiffres, correspondent les divers changements de temps ; il mettra ensuite *l'index* en rapport avec ce que l'observation lui aura appris.

II. Température atmosphérique.

Effets. — L'air tempéré, c'est-à-dire dont la température est de 5 à 15° au dessus de 0 est le plus favorable à la santé des animaux. Sous son influence, les fonctions s'exécutent bien, l'appétit est actif, la digestion régulière, la transpiration assez forte, mais modérée. Les animaux ont un bon poil et présentent, en général, tous les signes de la santé. Mais nous ferons remarquer que la qualification de tempéré n'a rien de fixe : l'air à $+ 8°$, $+ 10°$

qui est tempéré pour un animal sera froid pour un autre ; tandis que celui qui marquera 5°, 6° au-dessous de 0 sera froid pour un animal vieux ou jeune, et seulement frais pour un animal adulte et vigoureux.

Du reste, comme le calorique exerce toujours la même action sur les plantes et sur les animaux, soit qu'il agisse par l'intermédiaire de l'air, soit qu'il agisse directement, c'est au chapitre agents impondérés que nous étudierons les effets de la *chaleur* et ceux du *froid*. En parlant des vents nous dirons que les effets de l'air, par rapport à sa température, sont plus marqués quand l'atmosphère est agitée que lorsqu'elle est en repos. Nous ferons seulement remarquer ici que la température de l'air étant généralement en rapport avec celle du sol et des boissons, elle produit, quand elle est élevée, des effets qui se confondent avec ceux de la poussière, des insectes, et de la rareté des plantes (voyez saisons).

Un cultivateur doit toujours avoir recours au THERMOMÈTRE pour régler la température des celliers, des étables, des magnaneries et des poulaillers ; il doit même s'en servir pour diriger convenablement la fabrication du vin, la panification, la fermentation et la préparation de la nourriture des bestiaux.

III. Humidité de l'atmosphère.

QUANTITÉ DE VAPEUR. — L'air contient une quantité de vapeur d'eau qui varie selon la température. Pour être saturé il lui en faut par mètre cube, 41 grammes 13 à + 35 et seulement 5 grammes 66 à 0. (V. page 235.)

Au point de vue de l'agriculture et de l'hygiène, il faut distinguer la quantité de vapeur répandue dans l'espace de la tendance qu'elle a à se déposer. C'est le matin qu'il y en a le moins, et c'est alors que l'air est plus humide ; tandis qu'à midi, à l'heure où il y en a le plus, il nous paraît plus sec : à la pointe du jour, en raison de la température peu élevée, la vapeur a plus de tendance à se déposer que plus tard quand l'atmosphère a été échauffée par le soleil. Pour la même raison c'est en hiver, que l'humidité de l'air est au maximum, quoique la quantité de vapeur qu'il renferme soit au minimum. De même en hiver, le vent du Sud est plus sec que celui du Nord à cause de sa température élevée, et cependant l'air qui vient des régions méridionales contient plus de vapeur d'eau que celui qui nous arrive du côté du septentrion.

L'air est dit *humide*, quelle que soit la quantité de vapeur d'eau qu'il renferme, quand il l'abandonne facilement aux corps plongés dans son sein; il est *sec* quand il a de la tendance à dessécher ces mêmes corps.

Au point de vue des effets qu'exerce l'humidité sur les plantes et sur les animaux, il n'est pas nécessaire de tenir compte de la quantité de vapeur d'eau que contient l'air, il suffit d'avoir égard à la tendance qu'elle a à se déposer, et c'est ce qu'indiquent l'HYGROMÈTRE à boyau et l'hygromètre à cheveux.

Ces instruments, que l'on trouve communément dans le commerce et qui peuvent faire pressentir les changements de temps, portent un cadran divisé en 100 degrés : 0 correspond à l'air qui ne peut plus céder l'humidité, et 100 à l'air qui en est saturé. L'hygromètre marque en moyenne à l'air libre 72° et, dans les temps très humides, 90° : il ne marque jamais au delà de 95 pour le maximum, ni de 30 pour le minimum. Quand il est à 95, l'air contient les 9/10 de la vapeur nécessaire à sa complète saturation, et quand il est à 30, seulement 1/6.

La quantité absolue d'humidité renfermée dans l'atmosphère est intéressante au point de vue de la météorologie; elle indique, nous le verrons, le poids d'eau que l'air peut fournir, sous forme de pluie ou de rosée, pour un certain refroidissement qu'il éprouve.

EFFETS. — *L'air humide* humecte, ramollit les corps plongés dans son sein; du moins, il dessèche lentement les corps mouillés et dissout mal la transpiration cutanée : les animaux qui y sont exposés suent facilement. L'air humide conduit bien la chaleur et l'électricité; il paraît froid relativement à sa température. Il est, en général, peu favorable à la santé des animaux. Sous son influence, la respiration se fait incomplétement. L'air nous soutient mal; il nous paraît lourd, quoiqu'il presse moins le baromètre que lorsqu'il est sec. Si l'air humide est chaud, il active la végétation.

L'air sec dessèche les corps, excite la transpiration et facilite, surtout s'il est frais, la respiration ; il est favorable à la santé des animaux.

L'air froid et *humide* est nuisible à la santé : il refroidit la peau, arrête la transpiration et occasionne des bronchites, des diarrhées, des rhumatismes, des hydropisies, la pourriture et le farcin. Les animaux jeunes, et en général tous ceux qui sont faibles, en souffrent principalement.

Pour *prévenir* et combattre les mauvais effets de cet air, on fait sortir plus rarement les animaux; on a soin de ne pas les laisser reposer à l'air libre, de les pourvoir de couvertures, et de leur donner une nourriture substantielle et tonique, au besoin rendue excitante par l'usage du sel et des condiments stimulants.

SECTION III.

Déplacements de l'atmosphère, vents.

Les vents, ou déplacements des couches d'air qui nous environnent, sont produits par des changements de température, par la réduction en eau de la vapeur contenue dans l'atmosphère, et par le mouvement de rotation de la terre.

On DIVISE les vents d'après la direction de leurs courants en *vents du Sud*, de l'*Est*, du *Nord*, de l'*Ouest;* du *Sud-Est*, du *Sud-Ouest*, du *Nord-Est*... On distingue ainsi seize, trente-deux, et même soixante-quatre directions, dont le groupement forme ce que l'on appelle, *rose des vents*.

Les vents sont encore distingués en *chauds, froids, secs, humides*, selon l'état de l'air qui se déplace ; en *réguliers* ou *irréguliers*, selon qu'ils apparaissent ou non à des époques fixes ; en *modérés, forts, très-forts, violents, impétueux*, selon que l'air parcourt, 2, 5, 15 et 22 mètres par seconde. Dans les ouragans, il parcourt jusqu'à 40, 45 mètres pendant le même espace de temps. Il occasionne alors les plus graves désastres, arrache les arbres, démolit les maisons. Il faut une vitesse de 4 mètres par seconde pour faire marcher les moulins à vent. Le vent est *insensible* si l'air ne parcourt pas plus d'un demi mètre par seconde : ce serait cependant une vitesse assez grande pour renouveler dans une minute l'air d'une étable de 30 mètres de capacité ayant une fenêtre de 1 mètre carré.

Les vents ont des PROPRIÉTÉS différentes selon les pays d'où ils viennent. En général, ceux du Sud et du Sud-Ouest sont chauds, ceux de l'Est et du Nord-Est froids, et les premiers sont chargés de beaucoup plus de vapeur d'eau que les seconds. Mais ces propriétés peuvent être changées par les contrées que les vents traversent. Ainsi dans les environs de Paris, les vents de l'Est et du Sud-Est sont quelquefois plus chauds en été que celui du Sud : ils sont échauffés par les plateaux de la Champagne et de la Bourgogne, tandis que celui du Sud-Ouest est rafraîchi par les vapeurs de l'Océan. En hiver, pendant que le premier est très froid, à cause des montagnes couvertes de neige qu'il a parcourues, celui de l'Ouest, échauffé par la vapeur d'eau qu'il renferme, a une température beaucoup plus douce. A Paris la température des vents du Nord, du Nord-Est est de $+ 1$, $+ 2$, $+ 3$ en hiver et de $+ 28$ en été — différence de 25 à 27 degrés; et celle du vent du Sud et du Sud-Ouest est de $+ 8$ à $+ 10$ en hiver et de $+ 29$ à $+ 26$ en été — différence 19 à 16°. A Alger, même le vent du Sud amène le froid, quand l'Atlas est couvert de neige.

On observe très en grand l'influence que les vents exercent en comparant l'ancien au nouveau continent : l'Europe échauffée par les courants d'air qui lui arrivent des déserts brûlants de l'Afrique et de l'Arabie, cultive la vigne jusqu'à une latitude beaucoup plus élevée que l'Amérique dont les régions tropicales, couvertes d'herbages, de forêts, et de grandes masses d'eau, rafraîchissent, au lieu de l'échauffer, l'air qui s'avance vers le Nord.

En traversant la mer, l'air se charge d'une humidité qu'il abandonne ensuite quand il va se presser contre les sommets refroidis de nos montagnes : c'est après le règne du siroco, en Afrique, qu'on a remarqué les grandes inondations du Rhône.

Pour apprécier l'INFLUENCE HYGIÈNIQUE des vents, il faut avoir égard à leur direction et à leur vitesse. Ils agissent sur les animaux, soit en raison de leur température et de leur état hygrométrique, soit en raison des frottements qu'ils exercent, soit enfin en raison de la composition de l'air en mouvement.

Quant à leur *température* et à leur *état hygrométrique*, les vents produisent les mêmes effets que l'air considéré dans ses caractères thermométriques et dans les propriétés que lui donne l'humidité; mais ces effets sont plus marqués, en raison de la quantité plus considérable de gaz qui est en contact avec le corps des animaux. Ainsi, l'air toujours plus froid que le corps animal, le refroidit beaucoup plus à égale température, quand il est agité, qu'en plein calme : lorsqu'il est en repos, la portion qui entoure cet animal une fois échauffée, ne lui enlève plus de calorique ; au contraire, comme elle conduit mal ce fluide, elle lui forme une enveloppe qui le préserve de l'action réfrigérante des couches voisines. Mais si l'atmosphère est agitée, la peau se trouve en contact avec un air qui renouvelé sans cesse, est toujours également prêt à soutirer sa chaleur. Parry a observé, dans un voyage aux mers glaciales, qu'on supporte plus facilement — 36° quand l'atmosphère est tranquille que — 18° lorsqu'elle est agitée. De même le vent sec dessèche les corps plus rapidement que l'air en repos qui est au même degré hygrométrique.

Les vents du Nord sont souvent nuisibles à la santé : ils peuvent déterminer le lumbago, la paralysie, la métrite, sur les vaches qui viennent de mettre bas, le tétanos sur les chevaux nouvellement châtrés.

Selon M. Rainard, sous l'influence de l'air du Sud, les vaches avortent, et l'avortement est fréquemment suivi de la chute et du renversement de la matrice.

Les vents froids et humides exercent une action très-souvent pernicieuse sur les sujets en sueur. Beaucoup de rhumatismes, de maladies de poitrine, qu'on observe dans les temps chauds, ont pour cause des vents qui descendent des montagnes couvertes de neige, ou du moins très-élevées et très-froides.

Les *frottements* produits par l'air déplacé excitent la peau, déterminent un effet qui se répète sympathiquement sur les organes intérieurs et rend les fonctions vitales plus actives ; mais les vents rapides qui frappent les animaux par devant produisent sur les organes de la respiration un frottement désagréable qui suscite des angines, des bronchites, et même des pneumonies. Ces effets du vent s'observent plus fréquemment quand l'air est chargé de poussière.

Le vent du Sud, d'ordinaire très fort dans le midi de la France et d'une température élevée, nuit souvent à l'agriculture : il renverse les récoltes, fait couler les fleurs et abat les fruits.

Les vents *produisent sur les couches d'air une action* en général très *favorable :* ils enlèvent celles qui ont été altérées par la respiration, la combustion, la putréfaction, et les opérations chimiques, les disséminent dans l'espace et mettent à la place l'air pur des régions élevées ; ils forment sans cesse, de toute l'enveloppe aérienne du globe, un gaz partout semblable, parfaitement sain. Les parties insalubres, dispersées dans la masse générale ne forment que des atomes imperceptibles, si, du reste, elles ne sont pas détruites par la pluie, la gelée et la respiration des plantes. Sans les vents, l'air des marais, des étables, de nos habitations et des villes, corrompu par tant de causes d'altération, serait bientôt impropre à la respiration des animaux, et nous péririons asphyxiés par l'acide carbonique, ou empoisonnés par des corps meurtriers pour nous, et bienfaisants pour les végétaux qui en demeureraient privés.

Ces bons effets des vents se font aussi remarquer dans les campagnes. Il règne très-souvent sur les côteaux des courants d'air descendants qui assainissent les vallées. Leur influence est surtout sensible dans les plaines chaudes et humides peu éloignées des hautes montagnes. Le *mistral* qui, en se précipitant du haut des

Alpes dans les plaines de la Provence, exerce de si grands ravages, contribue puissamment à assainir les marais des Bouches du Rhône, de la Camargue, et rend salubres, même pour le mouton, des contrées où se trouvent cependant de nombreuses causes d'insalubrité.

Les saisons et les lieux où les vents sont le plus rares sont aussi les plus insalubres. L'*air immobile* est aux animaux, dit Tourtelle, ce que l'eau stagnante est aux poissons d'eau vive. Il est même utile que les vents soient irréguliers et très changeants dans leur direction; ceux qui sont constants, *réguliers*, impriment, selon leur nature, aux climats qu'ils traversent une constitution, ou trop chaude, ou trop froide, ou trop sèche, ou trop humide, mais, en tous cas, défavorable à la santé. Hippocrate attribue la salubrité de l'Europe aux grandes variations de direction et d'intensité, qu'éprouvent, dans nos contrées, les courants de l'atmosphère, et l'insalubrité de l'Asie, aux vents constants et modérés qui soufflent sur cette partie du monde.

Il peut arriver que les mouvements de l'air soient *défavorables* à certaines localités: par exemple, quand le vent souffle longtemps du même côté, et quand il charrie des principes insalubres, des germes de maladies contagieuses, des émanations délétères; il occasionne alors des épizooties et des enzooties. Mais ces funestes effets ne se font guère sentir que lorsque les courants de l'air sont peu rapides, qu'ils suivent des collines et des vallées étroites.

Les vents exercent SUR LES PLANTES des effets qu'il importe de ne pas oublier. Ils facilitent la fécondation, en portant la poussière fécondante des fleurs mâles sur les pistils, et, selon leur degré d'humidité, ils donnent de l'eau aux végétaux ou leur en retirent. Le vent du Midi échauffe, dessèche l'*herbe*, et la dispose à éprouver, quand une fois elle est dans l'estomac, la fermentation qui produit les indigestions venteuses.

Dans les contrées maritimes, on PRÉVIENT les effets des vents en entourant les maisons, les cours et les herbages, de buttes de terre sur lesquelles on plante des arbres très rapprochés. Dans la Provence, on fait des rangées serrées de cyprès à l'entour des espaces qu'on veut abriter. Comme les vents se traînent sur la terre, des abris, même peu élevés, protégent de grandes surfaces de terrain. Il suffit d'alterner des sillons de céréales dirigés perpendiculairement au vent dominant, avec des sillons d'autres récoltes, pour abriter ces dernières. C'est par des étais, c'est en coupant les récoltes quelquefois avant leur complète maturité, qu'on prévient les dégâts que les vents occasionnent si souvent sur nos arbres fruitiers et sur nos céréales peu de temps avant la moisson.

C'est surtout en éloignant les animaux des lieux où règnent des vents nuisibles, en plaçant dans des endroits abrités ceux qui ont été échauffés par le travail, en fermant les ouvertures des étables, surtout si les vents qui y arrivent ont traversé des lieux insalubres, qu'on prévient les mauvais effets des courants d'air sur les bestiaux.

Nous avons vu que les vents agissent sur la pression de l'atmosphère, sur la colonne barométrique, ce qui nous explique l'influence qu'ils exercent sur les changements de temps. On sait que les vents de l'Ouest amènent la pluie, ceux du Nord le froid, ceux de l'Est et du Sud-Est la sécheresse.

CHAPITRE IV.

DES AGENTS IMPONDÉRÉS.

§ 1er. *Du calorique.*

PROPRIÉTÉS DU CALORIQUE. — Le calorique est un fluide impondéré, élastique, qui a la propriété de dilater les corps qu'il pénètre, de faire passer les solides à l'état liquide, et les liquides à l'état de vapeur.

Tous les corps, à la même température, ne renferment pas la même quantité de calorique. On appelle *capacité calorique*, la faculté qu'ont les corps d'en absorber une quantité plus ou moins grande pour accuser une certaine température; et l'on donne au calorique absorbé, le nom de *calorique spécifique*.

Tout corps qui change d'état en absorbe ou en dégage : en général, celui qui de liquide devient gazeux, et de solide liquide, en absorbe; et celui qui de vaporeux, devient liquide, ou de liquide solide, en dégage, sans que ni l'un ni l'autre marque une température différente de celle du corps primitif dont il émane. Ainsi, bien que la vapeur absorbe pour se former 550 degrés de calorique, elle n'annonce que 100°, ni plus ni moins que l'eau d'où elle provient ; et bien que, pour devenir liquide, l'eau ait absorbé 77° de chaleur, encore n'indique-t-elle que 0', comme la glace qui l'a fournie.

C'est ce calorique absorbé et dégagé dans la transformation des substances, qu'on appelle *calorique latent, calorique com-*

biné, pour le distinguer de celui qui peut se déplacer, qui est sensible au thermomètre et qu'on appelle *libre* ou *rayonnant.*

Cette propriété d'absorber du calorique en changeant d'état, nous rend raison des effets de la gelée blanche et de la glace. Ces corps, même lorsqu'ils ne sont pas plus froids que l'eau à 0", causent, s'ils sont introduits dans l'estomac, des refroidissements plus considérables, et développent des accidents plus graves que ce liquide : de même une application de glace sur la peau produit un froid beaucoup plus grand que ne ferait une quantité d'eau correspondante, la glace et l'eau seraient-elles à la même température.

Température propre aux êtres organisés. — Les êtres vivants ont toujours une température propre, une quantité de calorique appelée dans les animaux, *chaleur animale,* indépendante jusqu'à un certain point, de celle du milieu dans lequel ils sont plongés.

Les principales *sources* de la chaleur animale sont les phénomènes respiratoires. Ainsi, on voit toujours dans les êtres organisés, la température propre du corps en rapport avec l'étendue et l'activité de la respiration : dans les *oiseaux,* dans les *mammifères,* où cette activité est si remarquable, la chaleur est très-élevée ; tandis qu'elle diffère à peine dans les animaux à respiration incomplète, de celle du milieu qui les environne. Les *plantes,* dont les fonctions respiratoires sont si peu développées, ont à peine une température propre ; elles sont réduites, en général, au calorique apporté par la sève du sein de la terre, et conservé par les couches concentriques qui forment les tiges.

Lorsque, par une cause accidentelle, la *respiration ne s'exécute pas convenablement,* la chaleur vitale diminue : vous observerez ce phénomène dans les êtres les mieux constitués, si les organes pectoraux fonctionnent mal, ou si l'air est altéré et contient moins de 18 ou de 19 %, d'oxygène.

Comment par une respiration continue, les animaux ne s'échauffent-ils pas sans fin ?

Les animaux *perdent* une grande partie de leur chaleur, d'abord par le *rayonnement* et par le *pouvoir conducteur* des organes. Ces deux causes agissent avec une intensité variable, selon la température extérieure ; elles sont beaucoup plus actives lorsque l'air est froid, ce fluide enlevant à la peau et à la membrane muqueuse des voies respiratoires, le calorique nécessaire pour se mettre en équilibre de température avec elles. Les parties grêles, minces, comme les oreilles, la queue, la crête, qui ont beaucoup de surface relativement à leur masse, sont celles qui perdent le plus de chaleur par le contact de l'air, et qui gèlent tout d'abord quand l'animal est exposé à de grands froids.

Pour protéger les êtres vivants contre ces causes de refroidissement, la nature les a pourvus d'enveloppes protectrices accommodées aux climats. Les plantes et les animaux de l'équateur ont l'écorce plus lisse, la peau plus unie, ou la fourrure moins chaude, que les pins et les ours destinés à vivre dans les régions glaciales ; et la mue vient à propos, tous les printemps, pour débarrasser les animaux de leur fourrure épaisse, de leur poil long, à l'approche des chaleurs de l'été.

Les causes de refroidissement que nous venons d'examiner sont communes aux corps morts et aux êtres vivants ; mais ces derniers en possèdent une, *l'évaporation des liquides* exhalés par la peau et par les bronches, qui leur est propre. Cette évaporation est liée à toutes les actions vitales qui développent la chaleur animale, en suit toutes les variations, augmente et diminue comme elles : ainsi la température de l'animal s'élève-t-elle, par suite d'une bonne nourriture, d'une santé robuste, et d'un exercice forcé, la sueur devient abondante, et absorbe, en s'évaporant, l'excès du calorique produit. D'après les expériences de Seguin, un homme perd journellement, dans les temps ordinaires, 2,500 grammes d'eau par la transpiration ; or, si l'on réfléchit à la quantité de calorique que la vapeur absorbe pour se former, on comprendra combien la peau et les bronches doivent être refroidies par l'évaporation de la masse prodigieuse de fluides qu'elles exhalent dans les temps chauds. On démontre directement l'influence de l'évaporation comme cause du refroidissement des animaux : si vous placez dans un four chaud une éponge mouillée et un être vivant, ces corps conservent une température inférieure à celle du milieu dans lequel ils se trouvent ; mais si l'évaporation ne peut pas s'opérer, si l'éponge est sèche, et l'animal dans un bain liquide, ces deux corps s'échauffent également et en proportion de la température qui les entoure. Ces faits nous expliquent pourquoi, dans les temps humides, les animaux ressentent si facilement la chaleur ; pourquoi nous supportons plutôt un bain d'air sec à 50°, qu'un bain d'eau à 35 et pourquoi, dans un air sec, la peau est fraîche, quoique exposée au soleil.

La production du calorique dans les êtres organisés est subordonnée à leurs besoins : lorsqu'ils sont dans un milieu froid, l'air concentré, riche en oxygène, enlève au sang beaucoup de carbone et d'hydrogène et dégage une grande quantité de chaleur; tandis que dans un air chaud, dilaté, l'oxygène, moins abondant, restreint à la fois l'activité de la respiration et de la production du calorique. Ainsi, pour préserver les animaux du froid, il faut plutôt leur procurer un air pur, serait-il un peu froid, et leur fournir une bonne nourriture, que de les laisser dans un espace fermé. Du reste, leur instinct nous indique ce que nous devons faire; car en hiver ils recherchent des aliments substantiels, capables de fournir le carbone et l'hydrogène que nécessite une respiration active; tandis qu'en été ils affectionnent les plantes vertes et aqueuses.

La faculté de produire du calorique est *limitée* dans les êtres organisés : l'animal cesse de vivre quand la température extérieure étant trop basse, il perd plus de calorique qu'il n'en dégage; de même s'il est exposé à une trop forte chaleur, il périt quand l'évaporation ne peut pas absorber tout le calorique développé par le jeu des organes, ou fourni par les corps extérieurs.

Les *chaleurs extrêmes* auxquelles les êtres vivants peuvent résister varient selon les espèces, les habitudes, les âges, et une foule d'autres circonstances. Une grenouille meurt dans un bain de + 25 ou de + 30° de Réaumur. Les sangsues résistent à quelques degrés au-dessous de 0. En 1738, Delisle a observé, à Kirenga, en Sibérie, que l'homme et certains animaux pouvaient résister à un froid de — 70°. On ne supporterait pas longtemps une température qui excéderait la chaleur ordinaire, autant que celle de — 70° surpasse les froids accoutumés. Les plus fortes chaleurs observées, même au Sénégal, sont rarement, à l'ombre, de plus de 40 degrés.

Chaque espèce organisée vit dans un climat qui lui convient, et d'où elle ne peut guère s'écarter. Le genre humain, certains animaux domestiques, et quelques plantes, semblent faire, à cette loi commune, une exception qui n'est qu'apparente, et qui est d'ailleurs fort limitée et fondée uniquement sur des modifications que l'homme a imprimées aux animaux soumis à la domesticité, en formant dans les espèces qu'il veut rendre cosmopolites, des races, des variétés plus rustiques que le type d'où elles dérivent. L'habitude exerce aussi une grande influence sur la faculté qu'ont les animaux de résister aux températures extrêmes.

Effets du calorique. — Le calorique est indispensable à l'existence des êtres organisés. On ne peut pas concevoir la vie sans une chaleur qui entretienne fluides les humeurs dont sont formés les corps vivants. C'est la chaleur qui, avec l'électricité, l'air, et l'humidité, réveille la vie engourdie dans le germe des *plantes* et même des animaux ; c'est elle qui active au printemps la végétation, facilite la décomposition de l'acide carbonique, l'assimilation du carbone et le dégagement de l'oxygène. C'est sous son influence, que les fruits croissent et qu'ils acquièrent leur beauté et leur saveur; c'est dans les sols bien exposés à l'action des rayons du soleil qu'on trouve les aliments les plus savoureux et les plus salubres. Toutefois, les plantes que le calorique frappe trop vivement exhalent beaucoup, et si l'humidité manque aux racines, elles s'épuisent bientôt; les parties molles, les feuilles, les jeunes pousses, se flétrissent, se renversent et se déssèchent.

Il faut aux plantes pour qu'elles parviennent à leur maturité une certaine quantité de chaleur qui varie selon les espèces, et que l'on trouve en multipliant le nombre des jours pendant lesquels dure la végétation, par la température moyenne (à l'ombre) de ces jours. (V. climats agricoles).

Chez les *mammifères* et les *oiseaux*, l'influence de la température est moins marquée que dans les plantes et les insectes ; cependant la chaleur du printemps semble les animer d'une vie nouvelle : c'est seulement alors qu'ils ont la force nécessaire pour se reproduire. Si l'homme et quelques animaux domestiques semblent faire exception à cette loi, c'est parce que nous sommes parvenus, à force d'intelligence et de soins, de ressources particulières, d'abris, de vêtements, et de provisions de vivres, à triompher de l'influence qu'exercent, sur toutes choses, les rigueurs de l'hiver. Et cependant l'action du calorique sur le développement du corps des animaux domestiques, sur la production et la multiplication des races, est encore très puissante.

Les effets de la chaleur sont *subordonnés à l'habitude*. Quoique la température des caves, des grottes profondes, des mines, soit constamment la même ou à-peu-près, l'air de ces lieux nous paraît chaud en hiver, habitués que nous sommes à la basse température de l'atmosphère, tandis qu'il nous semble frais en été, lorsque nos organes se sont accoutumés aux rayons du soleil. Voilà pourquoi l'eau de source paraît froide en hiver et chaude en été.

Dans le gouvernement des animaux, il faut tenir compte de cette influence de l'habitude : l'eau et l'étable qui nous paraissent froides en été, quoique ayant une température qui en hiver occasionnerait une sensation de chaleur, exercent les effets du froid et peuvent donner lieu à des arrêts de transpiration, à des pleurésies, à des entérites, à des avortements, comme le feraient en décembre ou en janvier, l'eau à la glace et l'air à 10 ou à 12 degrés au-dessous de zéro.

La *densité, l'état des corps* chauds ou froids, la propriété qu'ils possèdent d'être plus ou moins bons *conducteurs du calorique*, exercent une grande influence sur les effets de leur température. Les substances denses, et celles qui conduisent bien le calorique, nous semblent plus froides ou plus chaudes que celles qui ont des propriétés différentes. C'est ainsi qu'à la température ordinaire, la laine, la paille, ne paraissent pas aussi froides que les pierres, que les métaux. Dans la pratique, on a souvent occasion de faire des applications de ces principes : dans la construction des étables, il est bien de garnir la face interne des murs avec des nattes de paille ou avec des planches; on doit préférer pour le pavage, aux pierres grandes et épaisses, le bois, les briques, qui sont moins denses et qui conduisent mal le calorique. Une bonne litière en paille fine ou en herbes douces, ne procure pas seulement du bien-être, elle préserve encore du froid, et est indispensable pour les bêtes faibles ou frileuses.

Les *variations* de température sont favorables à la santé, et contribuent à créer les races fortes et propres au travail, mais elles doivent être douces et se produire par degrés insensibles; autrement, si elles sont brusques, elles sont toujours nuisibles : rien, en effet, n'est plus préjudiciable aux animaux que le passage subit de la température chaude et humide des étables, où la peau se couvre de moiteur et se gorge de sang, à l'air humide et froid, à la pluie glaciale de l'hiver. Le froid agit comme un répercussif; il fait porter les humeurs sur les viscères et produit des fluxions et des phlegmasies.

Quand on ne peut pas convenablement préparer la transition, il faut *garantir* les bestiaux, avec des couvertures ou des harnais, au moment où on les expose au froid; mais le meilleur moyen, c'est de ne pas fermer les fenêtres ou du moins de les ouvrir, ainsi que les portes, une demi-heure avant de faire sortir le bétail, afin que celui-ci s'habitue à la température extérieure, et ne passe pas brusquement de celle de l'étable à celle du dehors.

D'une manière générale, il faut neutraliser les effets des grands froids par une bonne nourriture, des couvertures, et l'exercice ou par des abris fermés, mais assez vastes ou convenablement aérés; et des fortes chaleurs, par des aliments substantiels et de facile digestion, par les ombrages, et par le repos ou une sage distribution des heures de travail.

§ 2. *De la lumière.*

L'action de la lumière sur les animaux et sur les plantes se confond souvent avec celle du calorique. Elle produit pourtant des effets qui lui sont propres. Elle exerce sur l'ensemble du corps animal des effets généraux, et sur l'organe de la vue des effets particuliers qu'il est important de connaître.

Sur L'ENSEMBLE DU CORPS, elle agit directement par le contact de ses rayons sur la peau, et indirectement par l'influence qu'elle exerce sur les végétaux.

La lumière est un stimulant pour tous les êtres qui vivent; elle active toutes les fonctions, notamment les nutritions et les sécrétions; elle donne de la consistance aux tissus, de la vigueur aux fibres, de la force aux muscles: sous son impression, se forment des races fortes, agiles, énergiques; tandis que, loin de ses rayons, les animaux deviennent lymphatiques, lents et faibles, les tissus ont de la propension à se gorger de liquides, et l'engraissement est prompt et facile.

C'est surtout sur les *animaux des classes inférieures* que l'action de la lumière est intense. Les vers à soie ne prospèrent bien qu'au grand jour, là où le soleil est rarement voilé d'épais nuages. Les têtards n'éprouvent leur transformation que lorsqu'ils sont convenablement éclairés.

La lumière facilite la production des *matières colorantes* dans les êtres vivants. Les plantes et les animaux qui présentent les couleurs les plus brillantes, les plus variées, vivent sous l'équateur. A Ceylan, les Bedas qui habitent dans les bois sont blancs comme les Européens des régions les plus tempérées, tandis que les habitants des terres déboisées sont cuivrés. *Les plantes* qui, dans nos climats, sont *privées de lumière sont pâles, insipides, inodores,* aqueuses, fades, *peunutritives,* étiolées enfin. Quoique nous donnions à nos serres la température des régions équatoriales, nous ne saurions y produire ces nuances vives, ces arômes suaves, que le long séjour du soleil sur l'horizon des tropiques fait naître dans les plantes de la zône torride. L'herbe qui croît dans les bois, comme celle qui vient dans les vallées étroites des Pyrénées et de la Bretagne, est grêle et mauvaise; les animaux qui vont paître dans ces pâturages recherchent celle des clairières, plus riche en principes amers et odorants, plus alimenteuse que celle des endroits ombragés.

La lumière *nuit* aux animaux irritables, à ceux qui sont atteints de maladies inflammatoires, d'affections nerveuses, du tétanos et du vertige. Elle retarde l'engraissement en augmentant l'activité des fonctions et la déperdition que font les organes. Elle est *favorable* aux animaux jeunes qui ont un tempérament lymphatique, qui souffrent de maladies atoniques ; elle favorise la guérison des affections vermineuses, des hydropisies, et de la pourriture. Les jeunes animaux élevés à la lumière sont robustes, forts, agiles, propres au travail.

La lumière est un STIMULANT SPÉCIAL pour *l'œil*. Elle doit agir sur cet organe avec une certaine mesure dans son intensité et dans sa durée. Elle excite toutes les parties de l'organe de la vision, mais son action se porte tout d'abord sur la rétine, et produit sur cette membrane une excitation qui peut s'étendre à tout l'organe, et déterminer une surabondante sécrétion de larmes, un afflux de sang sur la conjonctive, et sur l'iris : si la *clarté* est *trop vive*, la pupille se resserre, les paupières se ferment, et tous les signes d'une ophthalmie très-intense peuvent se montrer ; si le fluide lumineux est en grande quantité, et exerce une *action trop continue*, il finit par épuiser la sensibilité de cette membrane nerveuse, et en produit la paralysie. La lumière diffuse est beaucoup moins dangereuse que celle qui part directement d'un corps lumineux, et que celle qui est réfléchie par les neiges ou les sables brûlants.

L'obscurité est de temps en temps nécessaire à l'œil ; il faut qu'après une certaine durée d'excitation, cet organe reste sans agir ; mais le repos ne doit avoir qu'une durée limitée. L'*obscurité* trop longtemps *prolongée* fait dilater la pupille, et rend la rétine si sensible que l'œil ne peut plus supporter la lumière ; rien n'est plus nuisible à la vue qu'un jour éclatant succédant à de profondes ténèbres : on a vu la cécité produite par des éclairs au milieu d'une nuit sombre.

Il faudra toujours faire passer les animaux *graduellement* de l'obscurité au grand jour, pour que la pupille se resserre insensiblement, et que la lumière arrive sur la rétine par des gradations ménagées.

Pour *prévenir* les effets de la lumière directe, il faut, si les fenêtres sont en face des animaux, les garnir d'auvents.

§ 3. *De l'électricité.*

On appelle électricité, le fluide impondérable, incoërcible, qui produit les phénomènes électriques. Ce fluide est considéré comme l'une des forces qui contribuent le plus à la production de tous les phénomènes que nous observons.

Il *agit sur toute la matière ;* mais les êtres vivants, soumis à une puissance qui leur est propre, la vie, sont en général moins dépendants de son action que les corps uniquement influencés par les forces générales de la nature ; et parmi les êtres qui jouissent de la vie, on remarque que ceux dont l'organisation est la plus compliquée, les mammifères, en sont moins influencés que les autres.

Les phénomènes électriques qui intéressent surtout le vétérinaire et le cultivateur, sont ceux qui naissent spontanément dans la nature, sous l'influence de l'électricité répandue dans l'atmosphère et dans les nuages qui flottent autour de la terre.

L'air atmosphérique contient à une certaine distance du sol, du fluide électrique libre, *électricité atmosphérique,* mais en quantité variable.

On observe généralement :

Un maximum : — le soir, deux heures après le coucher du soleil.

— le matin, à 6 heures en été, à 8 heures au printemps, à 10 heures en hiver.

Un minimum : — le soir, 2 heures avant le coucher du soleil.

— le matin, au lever du soleil.

L'électricité atmosphérique provient de l'évaporation de l'eau, et des changements d'état qu'elle éprouve dans l'air, des frottements de l'atmosphère contre les nuages, contre les arbres et les rochers, des variations de température dans les diverses couches d'air, de l'état thermométrique de la terre, etc.

EFFETS. — Le fluide électrique exerce une grande influence sur tous les êtres organisés. Une journée orageuse, l'air étant chargé de fluide électrique, active la *germination,* la croissance des plantes et la maturation des fruits, plus que plusieurs jours de temps calme.

A l'approche des orages, l'électricité rend les *animaux* agiles. Les abeilles, les taons, les oiseaux aquatiques, paraissent alors poursuivis comme d'un besoin extraordinaire de mouvement. Dans les animaux supérieurs, cette action, pour être moins marquée, n'en est pas moins sensible ; ceux surtout qui ont été atteints de luxations, de fractures ou de rhumatismes, en ressentent, par des douleurs, la pénible influence ; ceux qui sont bien portants, surexcités et inquiets à l'approche d'un orage, se poursuivent quelquefois, et s'assemblent sans cause connue ; d'autres fois, piqués par les insectes, si importunément actifs dans ces circonstances, ils s'échappent des pâturages et se jettent dans les bois.

Dans l'état ordinaire, le fluide électrique de l'atmosphère, s'il n'est concentré au moyen d'instruments particuliers, détermine à peine des effets sensibles ; mais si des nuages épais parcourent rapidement des espaces où l'air soit sec, mauvais conducteur de l'électricité, ce fluide s'accumule sur les corps qui le produisent. Parmi ces corps, les uns peuvent être électrisés d'une manière positive, les autres d'une manière négative, et s'ils viennent alors à se rencontrer, les charges d'électricité contraire qu'ils portent se combinent et donnent lieu à des éclairs, au tonnerre : on dit que la *foudre* tombe, lorsque des nuages, ainsi électrisés, se déchargent sur des corps placés à la surface de la terre.

Ce terrible phénomène est souvent provoqué par des corps placés sur la terre : tout ce qui attire ou conduit facilement l'électricité, des accidents de terrain, les courants de vapeur, les pointes surtout, le facilite. Il en résulte qu'il se produit inégalement dans les divers pays.

Il arrive plus d'accidents par la foudre dans les pays de montagnes que dans les plaines. Ainsi en France, de 1835 à 1852 il y a eu par la foudre :

2 décès dans l'Eure ;
3 — dans Eure-et-Loir et le Calvados ;
20 — dans le Cantal ;
24 — dans l'Aveyron ;
38 — dans Saône-et-Loire ;
48 — dans le Puy de Dôme.

Le tonnerre est plus souvent fatal aux animaux qu'aux hommes. On l'a rarement vu atteindre plus de 3, 4 ou 5 individus à la fois ; tandis que, assez souvent, il a fait périr 20, 30, 50 têtes de bétail : on rapporte qu'un coup de tonnerre a tué en Amérique 2,000 moutons. Ce dernier fait s'explique par la colonne de vapeur fournie par la respiration d'une grande réunion d'animaux : elle sert de conducteur à l'électricité.

La *foudre*, ou plutôt l'état électrique de l'air pendant les orages, agit à distance, fait tourner le lait et empêche la montée du beurre. Le tonnerre, la frayeur ou la secousse qu'il occasionne, fait avorter les brebis et les vaches, et périr les poussins dans les œufs. Pour prévenir ce dernier accident, les ménagères placent des morceaux de fer dans le nid des couveuses. Le métal agit-il en soutirant l'électricité ?

MOYENS DE GARANTIR LES ANIMAUX DE LA FOUDRE ET D'EN COM
BATTRE LES EFFETS. — Chacun sait que les pointes attirent la
foudre. Sur 107 individus tués par la foudre de 1843 à 1854,
21 l'ont été sous des arbres; mais le lieu de la mort a été rarement signalé, de sorte que M. Boudin estime que de 1,308 personnes mortellement foudroyées de 1835 à 1854, 500 au moins
l'ont été sous des arbres.

De ces observations il résulte : que la première *précaution* à
prendre pour garantir les animaux de la foudre, c'est de ne pas
les abriter sous des arbres pendant les orages, de les éloigner surtout des arbres élevés qui dominent ceux des environs, des meules
de foin et des tas de fumier récent qui dégagent des vapeurs ;
c'est ensuite d'éloigner des étables tout ce qui peut attirer et
conduire l'électricité, comme les girouettes et autres objets métalliques; c'est de fermer pendant les orages les registres des
cheminées d'appel et de ne pas agglomérer les animaux afin
d'éviter la production, sur le même point, de masses de vapeur
qui s'élevant en colonne compacte, conduisent le fluide électrique.

On ne conteste plus l'utilité des paratonnerres ; on sait qu'ils
préservent un espace circulaire dont le diamètre est égal à deux
fois leur longueur, et qu'ils n'entraînent jamais d'accidents quand
ils ont été bien construits.

On avait voulu employer la propriété qu'ont les pointes d'attirer l'électricité pour prévenir la formation de la grêle, et préserver les récoltes de ce fléau. La Société d'agriculture de Lyon
avait fait placer dans ce but des perches sur une certaine surface
du Mont-d'Or Lyonnais. Nous avons vu ces *paragrêles* en herborisant avec le professeur Grognier. Ils ont été trouvés inefficaces.

Si les effets de la foudre ne sont pas immédiatement mortels,
on cherchera à *rappeler à la vie les animaux* qui sont frappés
en les plaçant, libres, sans harnais, dans un bon air et en leur
faisant respirer de l'ammoniaque ou du vinaigre. On a conseillé
comme moyen très efficace, de verser immédiatement sur tout le
corps des animaux mis dans un état de mort apparente par le
tonnerre, de grands seaux d'eau froide, pendant une heure s'il
le faut, jusqu'à ce que les individus foudroyés, hommes ou animaux, donnent des signes de vie. Ce moyen, à ce qu'on rapporte,
est universellement pratiqué aux Etats-Unis avec un grand succès.

L'ÉLECTRICITÉ DÉVELOPPÉE ARTIFICIELLEMENT, produit chez les
êtres qui en reçoivent la décharge des effets très remarquables. Le
galvanisme communique aux muscles des animaux morts la fa

culté de se contracter. On a pu, par un courant électrique, rétablir la circulation, la respiration, dans des individus décapités, et rendre à la tête séparée du tronc certains mouvements des paupières, des lèvres et de la langue. Le fluide électrique agit aussi sur les fonctions organiques; il active la circulation, la respiration, et les sécrétions. La digestion, interceptée par la section du nerf pneumogastrique, peut être rétablie par la puissance d'un courant de ce fluide, qu'on établit en faisant communiquer l'extrémité du nerf coupé avec un des pôles d'une pile, dont l'autre pôle touche déjà à la région épigastrique.

§ 4. De la pesanteur.

C'est l'attraction de notre globe sur les corps terrestres. Elle s'exerce de haut en bas, perpendiculairement à l'horizon, et est d'autant plus forte qu'on se rapproche davantage du centre du globe, de sorte qu'elle est moindre sur les montagnes qu'au niveau de la mer, et moindre en ce dernier lieu qu'au fond des mines. Contrebalancée par la force centrifuge que le mouvement rotatoire de la terre imprime à tous les corps terrestres, elle est plus forte au pôle que sous l'équateur, et tend par conséquent à augmenter à mesure qu'on s'éloigne de la *ligne*.

L'attraction, qui attire tous les corps vers le centre de la terre, produit sur les plantes et sur les animaux, de nombreux phénomènes qui intéressent le vétérinaire et le cultivateur; mais auxquels on fait peu d'attention parce qu'on les observe tous les jours.

Elle est souvent cause de la rupture des arbres, et du versement des récoltes; on ne peut en prévenir les effets qu'en étayant les branches, en enlevant une partie des fruits, quelquefois en faisant tomber la neige.

Dans tous les êtres organisés, la pesanteur lutte plus ou moins contre les forces qui produisent la circulation des fluides nourriciers. Dans les membres des quadrupèdes, elle favorise le cours du sang artériel qui descend, tandis qu'elle tend à retenir en bas le sang veineux. Lorsque les animaux sont vigoureux, la circulation n'en est pas retardée, mais s'ils sont malades, faibles, ou très vieux, le cours du sang se ralentit et les membres s'engorgent : l'engorgement apparaît d'abord vers la partie inférieure.

Sans cesse agissante et toujours avec une intensité égale, la pesanteur ne peut pas être affaiblie. C'est d'une manière indirecte seulement, par une bonne nourriture, par des aliments médiocrement aqueux, et surtout par l'exercice, que nous pouvons prévenir ses effets ou les neutraliser.

Les solides du corps, pendant les mouvements, exécutent des déplacements, éprouvent des pressions, et exercent les uns sur les autres des compressions, d'où résulte l'ascension des fluides qu'ils renferment.

Par une pression convenable, nous pouvons neutraliser les effets de la pesanteur , faire désenfler les membres des animaux et soutenir les organes simplement suspendus : c'est ainsi qu'on peut remettre des organes déplacés, retenir des hernies, soutenir les testicules.....

On combat plus directement l'action de la pesanteur en soustrayant les parties malades à son influence. Il suffit souvent de changer la direction du corps, ou d'une partie du corps, pour soulager les animaux. En relevant le train postérieur des femelles exposées au renversement de la matrice, on prévient ce déplacement ; en tenant relevée une partie fortement tuméfiée, l'on en facilite le dégorgement plus promptement que par l'emploi des agents thérapeutiques.

CHAPITRE V.

DE L'EAU ET DES MÉTÉORES AQUEUX.

§ 1ᵉʳ. *De l'eau; de ses propriétés et de sa composition.*

PROPRIÉTÉS. — L'eau existe dans la nature à l'état libre, ou combinée, mêlée à différents autres corps. Dans ce chapitre, nous avons surtout à indiquer les caractères principaux de celle qui est indépendante de toute union ou de toute combinaison.

Elle se trouve dans la nature à l'état solide, et alors elle constitue la glace ; à l'état de fluide élastique, et alors elle forme la vapeur proprement dite ; enfin, à l'état liquide.

L'eau liquide, à la température de + 4° pèse le litre ou décimètre cube, 1,000 grammes, 770 fois plus que l'air atmosphérique. Si elle se refroidit jusqu'à 0° son volume augmente et son poids diminue. Au dessous de cette température, elle cristallise et forme la glace. Elle augmente également de volume quand elle s'échauffe. A la températuure de 100° et sous la pression barométrique de 76ᶜ· elle entre en ébullition et se réduit en vapeurs. Elle bout à une température moindre quand elle supporte une pression moins forte, comme cela a lieu sur les montagnes.

A la température ordinaire, l'eau s'évapore lentement, mais d'une manière sensible cependant, surtout si l'air avec lequel elle est en contact, est sec.

Pour devenir gazeuse, l'eau augmente de 17 cents fois son volume. Cette dilatation s'opère avec une puissance à laquelle rien ne peut résister, puissance qui s'explique du reste, non seulement par le volume que l'eau acquiert, mais aussi par la chaleur qu'elle absorbe. Et en effet, pour passer à l'état de vapeur, elle absorbe cinq fois et demi autant de chaleur que pour passer de la température de 0, à la température de 100°. Elle abandonne ce calorique quand elle redevient liquide ; la vapeur peut ainsi, en se condensant, porter à l'ébullition cinq fois et demi son poids d'eau.

Enfin, pour passer à l'état de glace, elle perd autant de chaleur que si elle descendait de la température de 77° à celle de 0 ; mais pour redevenir liquide, elle a besoin d'absorber cette même quantité de calorique.

Ces rapports de l'eau avec le calorique, sont très-intéressants au point de vue de l'hygiène. Ils expliquent pourquoi l'eau qui passe de l'état de glace à l'état liquide, et de l'état liquide à l'état de vapeur, refroidit considérablement les corps avec lesquels elle est en contact, et pourquoi elle les échauffe, quand elle repasse de l'état de vapeur à l'état liquide et de l'état liquide à l'état de glace.

Composition. — L'eau est un protoxyde d'hydrogène composé de :

	en poids.	en volume.
Oxygène.	89	1
Hydrogène.	11	2

Mais elle se rencontre très-rarement à l'état de pureté.

D'après leur composition, les eaux sont distinguées en eaux minérales, en eaux de mer, et en eaux douces.

Eaux minérales. — Ces eaux surgissent du sein de la terre. Elles sont ou *sulfureuses,* ou *salines,* ou *acides,* ou *alcalines,* ou *ferrugineuses.* Ces dénominations en indiquent les propriétés. Les unes sont *froides,* les autres *thermales.* Elles exercent une action énergique sur l'économie animale ; quelques-unes ont été employées en vétérinaire avec succès, cependant elles offrent peu d'intérêt à ce point de vue.

Elles agissent diversement sur les plantes. En général, elles sont favorables à la végétation, sinon immédiatement à la sortie de la source, du moins après avoir déposé une partie de leurs principes, et s'être mises en rapport avec la température ambiante.

EAUX DE MER. — Sur nos côtes elles renferment p. 1000 gr.

	Manche.		Océan atlantique.		Méditerranée.	
Chlorure de sodium. . . .	26 gr.	646	26 gr.	600	26 gr.	646
« de magnésie. . . .	5	855	5	134	7	203
Sulfate de magnésie. . . .	6	465	«	«	6	991
Sulfate de chaux.	0	150	«	«	0	150
Carb. de chaux et de magnésie.	0	200	«	«	0	150
Chlorure de calcium. . . .	«	«	1	232	«	«
Sulfate de soude.	«	«	4	660	«	«

Les eaux de la mer, en raison des iodures, des bromures, des chlorures, et des sels divers qu'elles renferment, font pousser des plantes, plantes marines, très-propres à fertiliser les terres. Lorsqu'elles sont mêlées à des eaux douces, elles sont fertilisantes, et les fourrages salés, qui croissent sous leur influence, sont salubres et produisent de l'excellente viande. On utilise, autant que possible, ces mélanges d'eau douce et d'eau salée sur les rivages des fleuves où se font sentir les marées.

Dans nos parages, l'eau de la mer a une température plus uniforme que celle de nos rivières. Cela s'explique, et par la grande profondeur de l'Océan, et par les déplacements que l'eau éprouve dans cet immense réservoir. On attribue à des courants venus des régions équatoriales, la douceur que l'on remarque dans la température des côtes occidentales de notre continent.

En raison de ses propriétés physiques comme de sa composition, l'eau de la mer peut être utilement employée pour faire prendre des bains aux animaux domestiques.

EAUX DOUCES. — Les suivantes renferment par hectolitre :

	Seine.	Loire.	Doubs.	Rhin.	Rhône.	Garonne.	Marne.
Silice.	2,44	4,50	1,59	4,88	2,58	4,01	5,00
Alumine.	0,05	0,71	0,21	0,25	0,39	0,00	
Oxyde de fer.	0,25	0,55	0,50	0,58	0,00	0,51	
Carbonate de chaux. . .	16,55	4.81	19,10	15,56	7,89	6,45	50,10
Carbonate de magnésie. .	0,27	0,61	0,28	0,50	0,49	0,64	12,00
Sulfate de chaux. . . .	2,69	«	«	1,47	4,66	«	2,20
Sulfate de magnésie. . .	«	«	«	«	0,65	«	1,80
Chlorure de sodium. . .	1,25	0,18	0,23	0,20	0,17	0,52	2,00
Carbonate de soude. . .	«	1,46	«	«	«	0,63	«
Sulfate de soude. . . .	«	0,34	0,51	1,35	0,74	0,55	«
« de potasse. . . .	0,50	«	«	«	«	0,76	«
Azotate de potasse. . . .	«	«	0,41	0,58	0,40	«	«
« de soude. . . .	0,94	«	0,59	«	0,45	«	«
« de magnésie. . .	0,52	«	«	«	«	«	«
Poids total n grammes. .	25,41	13,16	25,02	25,17	18,20	15,67	51,1

Ces eaux varient, même sans cesser d'être limpides, selon les saisons; celles du Rhône renferment sur 15 litres.

	En hiver d'après M. Boussingault.		En été d'après M. Dupasquier.	
Acide carbonique	9 centilitres	8	27 centil.	5
Oxygène	9	8	10	0
Azote	17	5	18	6
Carbonate de chaux	1 gr.	51	2 gr.	260
Sulfate de chaux	0	10	0	295

Traces de chlorures de sodium et de calcium, de sulfates de soude et de magnésie et de matières organiques.

L'eau des sources et celle des puits ont à peu près la même composition que celles dont nous venons de parler, mais elles varient peut-être encore davantage.

Les eaux douces sont sans action sensible sur l'économie animale et servent de boisson ordinaire. On les appelle *eaux potables*. A l'article irrigation, p. 87 nous les avons étudiées en tenant compte de leur origine et de leur composition; nous les examinerons comme boisson en parlant des *digesta*.

§ 2. *Des brouillards et de la rosée.*

BROUILLARDS. — Les brouillards sont formés par de l'eau réduite à l'état vésiculeux qui trouble la transparence de l'atmosphère. On les remarque toutes les fois que l'air saturé d'humidité, vient à se refroidir, ou que des vapeurs se dégagent dans un air qui ne peut pas les contenir à l'état de fluide invisible. Ils se forment, tantôt dans les régions élevées des couches aériennes et descendent vers la terre, tantôt dans les régions inférieures et s'élèvent dans l'atmosphère. Les marécages, les sols argileux, les endroits mouillés par infiltration, les étangs et les rivières, en produisent fréquemment.

COMPOSITION. — Formés essentiellement par de la vapeur d'eau, ils contiennent en outre, de l'acide carbonique, de l'ammoniaque, de l'acide nitrique, et quelquefois des émanations marécageuses. Ceux qui s'élèvent de la surface du sol, renferment des corps qu'on ne trouve pas dans ceux qui descendent des régions élevées de l'atmosphère; ils sont en général plus insalubres, surtout s'ils ont pris naissance dans un endroit malsain.

Les brouillards renferment plus de matières azotées dans les villes que dans les campagnes. M. Boussingault a trouvé dans un litre d'eau d'un brouillard épais, observé à Paris, le 23 janvier 1854 à dix heures du matin, 137 milligr. 85 d'ammoniaque;

il n'avait trouvé dans un brouillard recueilli en Alsace, que 49 milligr. 71 de cet alcali. L'eau des brouillards peut contenir jusqu'à 50 millionièmes d'ammoniaque dans des localités où la pluie n'en renferme pas plus de 1 millionième en moyenne.

Le plus ordinairement, l'air chargé de brouillards dépose de l'humidité sur les corps qu'il touche; d'autres fois il semble leur en enlever. De là résulte la distinction que l'on a faite des brouillards en *secs* et en *humides*. Il paraît qu'on a quelquefois considéré comme des brouillards, des nuages de poussière impalpable provenant, ou des volcans, ou des déserts.

EFFETS. — Par l'eau et les divers principes qu'ils renferment, les brouillards fertilisent la terre et activent la végétation; mais ils sont nuisibles quand leur action se porte directement sur les plantes : ils s'opposent à la fécondation, font couler la vigne et même le blé, tachent les fruits, produisent la rouille, et font charbonner les grains. Quand ils durent trop longtemps, ils rendent les plantes aqueuses et les fourrages mauvais.

Dans le Midi, où on appelle les brouillards *néplos*, on les considère comme possédant des propriétés malfaisantes particulières. On leur attribue quelquefois des maladies des plantes produites par d'autres causes; mais un fait certain, c'est que bien des fois après les brouillards, on voit des récoltes jaunir, des grains presque mûrs, devenir grêles et légers, des épis déjà courbés, blanchir et se redresser. On a donné diverses explications de ce phénomène fort nuisible à l'agriculture. On suppose que l'effet exercé sur les céréales, par exemple, est le résultat d'une action électrique ou de la dilatation que l'humidité, sous l'influence du soleil, fait éprouver au grain encore tendre; ou bien que cette humidité, en s'évaporant à l'arrivée du soleil, congèle les parties tendres de la plante; ou enfin, que l'eau dissout et entraîne les matières contenues dans le grain.

Le brouillard agit souvent, sinon toujours, en provoquant le développement d'êtres parasites qui échappent à la vue; et le meilleur moyen de prévenir les effets que nous venons de signaler, c'est d'assainir les terres, de leur enlever leur excès d'humidité, et de pratiquer la moisson avant la maturité complète des grains dans les terres exposées à ces accidents.

Les brouillards refroidissent les *animaux* parce qu'ils ont une température peu élevée, parce qu'ils conduisent mieux le calorique que l'air sec, qu'ils soutirent l'électricité, et qu'ils humectent le corps. Par leur humidité, ils relâchent les tissus, débilitent les organes, ralentissent la transpiration, et occasionnent des rhumatismes, des catarrhes, des hydropisies, et la pourriture ; en outre, ceux qui s'élèvent des marais, donnent naissance à des affections charbonneuses.

C'est surtout au *printemps*, à l'époque de la floraison, que les brouillards nuisent aux récoltes, tandis que c'est vers *la fin de l'été* qu'ils sont le plus nuisibles aux animaux, alors que la vase des marais est à sec, et principalement après les journées de fortes chaleurs, quand la fraîcheur des nuits condense les vapeurs répandues dans l'air.

Nous devons rappeler l'action exercée sur les plantes par les brouillards, afin que la *nourriture* altérée par cette cause ne soit distribuée aux animaux qu'avec des précautions capables de neutraliser ses mauvais effets.

Rosée. — C'est *l'eau qui*, pendant la nuit et à la pointe du jour, *se dépose* sous forme de gouttelettes sur les corps solides placés dans l'atmosphère. Elle se produit lorsque ces corps étant refroidis par rayonnement, condensent la vapeur renfermée dans l'air qui les environne. Elle est abondante sur les corps isolés, qui ne reçoivent pas, de la terre, du calorique pour remplacer celui qu'ils émettent dans l'espace ; sur ceux qui sont mauvais conducteurs de ce fluide et dont la surface se refroidit beaucoup. La transparence de l'air la facilite, les nuages l'arrêtent ; il suffit du moindre écran pour la prévenir en s'opposant au rayonnement du calorique ; les vents produisent le même effet en ne permettant pas à l'air de rester assez longtemps en contact avec les corps froids pour que sa force dissolvante diminue.

Composition. — De la vapeur d'eau contenant de l'acide carbonique, de l'ammoniaque, de l'acide nitrique, *constitue la rosée*. Près des marais, dans les environs de la mer, on y trouve en outre des matières putrides ou salines, provenant de la vase ou de l'eau salée. Elle est toujours plus riche en composés azotés que la pluie.

Effets. — La rosée *fertilise la terre et nourrit les plantes*. Elle leur est fort utile dans quelques contrées du midi où il pleut rarement, et où le voisinage des eaux et la température élevée, facilitent pendant le jour la dispersion dans l'atmosphère d'une grande quantité de vapeurs.

Pour comprendre les bons effets de ce météore sur la végétation dans les pays chauds et sur les hautes montagnes, les Alpes, le Cantal, il faut se rappeler que quelques degrés dans le refroidissement de l'atmosphère (page 235) suffisent, lorsque la température de l'air est très-élevée, pour diminuer considérablement la tension de la vapeur et en condenser de grandes quantités.

La rosée *agit* généralement *sur les animaux* comme un corps froid et humide : elle occasionne des inflammations, des coliques, l'avortement ; mais, en outre, celle qui contient des effluves, comme cela arrive dans les environs des marécages, donne lieu à des maladies plus graves.

Les fourrages couverts de rosée peuvent contribuer à produire la pourriture en introduisant beaucoup d'eau dans le corps ; on les a longtemps considérés comme météorisant plus facilement les animaux que l'herbe sèche, mais il n'est pas démontré que cette opinion soit fondée.

Si la rosée est insalubre, on doit en attribuer les propriétés nuisibles à sa température et aux substances qu'elle a dissoutes dans l'air, et qu'on y trouve toujours en plus grande quantité que dans l'eau de pluie.

Elle est plus dangereuse le matin que le soir. Il est rare qu'on rentre les troupeaux, à la fin du jour, sans qu'ils aient brouté des plantes humides, et cependant il n'en résulte aucun accident : le soir les animaux sont moins sensibles, parce qu'ils ont déja l'estomac plein au moment où ils prennent la rosée ; ensuite l'acide carbonique et les émanations diverses que la rosée dissout, se déposent en plus grande quantité la nuit, quand l'atmosphère a été refroidie. Il faut ajouter que le matin, la température de la rosée et des plantes est beaucoup plus basse que le soir.

§ 3. *De la gelée blanche et du givre.*

La gelée blanche se produit, quand le refroidissement des corps solides placés sur la terre, est assez considérable pour déterminer la congélation de la vapeur d'eau contenue dans l'air et déposée sous forme de rosée. La sérénité de l'atmosphère, l'isolement des corps, le calme de l'air, la favorisent. On sait qu'on prépare de la glace au Bengale en plaçant un vase rempli d'eau sur des corps bien mauvais conducteurs du calorique : l'eau qui ne reçoit pas de calorique de la terre, en perd assez, par le rayonnement et en s'évaporant, pour se congeler. Si le temps est très froid, la vapeur répandue dans l'air peut même se transformer en glace et se déposer sous forme de givre, ou tomber sous forme de neige ou de grêle.

Composition. — Comme l'eau qui les constitue essentiellement, la gelée blanche et le givre contiennent de l'acide carbonique et des composés azotés. M. Bineau a trouvé dans l'eau provenant de la fonte d'un givre recueilli dans la ville de Lyon, de l'ammoniaque à raison de 70 milligr. par litre.

EFFETS. — Sous quelque forme qu'elle soit, l'eau gelée nuit aux *animaux*. Introduite dans l'estomac, elle refroidit les viscères et produit les gastrites, les entérites, l'avortement et les péritonites, qu'on remarque assez souvent chez les herbivores qui ont brouté de l'herbe couverte de gelée blanche.

Si l'eau qui se congèle dans l'atmosphère est favorable aux *plantes* par sa composition, elle leur est préjudiciable par sa température. La gelée blanche, quelquefois si calamiteuse au printemps, agit en dilatant l'eau qui se trouve dans les bourgeons. Les effets en sont surtout redoutables quand le temps est serein : aux premiers rayons du soleil, la glace qui recouvre les plantes absorbe pour se fondre la chaleur de l'intérieur du végétal, et détermine le refroidissement et la congélation de liquides qui étaient restés fluides malgré le froid de la nuit. Ces phénomènes ont lieu ordinairement au printemps. Une seule matinée de mai suffit pour détruire les noix, les raisins, les amandes, etc.

Les Indiens, pour *prévenir* ces pertes, répandent de la fumée dans l'air en brûlant des tas de fumier. J'ai vu mon père faire brûler du foin un peu humecté sous des noyers pour produire le même effet. En 1854, ce moyen a été utilement employé dans quelques vignes de la Bourgogne, mais sans succès dans d'autres.

Ces gelées si nuisibles viennent fort tard ; bien rarement elles se renouvellent plusieurs jours de suite, et souvent elles pourraient être prévues. Si tous les propriétaires d'une vallée savaient s'entendre, ils sauveraient, à peu de frais, leur récolte. Dans tous les cas, avant d'entreprendre une culture, on ne saurait trop calculer sur les chances de ce météore.

§ 4. *De la pluie.*

Dans certaines contrées, les pluies sont ou très-rares, ou très-fréquentes, mais elles offrent peu d'irrégularités. Là, les cultivateurs savent à quoi s'en tenir. Il n'en est pas de même en France. Sur presque toute la surface du pays, les pluies sont tellement irrégulières, que la prudence la mieux avisée peut être en défaut. Le succès des opérations agricoles est complétement subordonné aux caprices du temps.

Pour diminuer les chances du hasard, le cultivateur qui veut établir son assolement et coordonner les travaux de sa ferme, doit tenir compte de toutes les données qui peuvent éclairer celte question. Il est important pour lui d'étudier les causes de la pluie, de rechercher la quantité d'eau qui tombe annuellement, d'observer la manière dont elle se distribue dans les différentes époques de l'année, et enfin d'examiner la composition de l'eau et les effets qu'elle produit.

CAUSES DE LA PLUIE. — Pendant l'été, le *refroidissement de l'atmosphère*, en produisant la condensation des vapeurs d'eau, occasionne souvent des pluies. C'est ce qui explique le proverbe du Rouergue.

Le freiz de l'estiou met l'aigo ol riou.
Le froid de l'été met l'eau au ruisseau.

Ce phénomène, que nous appellerons la cause normale de la pluie, ne produit de grands effets que lorsque l'air contient beaucoup de vapeurs d'eau et qu'il survient des abaissements de température brusques et considérables.

La quantité de vapeur d'eau qui peut être contenue dans un certain espace, augmente à mesure que la température de cet espace s'élève.

Un espace de 1 mètre cube peut contenir à :

0 .	5 gr.	66 de vapeur.		+ 20 .	18 gr.	77 de vapeur.
+ 5 .	7	77	«	+ 25 .	24	61 «
+ 10 .	10	57	«	30 .	31	93 «
+ 15 .	11	17	«	35 .	41	15 «

On voit par ce tableau, que plus la température s'élève, plus est grande la quantité d'eau contenue dans l'air, proportionnellement à l'élévation de la température ; que plus la température est élevée, plus doit être grande aussi la quantité de pluie produite par un certain refroidissement.

Ainsi, quand la température est à 20 ou à 25 degrés, il suffit que le temps se refroidisse de 8 à 10 degrés, pour que 12 à 15 grammes d'eau par mètre cube d'espace, deviennent libres ; tandis que si la température est à 10 ou à 12 degrés, le même refroidissement en fournit à peine, pour le même espace, 3 ou 4 grammes.

Influence de la latitude et de l'altitude des lieux. Les divers chiffres qui précèdent nous expliquent pourquoi il tombe plus de pluie dans les pays chauds et dans les lieux bas que dans les contrées froides et sur les montagnes : il en tombe par an jusqu'à 2 mètres et même 2 mètres 80 dans quelques localités des régions intertropicales, et seulement de 0,40 à 0,50 dans quelques villes du nord de l'Europe ; 1 mètre 13 à Paris au niveau du sol, et 1 mètre sur la plate-forme de l'observatoire élevée de 23 mèt. ; 1 mèt. 60 à Manchester au niveau du sol, et 1 mètre sur une élévation de 25 mètres.

On sait que dans nos pays, les pluies d'été fournissent beaucoup plus d'eau, dans un temps donné, que les pluies d'hiver ; dans cette dernière saison, le refroidissement de l'air produit mêmesouvent des brouillards plutôtque de grandes chutesd'eau.

Ces causes de la pluie sont appelées générales parce qu'elles agissent dans tous les pays ; les effets en sont souvent neutralisés par des causes locales, par les vents, le voisinage des montagnes, la proximité des mers.

Les *vents* sont la plus puissante cause des pluies. Ceux qui viennent de l'Amérique, qui se sont saturés d'humidité en traversant l'Océan, produisent ces pluies fréquentes que nous observons sur le penchant occidental de notre Continent. A Paris, quand le vent d'Ouest souffle, il pleut 85 fois sur cent, et seulement 9 fois sur cent, quand c'est le vent d'Est. C'est au vent chaud qui, en quittant l'Afrique, se charge d'humidité sur la Méditerranée et se refroidit au contact de nos montagnes qu'il faut attribuer les pluies abondantes qui font trop souvent déborder le Rhône, la Saône et la Loire. Des observations ont prouvé qu'après le règne du Siroco, la température s'élève d'abord considérablement, et qu'il survient ensuite des pluies, ordinairement abondantes. (*Comptes rendus de l'Institut*).

Une autre cause fréquente de pluie, due également à des déplacements de l'air, c'est la *rencontre d'un vent froid et d'un vent chaud* d'où résulte la condensation de la vapeur transportée par ce dernier. Ce phénomène se produit souvent dans les vallées du Midi. Le vent du Sud ne fait pas pleuvoir. On dit, pendant qu'il souffle : il faut que *le vent tourne* pour avoir la pluie ; c'est-à-dire, il faut qu'un courant venu des Alpes, du Quercy, de l'Auvergne, vienne refroidir les vapeurs conduites par les vallées du Rhône, de la Garonne, du Lot, et du Tarn.

Toutes nos grandes pluies proviennent d'un phénomène semblable qui se produit sur toute la surface de la France. C'est la rencontre de vents venant des contrées chaudes, du golfe du Mexique et des déserts de l'Arabie, avec des courants qui viennent du Nord ou du Nord-Est qui déterminent les pluies générales d'où résulte le débordement de toutes nos rivières. Cette cause est même la seule qui puisse occasionner de grandes pluies dans nos contrées pendant l'hiver. Aussi les pluies sont-elles générales à cette époque, comme la cause qui les produit.

La statistique météorologique a constaté que sur 51 crues survenues dans les eaux de la Saône, de la Loire, de la Meuse, et de la Seine, dans l'espace de 10 ans et 6 mois, toutes celles qui ont eu lieu en novembre, décembre, janvier, février, mars et avril, se sont fait remarquer sur les quatre rivières à la fois. Pendant les autres mois, les crues provenaient de pluies locales et ne concordaient pas dans les quatre rivières.

Généralement, en hiver, si après le règne du vent chaud de l'Ouest, le vent d'Est vient à souffler, il refroidit l'espace, fait condenser la vapeur, et rend le temps couvert et pluvieux ; tandis que si le vent froid de l'Est est remplacé par le vent chaud de l'Ouest et du Sud-Ouest, le temps devient serein parce que les vapeurs acquièrent plus de force expansive. En été, nous voyons au contraire les nuages produits par les vents frais et humides de la mer, se dissiper sous l'influence des vents chauds et secs du continent.

Les *montagnes,* en arrêtant les courants d'air, en comprimant et refroidissant les vapeurs, deviennent souvent des causes de pluie : cela arrive surtout lorsqu'elles sont couvertes de neige. C'est au pied des grandes montagnes de l'Europe où viennent se condenser les vapeurs, qu'il tombe le plus d'eau. Les montagnes du centre font pleuvoir en arrêtant et refroidissant les vents de l'Océan ; les Cévennes, les Alpes, le Jura, les Vosges, en arrêtant ceux de la Méditerranée. Il tombe 1,15 d'eau à Aurillac, et 0,65 à Bordeaux ; 1,65 à Chambéry, 1,34 à Gênes ; 1,25 à Bourg, 1,02 à Lons-le-Saulnier ; 1,73 à Grenoble, et seulement 0,77 à Lyon.

C'est dans le *voisinage des mers* qu'il tombe le plus de pluie lorsque le temps est froid, alors qu'elle est produite par la diminution de la température de l'air. Ainsi pendant l'hiver, il en tombe à La Rochelle 0,65, et à Poitiers 0,58 ; à Nantes 1,29, et à Tours 0,56.

L'influence des mers est incontestable : il tombe annuellement 1,10 d'eau dans l'Ouest, et seulement 1,01 dans l'Est de la France ; mais cette influence ne se fait sentir que jusqu'à une certaine distance : quand les vents ont été dépouillés de leur excès d'humidité sur le rivage, ils ne produisent ensuite de la pluie que lorsqu'ils rencontrent, soit des montagnes qui les compriment, soit des courants opposés qui les refroidissent. Aussi, la quantité d'eau tombée annuellement à partir d'une certaine distance des mers, augmente-t-elle généralement à mesure que l'on s'approche des montagnes. Il tombe à Paris 0,56 d'eau, à Troyes 0,60, à

Auxerre 0,62; à Arles 0,61, à Lyon 0,77, à Villefranche 0,86; à Hagueneau 0,67, à Strasbourg 0,68, à Mulhouse 0,76.

Les sécheresses et l'humidité extrêmes que nous avons eues, surtout les grandes inondations dont nous avons souffert, ont attiré l'attention sur la météorologie. Et cette science, qui était restée longtemps l'occupation de quelques hommes zélés, est aujourd'hui l'objet d'observations nombreuses et soignées.

C'est par son étude que nous parviendrons à connaître avec quelque certitude les chances qu'offrent les diverses cultures. Les faits observés jusqu'à ce jour, et groupés par quelques écrivains laborieux, quoique n'étant pas très-nombreux, ni recueillis avec beaucoup d'uniformité, peuvent déjà être consultés avec fruit.

QUANTITÉ DE PLUIE QUI TOMBE ANNUELLEMENT EN FRANCE. — En général la quantité de pluie diminue à mesure qu'on se rapproche des pôles; mais les causes locales, les montagnes, les mers, les vallées, les plateaux, neutralisent très souvent, comme le démontrent les chiffres que nous avons rapportés en parlant des causes de la pluie, l'influence de la latitude. Aussi en ne considérant qu'une surface limitée et accidentée comme celle de la France, il est impossible de se baser sur la distance de l'équateur pour distribuer les diverses localités d'après la quantité de pluie qui y tombe annuellement.

M. de Gasparin, qui depuis longtemps cherche à recueillir des observations et à résumer dans l'intérêt de l'agriculture les travaux des météorologistes, donne le tableau suivant pour la France et les pays qui l'avoisinent.

	Hiver.	Printemps.	Été.	Automne.	Total p. l'année.
	millim.	millim.	millim.	millim.	millim.
Angleterre à l'ouest.	230,6	171,0	221,6	283,3	915,5
Côtes de l'ouest de l'Europe.	185,7	140,9	170,2	246,5	743,3
Angleterre à l'est.	166,5	145,0	171,1	204,1	686,7
France méridionale.	195,2	194,2	133,2	291,7	814,3
France septentrionale.	126,5	148,0	229,7	174,2	678,4
Scandinavie.	81,4	76,1	170,7	148,4	476,6
Russie.	40,3	59,9	166,7	97,2	364,1

DISTRIBUTION DES JOURS DE PLUIE. — On peut dire d'une manière générale qu'il pleut plus souvent dans le Nord que dans le Midi, plus souvent sur les lieux élevés que dans les lieux bas; mais que dans les contrées chaudes et dans les bas fonds, il tombe quand il pleut, de plus fortes quantités d'eau.

On remarque même qu'en général, le nombre de jours pluvieux diminue à mesure que la quantité annuelle de pluie augmente.

	Nombre de jours pluvieux.	Quantité annuelle de pluie.
Paris.	157	0,56
Metz.	156	0,75
Bordeaux.	146	0,66
Dijon.	137	0,61
Troyes.	120	0,60
Lyon.	119	0,77
Toulouse.	111	0,64
Arles.	107	0,61
Poitiers.	106	0,58
Montpellier.	67	0,82
Marseille.	50	0,51

Ce tableau présente quelques *exceptions*, mais il ne faut pas oublier que la forme des vallées, le boisement des montagnes, la présence des rivières, des marais, influent, sinon directement sur la quantité de pluie qui tombe, du moins sur la formation des nuages, la présence des brouillards. La constitution géologique du sol exerce même une action sensible. Les contrées à terrain siliceux dont les roches obliques ou entrecoupées laissent suinter l'eau de tous les côtés, sont plus pluvieuses que les plateaux calcaires où l'eau s'écoule profondément pour aller sortir quelquefois à des distances considérables.

Au point de vue de l'agriculture, il est surtout important de noter dans quelles *saisons* se fait remarquer la fréquence des pluies. D'après M. de Gasparin, les jours pluvieux se distribuent de la manière suivante :

	Hiver.	Printemps.	Été.	Automne.
Dans le Nord.	56	37	37	35
Dans l'Ouest.	34	34	33	38
Dans le Sud.	25	23	13	23

Dans les deux premières régions, il pleut au moins 10 ou 11 jours tous les mois ; dans la troisième, 5 jours seulement dans les mois de juin, juillet, août et 7, 8, 9, dans les autres mois, ou tout au plus 10 en novembre : les pluies sont rares dans la saison où elles seraient le plus nécessaires.

Cet exposé démontre combien il est difficile d'introduire dans les contrées méridionales les cultures et les animaux qui prospèrent dans le Nord. A moins d'irrigations, la Provence, le Languedoc, où les pluies sont si rares en juillet et en août, doivent s'en tenir à la culture des arbustes et des plantes d'automne ; tandis que les régions de l'Ouest et du Nord où les pluies d'été contrarient quelquefois la moisson, doivent donner de l'extension aux pâturages et aux récoltes racines.

Pour les besoins de l'agriculture, il ne faut pas seulement tenir compte de ces grandes divisions du pays, il faut aussi étudier les différences qui existent entre les diverses localités d'une région et quelquefois d'un arrondissement ou même d'un canton. A Paris dans le courant de la belle saison, du 15 avril au 15 juillet, il y a certaines années 10 à 12 grands orages très pluvieux de plus qu'à Charenton.

C'est la *fréquence*, plutôt que l'abondance des pluies, qui intéresse le cultivateur ; car il suffit, même pendant l'été, des plus légères pluies quand elles se renouvellent souvent, surtout avec l'air nébuleux qui les accompagne, pour prévenir ces grandes sécheresses si nuisibles à la végétation dans le Midi. En effet, c'est par la manière dont les pluies se distribuent que les régions où la sécheresse est si nuisible, diffèrent de celles où il pleut fréquemment. Dans nos contrées, sauf quelques années exceptionnelles, les années de grande sécheresse se distinguent surtout par la rareté des jours pluvieux, car il tombe à peu près autant d'eau que dans les autres années et quelquefois plus. Ainsi 1845, année humide, n'a différé de 1846, année extraordinaire par sa sécheresse, que par huit dixièmes de millimètres d'eau.

COMPOSITION DE L'EAU DE PLUIE. — Brandes a trouvé dans l'eau de pluie :

Du chlorure de sodium.	Du sulfate de chaux.
Du chlorure de magnésium.	Du sulfate de magnésie.
Du chlorure de potassium.	De l'oxyde de fer.
Du carbonate de chaux.	De l'oxyde de manganèse.
Du carbonate de potasse.	Des matières végéto-animales.
Du carbonate de magnésie.	Des sels ammoniacaux.

Quelques observateurs y ont trouvé de l'iode, du brome, de l'acide sulfhydrique.

De l'eau de pluie recueillie à l'observatoire de Paris contient par mètre cube, d'après M. Barral.

	Maximum.	Minimum.	Moyenne.
Azote.	15,01	4,46	8,56
Acide azotique.	56,33	5,82	19,09
Ammoniaque.	6,85	1,08	3,61
Chlore.	3,88	0,00	2,27
Chaux.	9,02	2,43	6,48
Magnésie.	«	«	2,12

D'après M. Pierre, la pluie fournit annuellement par hectare dans le Calvados.

60	kilogrammes	de chlorures.
33	«	de sulfates.

Celle qui tombe sur les rivages de l'Océan contient assez de chlorure de sodium pour communiquer aux herbages les qualités qui donnent à la viande des moutons de pré salé, la saveur exquise qui la distingue.

L'eau de pluie renferme surtout de l'acide carbonique, de l'acide nitrique et de l'ammoniaque ; elle *varie* par sa composition en raison des localités, et pour la même localité, en raison de la direction des vents, de la température et de l'état de l'air : elle renferme plus d'ammoniaque et d'acide nitrique après les longues sécheresses et pendant les orages qu'après des temps pluvieux.

En analysant les pluies qui tombent à la Saulsaye, M. Pouriau a trouvé que la pluie fournit annuellement par hectare de terre de 6 à 7 kilogr. d'acide nitrique ainsi répartie ;

En hiver.	1 kil.	Dans le même temps il y a eu		0 orages.	
Au printemps.. . .	1,780	«	«	1	«
En été.	3,400	«	«	10	«
En automne. . . .	0,590	«	«	5	«

D'après M. Bineau et M. Pouriau, elle fournit annuellement aux terres du même domaine, de 22 à 27 kilogr. d'ammoniaque par hectare, ce qui représente 5 à 6 mille kilogr. de fumier, en admettant 4 kilogr. d'azote par 1,000 kilogr. de fumier normal. C'est après les longues sécheresses qu'elle en renferme le plus ; celle qui est tombée du 1er au 15 octobre, après un mois de septembre fort sec, en contenait par litre 3 milligr. 22, et celle qui est tombée du 11 au 31 du même mois, seulement 1 milligr. 82, (*Annales de la société d'agriculture de Lyon*).

Plusieurs chimistes ont trouvé que l'eau de pluie renferme plus d'ammoniaque dans les villes que dans les campagnes. M. Bineau a signalé une exception en comparant en 1852 et 1853, l'eau de pluie recueillie à l'observatoire de Lyon à celle qui provenait de la ferme de la Saulsaye : les deux années il a trouvé que vers le mois de septembre, les pluies de la Saulsaye renferment plus d'ammoniaque que celles de la ville de Lyon. Cette exception peut provenir de l'action de la chaleur sur la vase des étangs et des marais de la Dombes. Dans tous les cas, il est digne de remarque qu'elle coïncide avec l'apparition des fièvres intermittentes dans cette localité.

La prédominance de l'ammoniaque et de l'acide azotique peut provenir, de la chaleur qui active la fermentation à la surface de la terre, des phénomènes électriques qui se produisent dans l'espace pendant les orages, et enfin de ce que, en raison de la rareté des pluies, les composés azotés se sont accumulés dans l'atmosphère. Quoi qu'il en soit, comme des résultats semblables à ceux que nous rapportons ont été observés dans beaucoup de contrées, il est très important d'employer aux irrigations l'eau qui tombe en été et en automne, et de ne pas recueillir pour les citernes destinées aux usages de l'homme et des animaux, celle qui tombe après une longue sécheresse, et en général celle des lieux infestés par les marais, les égouts.

D'après M. Meyrac l'eau des pluies continues de l'hiver, est plus riche en chlorure de sodium que celle des pluies passagères de l'été. M. Chatain a trouvé plus d'iode dans les pluies tombées à l'intérieur des terres que dans celles des rivages de la mer.

Accidentellement, les pluies peuvent contenir des *substances solides* en forte quantité : du soufre, des matières terreuses, des cryptogames, des insectes, des poissons, des reptiles. Il y a eu trois pluies de matières terreuses dans le bassin du Rhône du 16 mai 1846 au 31 mars 1847. D'après Dupasquier, les terres tombées à la Verpillière et à Meximieux étaient respectivement composées de :

Silice.	54,5	52
Alumine.	7,1	7,5
Hydrate de fer.	7,9	8,5
Carbonate de chaux.	21,5	26,5
« de magnésie.	1,5	2,0
Matières organiques.	7,5	3,5

M. Ehrenberg a trouvé dans ces terres 73 espèces d'infusoires.

On a de tout temps parlé de pluies de crapauds, de grenouilles, de terre. Ces phénomènes se produisent très rarement d'une manière marquée ; mais il arrive souvent que les pluies contiennent des matières susceptibles de fertiliser la terre, quoique en trop petite quantité pour être reconnues sans le secours de l'analyse chimique.

Ces corps ont différentes *origines*. Les uns sont émis par la fermentation des matières organiques et de la vase des marais qui dissémine constamment dans l'espace des gaz et des vapeurs ; les autres sont enlevés sous forme de poussière par des tourbillons de l'atmosphère ; enfin il en est qui proviennent de la surface des mers : les vapeurs qui se produisent sans cesse sur l'Océan entraînent avec des gouttelettes d'eau, des iodures, des chlorures, des phosphates, des sulfates de potasse, de soude, de chaux, de magnésie, et diverses matières organiques.

Effets. — Les pluies rendent l'air humide, abattent la poussière, apaisent les mouches, vivifient les plantes, et rafraîchissent le pays. Elles sont toujours favorables quand elles sont de *courte durée*.

Mais si elles sont *continues*, elles rendent le sol mou, l'air humide, et les plantes aqueuses. C'est sous l'influence de ces diverses causes, des pluies, des fourrages aqueux, de l'atmosphère humide, que se sont produites la pourriture, les hydropisies, qui ont exercé de si grands ravages dans ces dernières années, 1854, 1855, 1856.

Même passagères, les pluies peuvent occasionner des accidents qui dépendent de l'état particulier dans lequel se trouvent les *récoltes* et les *animaux ;* elles s'opposent à la fécondation des plantes, font *couler* le blé, la vigne, les arbres fruitiers, et déterminent des arrêts de transpiration sur les animaux échauffés par le travail.

On connaît moins les effets que les pluies exercent sur les *terres :* quand elles tombent en petite quantité, elles s'évaporent et abandonnent au sol une partie des corps qu'elles renferment. Ces corps contribuent à nourrir les plantes, directement s'ils sont absorbés et s'ils peuvent être assimilés, et indirectement, en facilitant la décomposition du feldspath, du mica, et en mettant à nu de la silice, du phosphore, de la chaux, de la potasse, de la soude et du fer; tandis que lorsqu'elles sont abondantes, l'eau coule à la surface du sol ou s'infiltre dans les couches profondes, mais toujours en entraînant les principes fertilisants qu'elle renferme, et souvent une partie de ceux que contient le sol. Après les années de sécheresse, la terre est riche, nourrit bien les semences et les plantes; tandis qu'après des temps pluvieux, les terres sont lessivées, appauvries et donnent de chétives récoltes : l'observation populaire a partout remarqué la mauvaise influence des grandes pluies. On dit dans le Pas-de-Calais: *eau haute, blé cher* (J. N. F. Lemaire) ; et dans le Midi : *année de foin, année de rien.*

Il est à désirer donc qu'il tombe assez de pluie pour rafraîchir le sol, qu'il en tombe assez souvent pour remplacer celle qui s'évapore, assez pour alimenter les plantes et favoriser leur accroissement; mais il est à désirer aussi qu'elle ne soit jamais assez abondante, ni pour délaver la terre, ni pour rendre les plantes trop aqueuses.

§ 5. *De la neige.*

C'est encore le refroidissement de l'air qui détermine la formation de la neige. Il en tombe beaucoup dans les contrées où l'on remarque des pluies fréquentes, si le froid y est intense.

Elle contient de l'acide carbonique, de l'ammoniaque, et du nitrate de la même base. C'est donc avec raison qu'on la considère comme un engrais pour les terres. Elle est même favorable aux plantes qu'elle préserve du froid en s'opposant au rayonnement du calorique de la surface de la terre; nous avons des montagnes où les récoltes ne passent l'hiver que lorsqu'elles sont couvertes de neige; cependant quand elle est en fortes couches et qu'elle reste trop longtemps, elle peut déterminer l'étiolement, l'altération des plantes qu'elle recouvre.

Pour apprécier les effets de la neige qui tombe directement sur les animaux, il faut bien distinguer celle des temps froids presque toujours sèche, de celle plus ou moins mêlée de pluie qui tombe si souvent à la sortie de l'hiver. Cette dernière est beaucoup plus malfaisante. La neige que prennent les animaux habitués à sortir tous les jours, en broutant pendant l'hiver dans les bruyères, les genestières et les prés, ne produit jamais de mauvais effets.

§ 6. *De la grêle et des orages.*

On attribue la *formation de la grêle* à l'électricité. Elle se produit principalement pendant les temps chauds et dans les contrées montagneuses: les orages sont presque continuels sous l'équateur, et beaucoup plus *fréquents* sur nos hautes montagnes que dans les plaines. En moyenne, on en compte par an.

20,6 à Denainvilliers.	13,8 à Paris.
15,4 à Toulouse.	8,5 à Londres.

On connaît trop les *effets* nuisibles de la grêle; on sait que les assurances, en divisant les pertes qu'elle occasionne, sont encore le seul moyen connu de prévenir la ruine de bien des cultivateurs. Il n'est pas nécessaire d'indiquer non plus les effets que la grêle produit quand elle tombe sur des animaux en sueur, quand des grêlons volumineux — on en a vu de deux kilogrammes — surprennent dehors des petits animaux: la volaille, les abeilles...

Mais nous dirons que les *phénomènes électriques* qu'on remarque pendant les orages, provoquent la décomposition de l'eau et la combinaison de l'oyxgène et de l'hydrogène avec l'azote de l'air d'où résultent de l'acide nitrique, de l'ammoniaque, des nitrates de cette base. Indépendamment des matières qui existent ordinairement dans les eaux de pluie, on a trouvé dans la grêle du sulfate de chaux, des matières organiques.

Nous savons que les eaux d'orage sont fertilisantes ; qu'il faut les utiliser pour les irrigations plutôt que pour remplir les citernes destinées à approvisionner les ménages : on a remarqué dans quelques pays, que l'eau provenant de la fonte de la grêle est nauséabonde.

§ 7. *Préservatifs contre les météores aqueux et en particulier contre les orages.*

On cherchera à prévenir les mauvais effets des météores aqueux, en gardant les animaux dans les habitations pendant le mauvais temps et en les y ramenant aussitôt après le travail ; en râclant la peau de ceux qui ont été mouillés par la neige ou par la pluie pour en faire tomber l'humidité ; en ne les faisant paître au brouillard et à la pluie froide, qu'après leur avoir donné, pour les fortifier, une ration au râtelier ; en évitant de faire parquer les bêtes à laine pendant les temps froids et humides ; en ayant soin de tenir les animaux près des habitations quand on craint un orage, afin de les faire rentrer avant qu'il éclate ; surtout en donnant une nourriture saine et bien substantielle. Il faut conserver, pour les mauvais jours du mois d'avril, assez de fourrage pour pouvoir retenir alors les bêtes à laine à la bergerie.

Par ces précautions, on prévient les effets immédiats des météores aqueux ; mais les orages, les pluies torrentielles, exercent sur le sol, sur les cours d'eau, et sur les plantes, une action qui nécessite de la part des cultivateurs, quelques précautions particulières.

Emploi des fourrages grêlés. On a plusieurs fois remarqué que les récoltes frappées par la grêle, incommodent les animaux qui les consomment, font diminuer le lait des vaches. Les plantes, brisées par les orages, ne sont pas positivement malfaisantes ; mais si elles ont été fortement endommagées, couchées, foulées, écrasées, elles s'altèrent avec rapidité, se couvrent de moisissure et peuvent ensuite rendre malade le bétail auquel on les distribue.

Il faut donc, autant que possible, faire consommer immédiatement après le sinistre, les plantes endommagées, et même si elles ont été couchées sur une terre meuble, si elles sont imprégnées de boue, elles ne doivent être administrées qu'après avoir été nettoyées, lavées au besoin.

Comme il n'est pas possible, quand l'orage abîme considérablement de grandes surfaces, de faire consommer avant qu'ils s'altèrent les fourrages atteints par la grêle, il faut renoncer à les donner en vert. On les fauche alors, mais il faut mettre au fumier la partie la plus altérée et laver les plantes dont on croira pouvoir faire du foin pour ensuite les faire sécher, les stratifier avec de bons fourrages, les saler et les donner après les avoir hachées et blutées, comme nous le dirons en parlant des fourrages altérés.

§ 8. *Des inondations.*

Deux ordres de CAUSES tendent à augmenter la fréquence des inondations et à les rendre plus désastreuses qu'anciennement. En premier lieu, *le défrichement des montagnes :* l'eau, de moins en moins retenue sur les terres, à mesure qu'elles sont plus dépouillées de bois, de gazon, arrive plus rapidement au fond des vallées, et dans les cas de pluies très-abondantes et de fonte rapide des neiges, elle y forme des torrents que les lits des rivières ne sauraient contenir.

En second lieu *le lit des rivières, qui est de plus en plus comblé et resserré :* comblé par les graviers qu'entraînent les orages, et resserré par les ponts, les chaussées et les digues que l'on construit en si grand nombre. Il en résulte que l'eau, au lieu de couler librement en s'étendant en larges nappes sur de vastes plages de gravier, forme des torrents et entraîne tout ce qui se trouve sur son passage.

Il ne faut pas oublier qu'on fait des constructions et qu'on établit des cultures sur des terres qu'autrefois on laissait inoccupées, comme trop exposées à être dévastées par les eaux ; d'où résulte que les pertes occasionnées par les inondations sont plus grandes qu'anciennement.

Par cette sommaire indication, on voit que les moyens propres à prévenir les inondations et à les rendre moins dangereuses, devraient agir, et sur les terres qui reçoivent les pluies, et sur les rivières que ces pluies parcourent (voyez Irrigation), et enfin sur la distribution des cultures. Ici nous devons surtout indiquer les moyens de combattre les effets que produisent le plus souvent ces fléaux.

EFFETS. — Pendant l'hiver, quand les eaux sont limoneuses plutôt que graveleuses et les herbes des prés courtes, les inondations sont bienfaisantes : elles fertilisent le sol et nuisent bien rarement aux récoltes.

D'une manière générale, les inondations préjudicient en abî-

mant les terres, en détruisant les récoltes, en altérant les fourrages, en rendant le pays malsain, et en produisant des maladies
sur l'homme et sur les animaux domestiques.

Elles nuisent au *sol*, tantôt en enlevant la terre arable, tantôt
en la couvrant de graviers ou de galets ; elles détruisent les
récoltes, les couchent, les emportent, les pourrissent ou les
laissent couvertes de vase.

Elles nuisent au *bétail* en vasant les plantes, en altérant l'air,
et en infectant les boissons. Les plantes vasées sont souvent malades et se couvrent de moisissures, de champignons malfaisants
pour les animaux qui les consomment ; d'ailleurs elles nuisent
par la boue qui les recouvre, par la poussière qui s'en dégage.
Elles produisent : sur les voies digestives, des irritations des
glandes salivaires, des indigestions, des jaunisses, des coliques et
des diarrhées : sur les voies respiratoires, des angines, des coryzas, et des bronchites ; enfin, sur l'œil, des ophthalmies, des
inflammations des paupières.

Quand les inondations se produisent sur une large surface, elles
altèrent les humeurs et donnent lieu à des épizooties, à la pourriture, à la gale, aux affections vermineuses, aux maladies charbonneuses, aux maladies pédiculaires, selon la disposition des
animaux.

MOYENS DE COMBATTRE LES EFFETS DES INONDATIONS. — Les
moyens qui ont été employés pour remédier aux dégâts produits
par les inondations se rapportent aux terres, aux récoltes, et aux
animaux domestiques.

Si la *terre* inondée est un guéret, on lui donne, après qu'elle
est égouttée, un labour qui mêle les dépôts avec la terre arable, à
moins que les dépôts ne soient de mauvaise nature et très abondants. Dans ce cas, on les enlève autant que les circonstances le
permettent. Les frais qui seraient nécessaires pour ce travail dé-
passeraient quelquefois la valeur du fonds : on cherche alors à
utiliser la terre telle qu'elle est, en y plantant des arbres.

Le chaulage, pour hâter la décomposition des matières insalubres déposées par les eaux ; l'écobuage, qui brûle une partie des
matières putrides, et dégage des alcalis pour détruire celles qui
restent, pourraient aussi être utiles quand on tient à détruire
rapidement ce qui pourrait devenir une cause d'infection, et qu'on
ne craint pas de perdre sous forme de vapeur une partie des matières fertilisantes.

Toutes les *récoltes* ne souffrent pas également des inondations :
si le séjour de l'eau a été de courte durée, que le dépôt soit peu

abondant, les plantes remises à sec poussent avec vigueur. Il peut suffire d'une bonne pluie pour les nettoyer. On a conseillé de les asperger avec l'arrosoir pour le jardinage et avec la pompe à incendie pour la grande culture.

Ces moyens ne sont pas toujours applicables et seraient sans résultat utile, lorsque la couche de vase ou de sable est trop épaisse ; mais il peut suffire alors de donner un coup de herse ou un binage, pour rompre la vase et faire pousser les plantes qui en étaient recouvertes.

Si après les inondations, il survient de fortes chaleurs qui dessèchent la croûte du sol, une irrigation produit de bons effets : elle adoucit la couche formée par la vase qui arrêtait l'accroissement des plantes. L'irrigation peut encore être utile, soit pour laver les plantes si on peut la donner un peu forte, soit pour entraîner le limon dans le sol ou même hors de la propriété. Toutefois généralement il faut conserver cet engrais, même au prix de la récolte qui est sur pied.

Du reste, cette récolte n'est pas perdue : roulée et enfouie, elle contribue puissamment à engraisser le sol.

Quelque temps après l'inondation, on voit si la récolte sur pied doit être sacrifiée. Si oui, on l'enterre par un labour comme engrais vert ou on l'enlève pour la mettre en tas et en faire du fumier. A cet égard chacun se détermine selon l'espérance qu'il fonde sur la récolte inondée et sur celle qui pourrait être semée à la place.

Toute indication particulière sur les plantes qu'il conviendrait de cultiver, à la suite d'une inondation, serait inutile. Le choix doit varier selon la saison où l'on est. Les cultivateurs trouvent toujours dans les innombrables plantes — maïs, sorgho, panic millet, panic d'Italie, moha, avoine, sarrasin, moutarde, navets, betteraves, vesces, gesses, pois, choux — des espèces qui peuvent remplacer, soit pour notre nourriture, soit pour celle des animaux, celles qui ont été détruites. Les plaines exposées aux inondations sont en général pourvues d'une forte couche de terre arable, et la plupart de nos plantes utiles y prospèrent, même dans la saison de la sécheresse.

Au point de vue de l'hygiène, il faut, après les inondations, s'attacher particulièrement à assainir les fossés, à dessécher les flaques et à faire enlever les dépôts de vase que les eaux laissent contre les murailles.

On s'abstiendra de conduire les troupeaux sur les pâturages récemment inondés. On attendra que la pluie ou une bonne irri-

gation ait lavé les plantes, ou que l'influence du soleil, du vent
et du serein les ait purifiées, ou enfin que la pousse de l'herbe
nouvelle soit assez avancée pour dominer l'herbe inondée. Ces
précautions sont moins nécessaires lorsque les inondations ont été
de courte durée et les eaux peu limoneuses. Toutefois, on n'oubliera pas que l'herbe vasée se couvre facilement de champignons
nuisibles.

S'il faut user du pâturage avant que l'assainissement soit
complet, on fera en sorte que le sol inondé ne fournisse pas toute
la ration et que les animaux y séjournent peu de temps ; on ne
les y conduira qu'après leur avoir fait prendre une demi ration au
râtelier ou dans un herbage salubre : une partie de la nourriture
sera composée de bons aliments et l'on fera usage du sel marin.

Si les eaux limoneuses ont pénétré dans les fontaines, les abreu-
voirs, on cherchera à purifier l'eau en nettoyant ces réservoirs,
si cela est possible, ou du moins en tirant beaucoup d'eau pour
la renouveler plusieurs fois ; dans tous les cas, on ne l'administrera qu'après l'avoir salée, vinaigrée, ou mêlée à de la farine.

Pour assainir les étables, on enlèvera tout le fumier et même,
il peut être utile, si le sol est enterré et non pavé, de remplacer
la couche superficielle de terre par du gravier, ou du mâche-
fer, ou de la terre sablonneuse. On ratissera les murailles, les
crèches, et on les blanchira au lait de chaux ; on y fera du feu
si cela est possible, et on laissera pendant un certain temps toutes
les ouvertures, fenêtres et portes, ouvertes la nuit et le jour ;
enfin on n'y remettra le bétail que lorsque toute odeur particulière
aura disparu, et après avoir garni le sol d'une litière abondante
et bien sèche.

En parlant de la fauchaison, nous verrons que l'herbe inondée
qui n'a pas été fortement vasée, peut être utilisée, soit qu'on la
lave de suite après le fauchage, soit qu'on la batte au fléau
quand elle est sèche ; qu'il faut, dans tous les cas, après qu'elle
a été transformée en foin, la stratifier si cela est possible avec de
bons fourrages et la saler en la mettant en meules.

CHAPITRE VI.

DES SAISONS.

Les astronomes divisent l'année en quatre parties ou *saisons
astronomiques* nommées *hiver, printemps, été* et *automne.* Les
saisons sont marquées par le mouvement apparent du soleil ;
la première, qui commence au solstice de décembre comprend le

temps que met cet astre pour aller du tropique du capricorne à l'équateur; la seconde, pour s'avancer de ce dernier vers le pôle boréal, jusqu'au tropique du cancer; la troisième, pour revenir de ce dernier à l'équateur, et la quatrième, pour continuer sa course de l'équateur vers le pôle austral jusqu'à son point de départ, au tropique du capricorne.

Lorsque le soleil traverse l'équateur le 21 mars et le 23 septembre, il est également éloigné des deux pôles de la terre ; les deux hémisphères de notre planète sont également éclairés, et les jours ont la même longueur que les nuits : ces deux époques sont dites *équinoxes*.

On nomme *solstices*, l'état de repos dans lequel paraît être le soleil, lorsque, arrivé aux deux tropiques, il cesse de s'avancer du côté des pôles pour revenir vers l'équateur.

Les agronomes et les vétérinaires divisent l'année en saisons qu'ils appellent *agricoles, médicales*. Elles sont caractérisées chacune par certains phénomènes météorologiques, et par certaines particularités que présentent les corps placés à la surface de la terre.

Le mot saison est aussi employé comme synonyme du mot temps; on dit *saison des pluies, saison des froids, saison des travaux,* pour désigner le temps des pluies, le temps des froids, le temps des travaux. Nous ferons rentrer ce qui se rapporte à ces diverses saisons dans l'étude des saisons astronomiques; nous supposerons que les unes et les autres coïncident, quoique cela n'arrive pas toujours.

Les saisons exercent une grande influence sur les êtres organisés; elles agissent sur les animaux par l'état de l'air, du sol, de la chaleur, de la lumière et de l'humidité, par les aliments et par les boissons.

I. Hiver.

L'hiver dure du solstice d'hiver à l'équinoxe du printemps, du 20 ou 21 décembre au 20 ou 21 mars. Dans cette saison, notre hémisphère se rapproche tous les jours du soleil, les rayons solaires nous arrivent de moins en moins obliques, et nous éclairent pendant un temps qui, de jour en jour, devient plus long. Cependant la terre, qui depuis la fin de l'été, pendant l'automne, a perdu plus de calorique qu'elle n'en a absorbé, est toujours très froide, les rayons qu'elle reçoit du soleil, dans les mois de décembre et de janvier, encore très obliques et refroidis par la couche épaisse et souvent brumeuse d'air qu'ils traversent, l'échauffent très peu.

Chacun connaît les caractères de cette saison : la terre est en partie couverte de neige et de glace ; l'air presque toujours froid paraît humide, quoiqu'il ne renferme qu'une petite quantité de vapeurs. Tous les êtres organisés sont engourdis ; la végétation s'arrête même complétement, et les herbivores sont entretenus à l'étable ou se nourrissent dehors avec des débris desséchés de plantes restées sur pied.

Travaux agricoles. — Selon le temps, on fera des *labours de défoncement*, des *défrichements*, des *premiers labours* pour les betteraves, les carottes. Les terres fortes labourées avant les grands froids, s'émiettent sous l'influence des gelées, et les racines vivaces, comme les larves des insectes exposées à l'air, sont détruites par la rigueur de l'hiver.

C'est aussi le moment de transporter le sable, la marne, la chaux et les pierres, pour *amender les terres* et *faire les murs de clôture; d'épierrer les terres* et de *ferrer les chemins; d'ouvrir des fossés* pour les desséchements et de les combler de pierrailles; de *nettoyer les prés*, de ramasser les feuilles, d'élaguer les arbres et les haies, d'arracher les ronces qui envahissent les terres et de tenir libres les fossés et les canaux de desséchement comme ceux d'irrigation; de *herser* ou de *labourer les prairies* naturelles mousseuses et les vieilles luzernières; de *fumer les herbages*, surtout si on veut y mettre des engrais incomplétement pourris, pour enlever plus tard le paillis à la herse.

Si les occupations de la ferme ne peuvent pas être continues, que le temps ne permette pas d'occuper les hommes aux travaux ordinaires, on fera réparer les clôtures, curer les fossés, creuser des trous pour les plantations d'arbres, et abattre le bois pour les besoins divers de la ferme.

C'est en hiver qu'il se fait le plus de *fumier*. Les cultivateurs doivent songer à en augmenter la quantité en ramassant soigneusement les râclures des cours, et à en accroître les qualités, en le stratifiant avec tous les produits susceptibles de se décomposer.

On fait, avant la fin de l'hiver, des *semailles* de *prairies* annuelles qu'on renouvelle, de temps en temps, pour avoir ensuite des fourrages frais jusqu'à l'hiver suivant.

C'est aussi vers la fin de cette saison, que l'on commence les *semailles du printemps*, celles des avoines, des orges, des betteraves, des carottes. Si l'on n'a pas de terre disponible pour recevoir les betteraves, c'est le moment de les semer en pépinière : on les transplantera, quand la place qui leur est destinée sera libre et préparée.

Le *battage* des grains, des fèves, que l'on fait en hiver, met à la disposition du cultivateur des menues pailles, des gousses, dont il doit tirer parti pour nourrir les bestiaux ou pour faire des engrais.

Il ne faut pas manquer de visiter souvent les produits divers récoltés en automne, de *parcourir les greniers*, les *caves*, les *silos* pour, selon les besoins, activer la ventilation ou fermer les soupiraux. On prendra toujours les précautions nécessaires pour prévenir les dégâts par la pourriture, les insectes et les rats.

D'ordinaire on fait l'inventaire des instruments et des produits de la ferme en hiver. Le fermier profitera de cette circonstance pour passer en revue ses outils et instruments divers, pour voir si les harnais sont propres, en bon état, et pour faire réparer les mauvais ou en acheter d'autres auxquels les animaux auront le temps de s'habituer avant l'époque des travaux pénibles.

SOINS AUX ANIMAUX. — En décembre, on cesse ordinairement le *pâturage*. Si on le continue, il faut donner au ratelier un supplément de nourriture; mais on le cessera plutôt trop tôt que trop tard, car après la Noël, les animaux profitent peu de la dépaissance, et en allant trop longtemps dans les prairies, ils abiment le sol et retardent la pousse de l'herbe, ce qui diminue le rendement du foin, surtout si la sécheresse du printemps est précoce.

En hiver, la plus grande partie de nos herbivores sont donc nourris à l'étable. Il faut soigner *la stabulation* et le régime, tenir les étables dans une grande propreté, les faire blanchir à la chaux s'il existe des causes d'insalubrité. On veillera aussi à ce que l'aérage y soit suffisant; car les domestiques sont toujours disposés à fermer les fenêtres pendant les temps froids.

Quand on fait sortir les animaux, on doit avoir égard à la température de leurs habitations et à celle de l'air extérieur : le passage d'une étable chaude à l'air froid occasionne en hiver beaucoup de maladies.

On ne doit jamais laisser les animaux exposés immobiles à l'air froid et humide. Pendant le temps qu'ils passeront dehors, ils seront constamment pourvus de couvertures s'ils ne sont pas toujours en mouvement. En hiver, les aliments sont généralement secs; ils échauffent et sont peu favorables à la sécrétion du lait. Il faut neutraliser les effets des foins et des grains, en entrecoupant l'usage de ces substances par des choux et des racines fourragères. Les boissons sont abondantes et en général saines; si elles sont trop froides, il est facile de remédier à cet inconvénient.

Les *travaux* de cette saison, surtout si les routes sont glissantes, couvertes de glace, exposent les attelages à des accidents et nécessitent des conducteurs intelligents, sachant prendre des précautions dans les chemins difficiles.

Mais quoique faisant des travaux à certains égards dangereux, les animaux se fatiguent moins cependant qu'en été. Souvent même le temps ne permet pas de leur faire quitter l'étable. C'est le moment de leur faire *consommer les fourrages peu nutritifs*, les pailles, et les foins des marais. Cela est d'autant plus facile, qu'ils sont alors disposés à manger beaucoup.

A cette époque, a lieu l'*agnelage*. Il faut mettre à part les agneaux faibles, les nourrices qui perdent la laine, et leur distribuer des grains, de l'avoine en grappes, des gerbées, des tourteaux.

C'est la saison où l'on *engraisse* le plus généralement les bestiaux. Nous le rappelons pour faire remarquer qu'elle est la plus favorable pour cette opération, et qu'elle doit autant que possible être choisie quand les provisions de fourrages et les débouchés de bestiaux gras le permettent. Du reste, on dispose alors des aliments les plus propres à cette opération : les tourteaux et les châtaignes, l'orge, les féverolles, les pois en grains ou réduits en farine...

Maladies. L'hiver est nuisible aux animaux faibles, âgés ou exténués, qui n'ont pas assez de force pour réagir contre l'impression de l'air froid sur la peau. On remarque sur les chevaux, surtout sur ceux qui travaillent dans les villes mal pavées, dont les rues présentent à leur milieu un ruisseau boueux, les eaux aux jambes, les crevasses et le crapaud. Le farcin, la morve, les rhumatismes, sont aussi très fréquents pendant les temps froids et humides.

II. Printemps.

Le printemps comprend les jours qui s'écoulent du 20 ou 21 mars, au 21 ou 22 juin. Il dure à peu près 92 jours. Pendant cette saison, les rayons solaires nous arrivent moins obliquement et nous éclairent plus long-temps qu'en hiver. Cependant la terre, vers la fin du mois de mars, ne s'échauffe encore qu'avec lenteur ; couverte en plusieurs endroits d'eau et de glace, elle réfléchit dans l'espace une grande partie de la chaleur qu'elle reçoit du soleil, et celle qu'elle absorbe devient en partie latente par la fonte des neiges et par l'évaporation de la grande humidité du sol. Mais à mesure que les jours deviennent plus longs, les glaces fondent, la terre se dessèche, et vers la fin de mai, les rayons solaires nous arrivent plus ardents, plus rapprochés les uns des autres, et nous échauffent rapidement.

Durant cette saison, la terre fournit toujours beaucoup de vapeurs qui se répandent dans l'atmosphère pendant le jour, se condensent la nuit, et forment d'abondantes rosées. Nous voyons même souvent, dans les mois de mai et de juin, d'épais nuages se former tout-à-coup, parcourir l'espace, et des orages terminer des journées dont le soleil, au matin, semblait garantir la complète sérénité.

Le printemps est une saison favorable à la VÉGÉTATION : la chaleur et l'humidité des premiers beaux jours réveillent les plantes de leur sommeil d'hiver ; les substances nutritives, amassées en automne dans les racines bisannuelles ou vivaces, dans les cotylédons, s'élaborent et se transforment en jeunes pousses ; en même temps, les racines commencent leurs fonctions absorbantes, et les feuilles s'étalent. C'est lorsque les chaleurs sont fortes et les pluies fréquentes au printemps, que les céréales s'enracinent bien ; que les prés sont vigoureux et les pâturages riches : l'herbe, est abondante, mais encore trop jeune, aqueuse et peu succulente.

Les chaleurs du printemps, par l'action directe qu'elles exercent sur tous les ANIMAUX, contribuent encore à caractériser cette saison ; elles font éclore les œufs des insectes et développer les larves des années précédentes ; dans les quadrupèdes, la transpiration de la peau devient abondante, et la fourrure hérissée, terne de l'hiver, est remplacée par une autre à poils courts, lisses et brillants. Aux effets qui résultent de la chaleur et des aliments, s'ajoutent, pour les animaux soumis au régime du pâturage, ceux qui sont produits par l'exercice au grand air. Les jeunes bêtes deviennent gaies et prennent de l'embonpoint ; le lait des femelles augmente, et celles qui ne sont pas pleines témoignent le désir de recevoir le mâle : celui-ci, quoique toujours disposé à propager son espèce, a cependant plus d'ardeur au printemps que dans les autres saisons.

TRAVAUX AGRICOLES. — On continue, à la fin de mars, les labours, les semailles commencés dans la saison précédente ; on fait aussi les plantations de pommes de terre, et l'on pratique le sarclage des céréales.

C'est la saison d'épamprer la vigne et d'ébourgeonner les arbres fruitiers, les châtaigners. Les produits de ces opérations peuvent être utilisés frais pour nourrir les herbivores, ou desséchés, mis en feuillards, pour les hiverner.

SOINS AUX ANIMAUX. — Les journées sont déjà longues, les chaleurs fortes, et les travaux pressants ; on augmentera la ration des attelages et on donnera une nourriture plus substantielle.

Cela est d'autant plus nécessaire que les animaux, commençant à sentir le vert, mangent avec moins d'avidité les aliments secs, et refusent ceux qui sont de mauvaise qualité.

Dès le mois d'avril, au commencement ou à la fin selon les pays et le temps, on met les bestiaux à l'*usage du vert* donné au râtelier. On distribue d'abord le seigle, le farouch, l'escourgeon, et la vesce mêlée à une céréale. Dans le mois de juin, on peut faire consommer la luzerne et le trèfle.

La nourriture verte est généralement avantageuse ; l'on en distribuera, par économie, dans les fermes où l'on ne fait pas pâturer. Cette nourriture est surtout favorable aux animaux qui, ayant reçu des aliments secs et poudreux, perdent difficilement le poil d'hiver. Sous l'influence de la nourriture aqueuse, la mue s'opère bien, les maladies cutanées disparaissent, et avec elles les insectes aptères.

C'est aussi un bon moyen de combattre le soubresaut du flanc, si commun chez les chevaux qui ont été mal soignés, nourris avec du foin poudreux en hiver. Si les animaux travaillent, on n'interrompra pas les distributions d'avoine, et on ne passera que graduellement à l'usage du vert, que l'on mêlera à du foin pendant les premiers jours.

Lorsque les juments n'ont pas été *saillies* en hiver, on ne laissera pas passer le mois d'avril sans les mener à l'étalon ; de même on soignera les vaches en vue de leur faire prendre le mâle.

C'est aussi le moment favorable pour pratiquer la *castration* sur les animaux qui doivent la subir.

On opère dans cette saison le *sevrage* des agneaux. Si on veut qu'ils ne souffrent pas de la perte de leur mère, il faut, surtout si on ne leur donne pas des grains, leur avoir préparé un bon pâturage, ou leur distribuer au râtelier un fourrage de première qualité : du sainfoin, de la minette, une bonne bisaille venue à point.

Au printemps commence aussi l'*éducation des poulains* ; on attelle ces jeunes animaux, soit à la herse sur les guérets, soit au rouleau pour donner un plombage aux vesces et aux céréales, soit au buttoir ou au cultivateur pour faire les façons que réclament la pomme de terre, le colza, la betterave.

Les *maladies* du printemps sont causées par les grandes variations de température qu'on remarque souvent dans les mois d'avril et de mai, et par le changement de régime ; l'animal qui passe des chaleurs du jour aux fraîcheurs des nuits, qui est exposé aux giboulées de mars, contracte des catarrhes, des maladies de poitrine, des rhumatismes. Le passage subit d'une nourriture sèche, peu abondante, à une nourriture verte et copieuse, détermine d'abord la diarrhée, ensuite la pléthore, et des congestions sur la rate, sur le foie et le poumon. Si aux effets d'une alimentation substantielle se joint l'action du soleil, si des animaux restés longtemps à l'étable sont exposés aux rayons ardents de cet astre, on observe alors des fièvres cérébrales, des apoplexies foudroyantes. C'est encore au printemps que se remarque la fourbure chez des animaux abondamment nourris qui travaillent sur des routes dures et échauffées par le soleil. Enfin, c'est vers la fin de cette saison, lorsque les herbivores se nourrissent de fourrages secs, nouvellement récoltés, que naissent les échauboulures, la raffle, des échauffements, des indigestions, le vertige.

Le printemps est généralement *favorable* aux herbivores, surtout aux élèves qui jouissent pour la première fois du grand air, qui prennent de l'exercice, mangent de l'herbe tendre, et dont les nourrices sont au vert. Il favorise la guérison de la gale, du farcin, des eaux aux jambes, et des irritations chroniques. L'eau, introduite dans le corps avec les plantes, contribue-t-elle à dissoudre les calculs de la vessie et des canaux biliaires?

III. Été.

L'été astronomique dure environ 93 jours. Il commence au solstice d'été, le 20 ou 21 juin, et dure jusqu'au 23 septembre. Au 22 juin, les jours, sans compter les crépuscules, sont de 16 heures, et de 12 seulement à la fin de l'été. Pendant cette saison, la terre a, relativement au soleil, les positions qu'elle a eues au printemps, mais elles se succèdent dans un ordre inverse. La grande différence qui existe entre les effets hygiéniques de l'été et ceux du printemps, vient de l'influence que les saisons exercent les unes sur les autres. A la fin du mois de juin la terre a déjà été échauffée par le soleil, et sa surface desséchée et aride, absorbe le calorique que lui prodigue cet astre. L'évaporation pendant le jour est peu considérable : l'air est sec, les nuits sont courtes, chaudes et la rosée peu abondante, sinon nulle en beaucoup d'endroits.

La VÉGÉTATION est encore en grande activité au commencement de la saison ; mais bientôt elle se ralentit, surtout dans les contrées du Midi où les jours de pluie sont si rares, et où il tombe à peine 15 cent. de pluie pendant les mois de juillet, d'août et de septembre ; les racines des plantes commencent à manquer d'humidité ; l'air, avide d'eau, active la transpiration, les feuilles se rident, se fanent, et se renversent. Dès avant la fin de la saison, beaucoup de plantes herbacées ont terminé leur végétation ; toutes sont moins aqueuses, plus fermes, plus nourrissantes, et plus toniques qu'au printemps.

TRAVAUX AGRICOLES. SOINS AUX ANIMAUX. — La *récolte du foin et celle des céréales* sont quelquefois une occasion de grandes fatigues pour les attelages : la longueur des journées, les fortes chaleurs, les insectes, et souvent la poussière, sont des causes d'épuisement dont il faut prévenir les effets en faisant, autant que possible, travailler les animaux à la fraîcheur, et en leur donnant une bonne nourriture.

Outre les travaux de la récolte, on donne en été des *façons aux jachères* et on laboure les terres qui ont produit le colza, la vesce, le seigle coupé pour fourrage. On pratique le *déchaumage* qui est moins pénible pour les animaux que le labour, et qui constitue cependant une très bonne opération.

Durant cette saison, au commencement surtout, il faut continuer de *semer les fourrages* de manière à être pourvu d'aliments verts jusqu'aux gelées. C'est quand la sécheresse du printemps a arrêté la pousse du foin, comme en 1858, que cette précaution est de première nécessité. Le maïs, le sorgho, le millet commun, le millet d'Italie, le moha, et le sarrazin quand on a des bestiaux peu difficiles sur la nourriture, sont les meilleurs fourrages pour cette saison ; aucune légumineuse ne nous paraît pouvoir leur être comparée.

On *transplante* en été *les crucifères*, les diverses variétés de choux, le chou-rave. On *sème la navette*, le *colza*, à bonne heure quand on veut les utiliser comme fourrage. On a ainsi des produits qui peuvent être consommés avant la fin de l'hiver, soit sur place, soit au ratelier. En Afrique, on commence à les faucher dans le courant de décembre.

Le fermier continuera pendant les mois de juin et de juillet l'*administration du vert* aux animaux : les prairies artificielles vivaces fournissent leurs produits au commencement de la saison, et vers la fin, elles donnent leur deuxième coupe. C'est le moment de faucher les fourrages ensemencés après l'hiver, le maïs le sorgho, les millets. Outre ces précieuses graminées, on a en Afrique pendant cette saison, les figues de Barbarie pour nourrir les porcs, et la plante qui les fournit pour les grands ruminants. Dans le mois d'août et en septembre, on peut utiliser avec avantage les feuilles de betteraves, les fanes de la patate, celles de l'iguame de Chine, du topinambour : on coupe ces fourrages beaucoup plus tôt en Afrique et dans le midi de la France que dans le nord.

Quand l'herbe sera rare dans les *pâturages*, sans cesser d'y conduire les animaux, on leur administrera un supplément de nourriture au ratelier. Cette précaution est avantageuse surtout pour les vaches laitières : en complétant la ration prise au pâturage, une brassée de maïs, de sorgho, de millet, de feuilles de betteraves, selon le pays, peut doubler le rendement en lait. C'est en administrant à propos ce supplément de nourriture aux femelles nourrices et aux jeunes élèves, que l'on prévient les effets nuisibles de la sécheresse, de la rareté des fourrages sur les races : il suffit d'un mois de souffrances pour arrêter le développement des jeunes animaux, ou du moins pour altérer profondément leur conformation. Pour avoir ce supplément de fourrage, on peut au besoin, effeuiller le maïs, le sorgho, le millet, et sans nuire à la récolte en grains, en sucre, hâter la maturité de la plante et récolter un produit pouvant doubler la valeur des élèves.

On continue d'utiliser les jeunes animaux aux travaux peu pénibles ; on les emploie aux *sarclages* des betteraves, au *buttage* des pommes de terre ; on les attelle même à la charrue pour donner des façons aux jachères.

Il faut en été bien *aérer les étables*, mais aussi en garnir les ouvertures de toiles pour arrêter les mouches, ou de paillassons qui produisent le même effet et en outre arrêtent la lumière tout en laissant passer l'air. Ces précautions sont bienfaisantes pour tous les animaux, et indispensables pour ceux que l'on engraisse, pour les porcs, pour les juments qui nourrissent, et pour les jeunes élèves.

C'est aussi le moment de faire usage de *couvertures* en toile, de caparaçons et de filets, de pratiquer des *lavages* avec des décoctions amères pour préserver des mouches, les bêtes de travail.

Les *bains*, dans les rivières ou dans les étangs, sont bienfaisants dans cette saison. On profitera du moment où les animaux seront dans l'eau ou viendront d'en sortir, pour leur nettoyer la peau. Si on ne peut donner des bains, on pratiquera avec soin le pansage pour prévenir l'irritation que tend à produire la poussière.

On utilisera les chaumes de suite après la moisson pour mettre les brebis en état de demander le bélier ; si l'on n'a pas cette ressource, on réservera des herbages particuliers afin que le troupeau soit bien nourri et que la *lutte* ne traîne pas en longueur.

Maladies. Presque toujours, vers la fin de l'été, les fourrages sont rares, et les herbes dures, couvertes de poussière, peu abondantes, fournissent une nourriture insuffisante pour des animaux épuisés par la chaleur et la transpiration cutanée. L'appareil digestif débilité, fonctionne plus lentement que dans les saisons froides.

Les herbivores, pour suppléer alors à l'herbe qui souvent manque sur les pelouses, broutent les jeunes pousses des arbres et contractent de fortes irritations intestinales et des pissements de sang ; les eaux, d'ordinaire rares, et les boissons mauvaises de l'été, altèrent les humeurs du corps et contribuent à produire les inflammations des voies digestives, les fièvres bilieuses, les affections adynamiques, les fièvres charbonneuses qui paraissent vers la fin de la saison.

La chaleur et la poussière, les insectes, le travail au soleil, attaquent la peau, le système nerveux, et occasionnent des affections cutanées, des maladies nerveuses, le vertige et le tétanos.

La fermentation de la vase des marais se développe aussi vers la fin de l'été, et la putréfaction des matières animales devient plus active ; le pus se corrompt rapidement dans les plaies, où les mouches déposent des œufs bientôt transformés en larves. L'air altéré produit des effets d'autant plus graves, que les animaux affaiblis présentent moins de résistance aux causes morbifiques. C'est à la fin d'août que se montrent les maladies charbonneuses, et c'est à cette époque aussi que la contagion sévit le plus. Favorable aux individus faibles, disposés aux hydropisies, aux maladies atoniques et vermineuses, l'été est nuisible aux animaux nerveux, bilieux ou sanguins.

C'est dans cette saison que se montre le sang de rate sur les ruminants. On cherchera à prévenir cette maladie en distribuant des fourrages aqueux, en préservant les animaux des fortes chaleurs, en donnant en abondance de bonnes boissons, et au besoin en faisant émigrer les troupeaux.

Par une administration rationnelle de grains, de son, d'eau salée, vinaigrée ou blanchie, on peut prévenir les conséquences souvent nuisibles des fortes chaleurs et des boissons mauvaises qu'on est obligé de faire consommer dans beaucoup de localités ; et, en prenant les précautions propres à débarrasser la peau, les yeux, et les cavités nasales des corps pulvérulents (v. p. 144) ; en faisant les travaux le matin pendant que le soleil est encore bas, et le soir quand il se rapproche de l'horizon ; en choisissant de préférence, quand c'est possible, des chemins de traverse pour éviter la poussière des grandes routes, on peut prévenir les maigreurs excessives et les maladies occasionnées d'ordinaire par les grandes fatigues de l'été sur les animaux qui travaillent beaucoup, ou qui font de longs voyages, pendant la saison des fortes chaleurs.

IV. Automne.

Le temps qu'emploie le soleil pour aller de l'équateur au tropique du Capricorne, c'est l'automne. Cette saison dure du 23 septembre au 22 décembre, 89 jours à peu près. A mesure que le soleil se rapproche du pôle austral, les rayons qu'il nous envoie s'éloignent de plus en plus de la direction perpendiculaire à notre hémisphère. Au commencement de l'automne, il demeurait 12 heures sur l'horizon, et il n'y reste plus que 8 à la fin.

Quoique déjà fort éloignés de cet astre à la fin de septembre, nos pays possèdent une température encore élevée ; la terre, échauffée par les journées si longues du printemps et de l'été, conserve beaucoup de chaleur : elle est sèche, les chemins sont couverts de poussière, et les insectes tourmentent les animaux.

Les premières pluies d'automne font cesser toutes ces causes d'insalubrité, mais par malheur elles sont rarement assez fortes pour couvrir d'eau toute la surface des marais, pour alimenter les sources et faire grossir les rivières ; elles rendent seulement les rosées abondantes, les brouillards épais et malsains ; en humectant la surface de la terre, elles contribuent beaucoup à produire la fraîcheur de ces longues nuits, qui suivent les journées si chaudes du mois de septembre.

TRAVAUX AGRICOLES ET SOINS AUX ANIMAUX. — Nous mentionnons seulement les *derniers labours*, le *transport du fumier*, et les *semailles* du seigle, du blé, et même de l'orge et de l'avoine dans le Midi, l'arrachage des racines et la rentrée de ces récoltes, en rappelant que les mauvaises conditions de l'été — fortes chaleurs, insectes fatiguants, poussière dans les chemins, manque d'herbe dans les pâturages, eaux basses et souvent de mauvaise qualité, dégagement d'émanations marécageuses — existent toujours ; qu'il faut les combattre par les soins que nous avons indiqués en parlant de la précédente saison.

A la fin de l'automne commencent les travaux pénibles de l'hiver, les *défoncements*, les *labours des prairies*, le *transport des fumiers* et le *marnage* pour les semailles du printemps ; mais ces travaux sont beaucoup moins urgents que les semailles et le transport des fumiers pour le blé, que la rentrée des pommes de terre et des betteraves, de sorte que l'on peut et que l'on doit y employer les attelages avec plus de modération.

Dans les premiers jours de l'automne, si on ne l'a pas fait plus tôt, on *semera des prairies* pour le printemps ; on en semera encore vers le milieu d'octobre et à la fin de novembre afin d'avoir, l'année suivante, de la nourriture aqueuse jusqu'au moment où l'on pourra faucher les prairies vivaces ou les fourrages semés après l'hiver.

Pendant le mois de septembre, les *feuilles* des arbres ont acquis de la fermeté et cependant adhèrent encore fortement aux branches. On profitera de ce moment pour en faire la récolte ; quelquefois même on peut la faire dans les derniers jours du mois d'août. Après les vendanges, dans quelques cantons du Lyonnais, on récolte les feuilles de vigne. Cette pratique est trop peu répandue.

C'est aussi le moment, pour quelques contrées du Midi, de couper des feuillards pour fumer le provignage. On y emploie toutes les espèces de plantes ligneuses ; les ronces, les bruyères, les ajoncs, les genêts, ne peuvent recevoir une meilleure destination ; mais il serait plus avantageux de faire consommer les feuilles de châtaignier, de chêne, de peuplier, par les animaux et de porter ensuite le fumier dans les vignes.

Le mois de septembre est le plus favorable pour pratiquer l'écobuage, pour faire les brûlis. C'est aussi le moment de mettre le feu aux fourrées de ronces, d'ajoncs, et de bruyères qu'on ne veut pas faire le sacrifice d'arracher. On ne détruit par le feu que les tiges, et les racines reproduisent des jets l'année suivante ; mais l'on répand en même temps des cendres sur le sol, et l'on a ensuite quelques années d'un bon pâturage composé d'herbes qui poussent avec vigueur, et de jeunes pousses d'arbustes que tous les animaux broutent avec plaisir. On sait que les Arabes tirent de cette pratique, dont ils abusent malheureusement, des ressources précieuses pour nourrir leurs troupeaux pendant quelques mois de l'année.

Avec la culture alterne, il est facile de bien nourrir les attelages occupés aux pénibles travaux de l'automne : on peut faire consommer les dernières coupes des prairies vivaces, mais il faut compter surtout sur le produit des prairies annuelles, sur le maïs, les millets, le sorgho, plantes que l'on doit avoir semées en récolte dérobée après les pois, le colza, les seigles, les orges, et même après les blés. Nous mentionnons seulement les feuilles des récoltes racines, des betteraves, des carottes, des patates, qu'il faut faire consommer d'urgence plutôt que de chercher à les conserver.

Vers la fin de la saison on remplace, dans la nourriture des bestiaux, les herbes fauchées par les racines alimentaires : les betteraves, les carottes, les panais et les topinambours. Les résidus des distilleries, des sucreries, des huileries, donnent une ressource qu'il faut rappeler, mais qu'on réserve souvent pour les bêtes de rente.

Si l'on ne cesse pas le *pâturage* à la fin de la saison, on donnera un supplément de nourriture, ou le soir, ou le matin, selon l'heure à laquelle on fera sortir les animaux.

A la fin de l'été ou au commencement de l'automne, lorsque les eaux sont basses, on *nettoyera les mares*, les fontaines, et même, tous les deux, trois, quatre ans, les puits peu profonds.

C'est en septembre, en octobre, que l'on *sevre les poulains* et les *génisses*. Pour faciliter cette opération, on livrera de bons pâturages aux jeunes animaux, en même temps qu'on fera travailler les mères ou qu'on réduira leur nourriture, afin de faire diminuer la sécrétion des mamelles.

La maturité des fruits, des pommes, des poires, des châtaignes, du gland, est à plusieurs égards favorable ; mais elle est aussi la cause de divers accidents qu'on doit chercher à prévenir en surveillant les animaux libres dans les pâturages, en leur mettant une martingale afin qu'ils ne puissent pas relever la tête pour saisir les fruits sur les arbres.

Maladies. La nécessité de faire travailler les animaux au soleil pour les semailles, et de les conduire le soir dans les pâturages pour réserver le foin, occasionne des pneumonies. Comme l'herbe est peu abondante dans les terres en pelouse, les animaux, réduits à brouter les feuilles et les jeunes branches des plantes ligneuses, contractent la maladie des bois ; en outre, nourris de végétaux durs et excitants, ils prennent en grande quantité des boissons insalubres qui altèrent profondément les humeurs : les eaux des mares, des sources et même des rivières, sont alors basses et chargées de substances salines ou de matières putrides. Si à toutes ces causes s'ajoute l'action funeste des marais, on observe des maladies du plus mauvais caractère, des péripneumonies malignes, des fièvres muqueuses, adynamiques, et charbonneuses. Les affections qui sont ordinairement chroniques résistent alors aux moyens thérapeutiques, et elles font périr les animaux, ou ne guérissent qu'au printemps suivant.

V. Succession des saisons.

Les quatre saisons ne sont pas également distinctes dans toutes les régions du globe. Entre les tropiques, règne un été perpétuel, et vers les pôles, on n'observe qu'un hiver très long et quelques jours de fortes chaleurs. Les zônes tempérées jouissent seules des deux saisons les plus favorables, du printemps et de l'automne, qui en succédant à l'hiver et à l'été, produisent les plus heureux effets, servent de transition, et nous font passer insensiblement des fortes chaleurs aux froids intenses, et des froids rigoureux aux grandes chaleurs.

Par leur succession et par leur diversité même, les quatre saisons sont favorables à l'économie animale. En se tempérant réciproquement, elles entretiennent dans le développement des organes, dans l'exercice des fonctions, un état d'équilibre nécessaire à la santé ; les maladies que l'une a fait naître sont souvent guéries par celle qui la suit. Cette succession n'est même pas toujours assez rapide : les saisons durent quelquefois assez longtemps pour modifier profondément l'organisme et pour détruire la santé ; de là résultent les diverses maladies de *printemps, d'été, d'automne* et *d'hiver*. Les *enzooties* sont presque toujours produites par les saisons : elles se montrent et reparaissent tous les ans aux mêmes époques. Les frimas eux-mêmes sont nécessaires pour suspendre la végétation et prolonger la durée des plantes ; pour modérer l'activité vitale des animaux, et prévenir leur épuisement ; pour arrêter la fermentation putride, et détruire les insectes nuisibles, comme les plantes parasites qui épuisent les récoltes.

Quoique les saisons soient passagères et que dans nos pays elles semblent à peine modifier les individus, elles agissent profondément sur les espèces et contribuent à *créer* et à *modifier* les *races*. Les froids continus du Nord et les chaleurs perpétuelles des tropiques tendent à produire des tempéraments très marqués et des êtres qui diffèrent beaucoup moins les uns des autres que ceux des zônes tempérées. Cette masse de chair et de graisse dont les Scythes surabondent, les rend tellement semblables les uns aux autres, disait Hippocrate, qu'on n'aperçoit presque aucune diversité parmi les hommes ni parmi les femmes. Cela provient de l'uniformité des saisons : elles ne produisent aucun changement, aucune modification, ni dans les formes des individus, ni dans le principe qui perpétue l'espèce.

Ce que le froid occasionne chez les habitants des contrées rapprochées des pôles, les chaleurs continues l'opèrent sur les habitants des régions tropicales. Dans toutes les contrées où l'on n'observe qu'une saison, les êtres organisés se ressemblent ; tandis que dans les pays tempérés où le temps est variable, les individus diffèrent à la longue, selon les circonstances dans lesquelles ils vivent, et procréent des êtres dissemblables, par l'effet des saisons qui, en continuant à agir sur les jeunes sujets, produisent la diversité que présentent les espèces dans nos climats.

VI. Influence de l'irrégularité des saisons sur les plantes et sur les animaux.

Nous venons d'étudier les saisons, en supposant qu'elles se montrent toujours aux époques ordinaires, et qu'elles ont constamment à peu près les mêmes caractères. Il nous reste à examiner l'influence qu'elles exercent par la manière dont elles se succèdent, et par l'irrégularité des phénomènes qui les constituent.

Les saisons astronomiques, déterminées par des phénomènes qui tiennent aux lois générales de notre système solaire, sont invariables ; mais les alternatives de chaleur, de lumière, de végétation, et tous les phénomènes qui caractérisent les saisons agricoles et médicales, quoique subordonnés aux premiers, n'en ont pas la régularité. L'abondance ou la rareté des pluies, les météores, l'influence que les saisons exercent les unes sur les autres, intervertissent souvent l'ordre de leur succession, et les font devancer ou retarder.

Parmi les causes qui peuvent passagèrement faire varier les effets des saisons, il faut placer l'influence des espaces que nous fait parcourir le soleil, en obéissant à l'attraction de quelque étoile éloignée. N'est-ce pas par l'action de ces espaces que nous devons expliquer ces chaleurs excessives et ces froids extraordinaires que nous observons de loin en loin ?

Les effets de la température et de l'état particulier de l'air qui caractérisent chaque saison, quoique à peu près de même nature, quelle que soit l'époque où règnent cette température et cet état de l'air, varient selon que les saisons sont plus ou moins régulières quant à leur durée et quant au moment de leur apparition. Les années, disaient les anciens, sont salubres quand l'apparition et le coucher des astres sont suivis des effets qui se produisent ordinairement, quand le printemps est chaud et tempéré par des pluies douces, l'été chaud et sec, l'automne froid et sec, l'hiver froid et humide, et que ces caractères sont tranchés sans être exagérés.

Les saisons régulières sont aussi favorables au bon emploi des attelages et à la réussite des récoltes que salutaires à la santé des êtres vivants « elles donnent d'amples moissons, disait Tourtelle ; les fruits sont très-abondants et de bonne qualité ; les seigles et les blés fournissent beaucoup de farine, les moutons une excellente laine, et les chairs sont on ne peut meilleures et plus sapides. »

Si une saison se présente avec les caractères d'une autre, c'est la constitution médicale de celle-ci qui va régner ; si le même jour il fait alternativement chaud et froid, que nous soyons en été ou en hiver, nous verrons éclore les maladies particulières au printemps et à l'automne. Mais les saisons *irrégulières*, celles qui empiètent les unes sur les autres, sont ordinairement dangereuses ; elles contrarient toujours les travaux des exploitations rurales, font souvent perdre les récoltes, et altèrent la santé des animaux.

Nous devons signaler en particulier, comme se faisant remarquer plus souvent et occasionnant les plus grandes pertes, le froid et la chaleur venant dans des temps anormaux ; les longues sécheresses ; enfin la persistance des pluies qui trop souvent rend nos printemps et même nos étés aussi humides que nos hivers.

IRRÉGULARITÉS DE LA TEMPÉRATURE. — En parlant du calorique, nous avons dit quels sont les plus grands *froids* auxquels les plantes résistent, et à quelle température la végétation commence. Les dégâts occasionnés par les froids à l'agriculture, tiennent plutôt à la saison pendant laquelle ils règnent qu'à leur intensité ; car dans chaque pays, les végétaux et les animaux naturalisés ou simplement acclimatés, sont organisés de manière à résister à l'hiver ; ils ne sont incommodés que lorsque la température baisse extraordinairement dans un moment où elle devrait être élevée.

C'est de cette manière que les gelées blanches nuisent souvent aux arbres, aux arbustes, et même aux plantes herbacées. C'est par des abris et surtout en cultivant des plantes robustes, que l'on doit prévenir les désastres des froids du printemps et de l'automne.

Ces froids sont rarement assez intenses pour nuire aux animaux, dont la sensibilité ne varie pas comme celle des plantes selon les saisons ; mais ils rendent souvent difficile l'application des règles de l'hygiène en retardant et même en détruisant certains végétaux alimentaires ; en s'opposant à la pousse de la feuille du mûrier, le froid tardif peut contrarier beaucoup les sériciculteurs ; en arrêtant la pousse de l'herbe dans les pâturages et dans les prairies artificielles, il peut constituer en perte les producteurs d'agneaux comme les nourrisseurs de vaches laitières.

Quand le pays que l'on habite est exposé à ces froids intempestifs, il faut en tenir compte dans l'établissement des assolements, n'introduire dans l'exploitation qu'avec réserve, des végétaux ou des animaux qui peuvent en souffrir.

Dans tous les cas, on doit se prémunir contre ces intempéries par des provisions suffisantes de fourrages et par des cultures complémentaires, afin de pouvoir retarder la mise au pâturage, ou de pouvoir nourrir convenablement le cheptel au ratelier avec des fourrages antérieurement récoltés, quand les plantes que l'on destinait à être fauchées ou consommées sur place sont retardées.

Il est trop facile de comprendre la nécessité d'abriter les jeunes agneaux quand le printemps est froid, de couvrir le bétail qu'on est obligé de faire sortir pendant les giboulées, pour qu'il soit nécessaire de faire à cet égard des recommandations particulières.

C'est aussi, et par leur intensité, et par l'époque intempestive de leur apparition, que les *chaleurs* nuisent aux végétaux. Quand elles viennent trop tôt, elles *surprennent* les plantes et les font jaunir ou les flétrissent ; d'autres fois, elles produisent une maturité anticipée, et par conséquent l'avortement des grains et des fruits.

Dans l'horticulture, on prévient les coups de soleil au moyen de couvertures, d'abris, de paillassons ; mais nous ne connaissons pas de moyens applicables en grand. On se bornera à bien choisir les plantes que l'on veut cultiver et à faire les semailles à bonne heure, en automne ou au printemps, afin que les récoltes mûrissent avant l'arrivée de la forte chaleur, ou du moins afin qu'elles soient assez fortes et assez avancées pour y résister. On s'abstiendra de semer tardivement des pois, des vesces, là où la chaleur très-forte en été, peut faire mûrir prématurément les récoltes de cette saison.

Les animaux peuvent souffrir directement de ces chaleurs. Quand on les fait sortir de suite après l'hiver pour le pâturage et surtout pour le travail, ils éprouvent, plutôt que dans une autre saison, des fluxions sanguines à la suite des coups de soleil. Mais c'est surtout en arrêtant la pousse de l'herbe, en faisant tarir les sources et baisser les rivières, que les chaleurs nuisent aux bestiaux ; les effets s'en confondent alors avec ceux de la sécheresse.

Longues sécheresses. — Nous n'avons pas à indiquer les effets trop connus des sécheresses. Chacun sait aussi que nous ne pouvons y opposer que des irrigations dont l'emploi est malheureusement trop restreint ; mais il n'est peut-être pas intempestif de rappeler que ces calamités doivent être prévues et qu'il faut, là où elles se montrent de temps en temps, se prémunir contre les pertes qu'elles occasionnent en semant les récoltes à temps, en donnant la préférence, seraient-elles inférieures à d'autres égards, à celles qui résistent le mieux aux temps secs.

Au point de vue de l'hygiène, l'étude des sécheresses comporte plus de développements. Quand elles sont produites par les vents continus de l'Est qui dessèchent le pays sans élever extraordinairement la température, elles n'exercent pas d'action directe sensible sur les animaux, et cependant elles ont une très-grande influence sur la production des épizooties et sur les caractères des races ; elles agissent alors en raison de leurs effets sur le sol, sur les plantes et sur les eaux.

En disposant le *sol* à s'émietter, la sécheresse expose les animaux à respirer un air impur, à introduire de la poussière dans les cavités pectorales, à manger des plantes couvertes de gravier, d'où résultent l'usure des dents, des inflammations des organes digestifs, des calculs intestinaux, le dégoût, la perte de l'appétit, l'amaigrissement, la diminution du lait, la chute de la laine, et toutes les affections qui peuvent être la conséquence de la détérioration des humeurs.

Tenir les animaux dans les habitations, les faire marcher pendant la nuit et le matin avant les fortes chaleurs, les nourrir à l'étable, seraient des moyens efficaces pour prévenir ces maladies, mais l'emploi n'en est pas toujours possible.

Les fortes sécheresses se font presque toujours remarquer en été et en automne. Elles règnent peu au printemps et presque jamais en hiver. Celles du printemps arrêtent la pousse des *plantes,* et peuvent devenir calamiteuses pour le cultivateur, mais elles sont moins directement nuisibles aux animaux que celles qui viennent plus tard.

Non seulement les sécheresses de l'été et de l'automne arrêtent la végétation, mais encore elles rendent les plantes herbacées dures, ligneuses, irritantes. C'est lorsque cet effet se combine avec celui de la poussière, avec la transformation des étangs en marais, avec le dégagement des effluves, qu'on observe sur les animaux, dans des régions d'ordinaire salubres, les plus graves maladies et en particulier les affections charbonneuses et l'avortement.

On connaît les conséquences d'une nourriture insuffisante sur les jeunes animaux ; il nous suffira de dire que la sécheresse est un des plus grands obstacles que rencontre en France l'amélioration des herbivores domestiques.

Une longue sécheresse, en faisant tarir les sources, change la composition des *eaux*, et en diminue les qualités.

Nous confondons peut-être l'effet avec la cause, en attribuant la disparition de l'eau, la diminution des sources et des rivières, à la sécheresse. Mais nous dirons que si la rareté de la pluie et de la rosée est la cause unique de la sécheresse du sol, celle-ci entraîne à sa suite la diminution des sources et partant l'abaissement des rivières. D'ailleurs, le sol sec, en absorbant les vapeurs de l'atmosphère, active l'évaporation des eaux répandues à la surface de la terre.

Quoi qu'il en soit, après une longue absence de pluie, surtout si le temps a été chaud, les eaux sont basses et rares. Les animaux trouvent difficilement à s'abreuver, se fatiguent pour se rendre à l'abreuvoir, et souvent ne prennent pas assez de boissons ; tandis que d'autres fois, excités par la poussière, la chaleur, et par une nourriture très-peu aqueuse, ils en prennent de trop grandes quantités.

En même temps que les eaux deviennent rares, leur composition chimique se modifie : l'eau s'évapore seule sous l'influence de la chaleur, du moins elle n'entraîne que de minimes quantités des matières qu'elle tient en dissolution ou en suspension, et celle qui reste à la surface de la terre contient à peu près toutes les matières qui existaient dans la masse avant l'évaporation. Ainsi le premier effet de la sécheresse, c'est de rendre les eaux que boivent d'ordinaire les animaux plus chargées ; d'où résulte qu'elles deviennent dures, irritantes et indigestes.

Mais à mesure qu'elles diminuent, elles s'échauffent, ainsi que la vase et le limon qu'elles recouvrent. La fermentation devient plus active dans la masse et il se produit des matières putrides qui se répandent en partie dans l'air et l'altèrent ; une autre partie reste dans l'eau et lui donne des propriétés malfaisantes.

Sous l'influence de ces divers phénomènes, les animalcules se multiplient prodigieusement dans les eaux qui en renferment toujours, et il s'en produit dans celles qui n'en ont pas constamment. On sait que ces êtres ont une existence très courte ; les générations s'en succèdent avec une grande rapidité pendant les chaleurs ; il en résulte une production excessive de matières animales qui nuisent aux animaux, en pénétrant dans les organes digestifs, et en nature, et sous forme de gaz.

Ces effets de la sécheresse ne sont pas également marqués dans tous les *pays* ; c'est dans les contrées où les eaux sont toujours rares, où elles sont d'ordinaire fortement chargées de sels calcaires, où l'on a l'habitude de faire boire les animaux aux mares, qu'ils sont le plus sensibles. Ces conditions se remarquent dans les pays à sol calcaire et peu accidenté.

Si nous ajoutons que les plantes y sont fermes, sapides, qu'elles y prennent de la consistance à mesure que les eaux deviennent rares ; qu'on ne remarque pas dans les herbages ces emplacements mous, aqueux, qu'on observe dans les contrées argileuses et sur les terrains schisteux, on comprendra pourquoi les fortes chaleurs occasionnent des maladies si graves dans les causses du Midi, dans le Languedoc, et dans la Beauce, le Soissonnais.

On sait que c'est pendant les années de fortes chaleurs et de grande sécheresse que le sang de rate exerce ses plus grands ravages dans toutes nos riches contrées à sol calcaire. MM. Delafond et Garreau, ont cité les années 1840, 1842, 1844, 1846, 1847, 1850, 1852, comme extraordinaires, par les grandes sécheresses et par la grande mortalité qu'on a remarquée sur les troupeaux de la Beauce. On avait noté antérieurement que les années 1770, 1775, 1782, 1811, 1828, 1835, 1838, avaient été aussi très préjudiciables aux propriétaires de troupeaux.

Dans ces années, toutes les causes de maladie qui résultent de la chaleur et de la sécheresse agissent à la fois, et il ne reste aux cultivateurs d'autre moyen de prévenir la mortalité, que de vendre leurs animaux, ou du moins d'en diminuer le nombre afin de pouvoir mieux soigner ceux qu'ils conservent.

Dans tous les cas, il faut chercher à rafraîchir les animaux avec des fourrages aqueux, des racines alimentaires, des pâturages annuels largement fumés et semés dans des lieux frais ; il faut faire pâturer sur les sols arrosés, sur les argiles, faire parquer en plein air mais dans des lieux frais et ombragés ; bien aérer les étables en ayant soin d'ouvrir les fenêtres du côté d'où ne vient pas le soleil ; donner de bonnes boissons et au besoin ajouter à l'eau, soit du vinaigre ou de l'acide sulfurique, soit du sel marin, ou mieux du sulfate de soude.

Si l'émigration dans un pays moins exposé à la sécheresse, et où les plantes sont moins excitantes et les eaux plus abondantes, était possible, il faudrait l'employer.

Notre agriculture souffre beaucoup plus des GRANDES PLUIES que des sécheresses. Il est rare que sous notre climat l'humidité ne soit pas assez forte pour faire développer, même là où les pluies sont le plus rares, nos principales récoltes, le blé, le seigle, le raisin, l'olive, la châtaigne ; tandis que trop souvent les pluies de la fin du printemps et de l'été font couler les blés et la vigne, donnent une vigueur extrême aux céréales et les font verser, s'opposent à la récolte des foins, contrarient les moissons, font moisir l'herbe et germer les grains, retardent la maturité des châtaignes et du sarrazin, s'opposent à celle des raisins, et nous plongent dans la misère.

La grande persistance des pluies, ou seulement des temps pluvieux, agit directement sur les animaux en les refroidissant et en imprégnant la peau et les tissus d'un excès d'humidité.

Mais l'action la plus puissante se produit indirectement; elle s'exerce par l'atmosphère et par les plantes : l'air saturé de vapeurs contient moins d'oxygène, vivifie moins bien le sang veineux, surtout absorbe mal les vapeurs aqueuses qui deviennent libres à la surface des bronches et de la peau. Dans les temps pluvieux, les végétaux sont d'ordinaire assez vigoureux, et les fourrages assez abondants; mais remplis de principes mal élaborés, ils sont fades et trop aqueux; ils contribuent comme l'air à introduire dans le corps animal un excès d'humidité.

Sous cette influence, les herbivores n'engraissent pas, même dans les bons herbages, et ils maigrissent souvent; les élèves dépérissent et sont mal conformés. On voit régner, surtout dans les contrées argileuses et sur les terrains siliceux, l'anhémie et la pourriture.

Les maladies produites par l'humidité sont l'inverse de celles que la sécheresse détermine; elles se manifestent dans des conditions différentes de temps et de sols.

Cette observation si souvent renouvelée nous indique ce que nous avons à faire pour prévenir les effets des temps trop pluvieux. Il faut d'abord faire sortir les animaux le moins possible, et les pourvoir de couvertures. Il faut surtout ne pas faire manger des plantes mouillées, ou ne les faire manger que lorsque les animaux auront déjà pris une partie du repas en fourrages secs et de bonne qualité. On devra même donner des aliments particulièrement nutritifs et jusqu'à un certain point excitants : de la luzerne sèche, du bon sainfoin, des grains, des graines, des tourteaux, des condiments toniques même.

Parmi ces derniers, le sel marin, les baies de genièvre, occupent le premier rang; mais le gland, les plantes amères, produiraient également de bons effets et devraient être préférés : comme dans cette circonstance il faut agir contre des causes de maladie puissantes et persévérantes, l'influence des condiments seuls serait inefficace. Par une très bonne nourriture seulement, ou par un mélange naturel ou artificiel de principes toniques et de principes alimentaires, on peut neutraliser les effets de l'excès d'humidité que l'air et les plantes introduisent dans l'économie animale.

CHAPITRE VII.

DES CLIMATS.

§ 1er. *Des climats astronomiques.*

Les climats sont, pour les géographes, des parties de la terre comprises entre deux latitudes ; pour le naturaliste, et surtout pour le vétérinaire et l'agronome, qui se préoccupent de la possibilité de produire des plantes et des animaux, le climat est déterminé par la température, ou la position du sol relativement au soleil ; par les phénomènes aériens, les vents et la pression barométrique ; par les météores aqueux, les pluies et les rosées ; enfin par certains phénomènes accidentels, comme les secousses électriques et les orages qui en sont la conséquence.

Toutes les régions de notre globe qui sont sous les mêmes latitudes, ne présentent pas des climats semblables et n'agissent pas également sur la santé : l'élévation des lieux, la nature du sol, le voisinage des eaux, et une foule d'autres circonstances, peuvent rendre certaines localités voisines de l'équateur, plus froides, plus humides, que d'autres qui en sont fort éloignées. La même province, si elle présente des côteaux tournés au midi et de hautes montagnes, réunit quelquefois des climats très-divers.

L'ACTION DES CLIMATS est plus marquée sur les *animaux inférieurs*, et surtout sur les *plantes* sans cesse exposées aux agents aériens, que sur les oiseaux et les mammifères. Elle est cependant très-grande sur le développement et la constitution des *herbivores*, et elle nous intéresse autant au point de vue de l'amélioration des races, qu'à celui de la conservation des individus. Les espèces animales qui habitent les régions polaires du Sud, quoique appartenant à des genres différents, ressemblent à celles qu'on trouve vers le pôle nord, et celles des régions tempérées des différentes parties du globe, offrent entre elles de grandes conformités, bien qu'elles ne soient pas les mêmes.

Le climat exerce une moindre influence sur l'*espèce humaine.* Nos vêtements, nos habitations, nous préservent en partie de l'action des agents extérieurs. La préparation des aliments, l'habitude du travail, tendent à rendre semblables les hommes de toutes les contrées civilisées ; cependant les habitants des divers pays se distinguent facilement encore par de grandes différences dans la taille, la couleur, le caractère, l'intelligence, et beaucoup d'autres singularités. Vous reconnaîtrez, de notables dissemblances entre deux enfants du même père et de la même mère, mais nés l'un dans la partie tempérée de l'Europe, l'autre sous l'équateur; un homme et une femme nés en Angleterre, dit le commodore Byron, et habitant les Indes, engendrent des descendants qui ont la couleur et la physionomie des créoles.

Ces effets des climats sur les êtres organisés, résultent de l'action combinée du sol, de l'atmosphère, de la culture des terres, des aliments, des boissons, des fluides impondérés, mais surtout du calorique.

Nous diviserons les climats en climats chauds, en climats tempérés, et en climats froids.

CLIMAT CHAUD. — C'est le climat des régions du globe où la température ne varie ordinairement que de + 20 à + 40 degrés; les grandes chaleurs, presque aussi fortes la nuit que le jour, y durent toute l'année. L'influence des saisons y est à peine sensible : du 1er janvier au 31 décembre, le soleil y lance des rayons perpendiculaires qui répandent, pendant 12 heures par jour, des torrents de chaleur et de lumière. C'est un été perpétuel. Quoique avide d'eau et paraissant sec à l'hygromètre, l'air des pays chauds contient beaucoup d'humidité. Les orages y sont très-fréquents; il tombe dans quelques localités des régions équatoriales, plus de deux mètres de pluie par an.

Le climat chaud s'étend sur les deux hémisphères jusqu'au 30° degré de latitude, mais avec d'assez grandes variations : entre les tropiques, règne un climat très-chaud; la température diminue généralement à mesure qu'on s'éloigne de la zône torride.

Sous les climats chauds, les *êtres organisés* ont un caractère particulier. Nous y trouvons des plantes ligneuses à longues racines, par lesquelles elles se préservent de la sécheresse; des plantes grasses, et des plantes à feuilles larges, qui tirent peu de nourriture du sol, et vivent principalement aux dépens de la rosée et de l'humidité de l'air. La végétation est très-vigoureuse dans les lieux humides des contrées chaudes; aussi les irrigations y produisent-elles de très-grands effets : le riz, l'orge et le froment y prospèrent; la luzerne, si elle est arrosée, donne des coupes nombreuses et productives.

Les reptiles acquièrent, dans les pays chauds, une grandeur inconnue ailleurs; les insectes et les oiseaux y brillent des nuances les plus vives; les mammifères ont, en général, le système nerveux développé, les caractères bien dessinés, les tissus fermes, la peau serrée ; les solipèdes sont intelligents et souvent susceptibles d'éducation. Les animaux comme l'homme y consomment peu de nourriture. On n'y donne aux chevaux qu'une quantité d'aliments qui serait insuffisante pour les entretenir dans nos contrées ; aussi ne parviennent-ils en Arabie, en Perse, et en Afrique, que lentement au terme de leur croissance ; ils sont petits et ont le pied dur, à corne luisante.

Toutefois, dans quelques régions humides de la zône torride, où les vapeurs adoucissent la température de l'air, les herbivores acquièrent une taille aussi élevée que dans les fertiles provinces des climats tempérés.

Les climats ardents déterminent des *affections cutanées*, des *maladies nerveuses*, des *fièvres bilieuses* et *adynamiques* ; si le sol est sablonneux, si l'air est chargé de poussière, il y règne de graves *ophthalmies* ; si le sol est humide, la chaleur, en activant la fermentation des débris organiques contenus dans l'eau et dans la vase des marais, produit les émanations les plus malfaisantes pour les animaux supérieurs.

CLIMATS TEMPÉRÉS. — Ces climats s'étendent dans les deux hémisphères, du 30° degré de latitude au 60°. Le temps y est variable : en été, à midi, il y fait aussi chaud que sous l'équateur ; mais les hivers y sont froids ; la température varie de — 20 à + 40°. On y compte quatre saisons, à peu près d'égale durée.

Les *plantes* vigoureuses et variées s'y revêtent d'une écorce épaisse, et les bourgeons, d'écailles qui les préservent des froids et des pluies. Nous y trouvons des racines sucrées, des grains, des graines riches en huile et en azote, qui, en alimentant des fabriques de sucre, d'amidon et d'huile, donnent des résidus nourrissants pour le bétail.

Les *herbivores* et les *granivores*, qui fournissent à l'homme une si bonne nourriture, y acquièrent un grand développement et ont une chair d'un goût exquis. Les animaux de travail y sont un peu mous ; mais par la stabulation permanente, par un régime sec et tonique, on peut leur donner de l'entrain et de l'énergie, en même temps que suspendre le développement excessif des formes. On peut produire dans ces climats des bêtes à cornes, des solipèdes et des bêtes à laine de toutes les races connues, en modifiant par le régime et la stabulation, l'action du sol et de l'air. Les plus grands animaux domestiques que nous connaissions se trouvent dans les climats tempérés : les bœufs de la Gascogne, de la Normandie, de la Suisse ; les chevaux belges, hollandais ;

les moutons anglais, les flamands et les soissonnais, sont les plus gros de leur espèce ; on y rencontre pourtant les chevaux du nord de l'Afrique, de la Corse, de l'Espagne, des Landes et du Limousin avec les bœufs de la Bretagne et les moutons berrichons, tant il est vrai que l'influence des climats ne dépend pas exclusivement de la situation géographique des lieux.

Les animaux de ces pays, habitués à des saisons courtes, à des variations de toute espèce, supportent facilement tous les autres climats ; mais dans les lieux bas, l'humidité y engendre le *farcin*, la *morve* et la *pourriture*. La *fluxion périodique* des yeux est plus commune dans les montagnes tempérées de la Bretagne, de l'Auvergne et du Dauphiné, où les fourrages sont peu nutritifs, que dans les provinces chaudes des péninsules.

Climats froids. — Au-delà du 60ᵉ degré de latitude, commencent les climats froids. Il n'y a, dans les régions polaires, que deux saisons bien marquées, mais fort inégales : un été de quelques mois, dont les jours très longs sont échauffés par un soleil au moins aussi ardent que celui de la ligne, et un hiver de huit à neuf mois, pendant lequel le thermomètre descend à — 50°, et beaucoup plus dans les *climats très froids*, au-delà des cercles polaires. La température, qui, aussitôt après le solstice d'été, s'élève dans les pays froids tout autant que sous la zone torride, et qui n'éprouve dans cette dernière que des variations de 15 à 18°, varie dans les climats tempérés de 60°, et de plus de 100 dans des régions glaciales encore habitées.

Il tombe moins d'eau, dans les pays froids que sous l'équateur ; mais il y pleut plus souvent, et l'évaporation y est lente ; aussi le sol y est-il humide, couvert de plantes herbacées à racines courtes, d'arbres verts et de lichens. On y cultive des récoltes dont la végétation est rapide.

Le nombre d'espèces *animales*, terrestres et aquatiques, diminue à mesure qu'on s'éloigne de la ligne pour se rapprocher des pôles. Dans les climats très froids, on ne rencontre que des mollusques, des insectes, et quelques poissons.

L'air des régions polaires est, en raison de sa densité, très riche en oxygène ; dans la respiration, il enlève au sang une grande quantité de carbone et d'hydrogène, mais il produit beaucoup de calorique. Les animaux résistent peu à la faim, et quoiqu'ils prennent beaucoup de nourriture, ils n'atteignent jamais de grandes proportions. Le froid excessif produit le même effet que la chaleur extrême : les bœufs, les solipèdes, sont petits en Islande, en Laponie, comme dans les climats où la chaleur est intense.

§ 2. *Des climats agricoles.*

De tous les éléments qui caractérisent les climats, la température et l'humidité sont ceux qui exercent la plus grande influence
sur la végétation ; mais comme l'on peut remédier à l'excès d'humidité par les desséchements, et à la sécheresse par des irrigations, et qu'il n'est pas possible de modifier sensiblement les conditions de chaleur et de froid propres à chaque localité, c'est surtout d'après la température qu'il convient de régler les cultures.

I. Température propre aux diverses régions de la France.

Pour servir de base aux observations que nous avons à faire
sur la distribution des cultures, nous donnons la température de
quelques localités prises dans les différentes régions de la France,
en commençant par celles où les froids sont les plus intenses.

	Moyennes.			Minima.
	Hiver.	Été.	Année.	
Grande-Chartreuse. . .	— 1,81	+ 12,16	+ 5,50	— 26,25
Épinal.	— 0,40	18,30	9,50	— 25,60
Montlouis.	— 0,29	13,92	5,96	— 13,75
Genève.	0,00	16,86	8,98	— 23,50
Mulhouse.	+ 1	19,60	10	— 28,10
Strasbourg.	+ 1,10	18,30	9,80	— 23,40
Saint-Dié.	1,13	18	9,58	— 26,65
Pontarlier.	1,21	16	8,44	— 23,75
Gray.	1,88	18,58	10,06	— 15,60
Nancy.	2	18	10	— 26,50
Metz.	2	20	10	— 21,25
Besançon.	2,17	18,96	10,80	— 16,87
Dijon	2,18	18,86	9,85	— 18
Le Puy.	2,28	18,80	8,88	— 19,75
Lyon.	2,30	21.11	11,80	— 18,75
Orléans.	2,61	18,70	10,78	— 15,88
Viviers.	2,67	22,46	12,97	— 8,58
Rodez.	2,74	18,57	10,94	— 15,12
Clermont-Ferrand. . . .	2,75	18,83	11	— 18,13
Chartres.	2,84	18,62	10,58	— 19,50
Manosque.	3	28,04	14,13	— 10
Abbeville.	3	15	9,18	»
Avranches.	3,01	20	11,50	— 5,23
Paris.	3,25	17,80	10,50	— 25,50
Rouen.	3,50	17,60	10,40	— 27,70
Lons-le-Saulnier. . . .	3,59	19,72	11,54	— 23,75

	Moyennes.			Minima.
	Hiver.	été.	Année.	
Mende.	3,71	18,50	10,50	«
Troyes.	3,80	19,75	11,23	— 23,75
Saint-Lô.	4,07	15,93	9,87	— 14,13
Fontenay-le-Comte. . .	4,13	18,92	11,23	— 17,50
La Rochelle.	4,20	18,40	11,60	— 16,50
Tours.	4,20	19,70	11,65	— 15
Mayenne.	4,46	18,54	11,25	— 20
Orange.	4,95	21,49	12,77	— 15
Toulouse.	5,29	20,58	12,64	— 13,80
Nantes.	5,45	21	13	— 15,60
Saint-Brieuc.	5,46	17,92	11,16	— 10
Saint-Malo.	5,73	19,04	12,58	— 13,75
Avignon.	5,80	23,10	14,42	— 15
Montpellier.	5,80	22	13,60	— 16,10
Pau.	5,85	20,06	13,59	— 12,30
Angers.	6	18,10	11,4	«
Toulon.	6,10	23,40	14,40	— 1,25
Bordeaux.	6,10	20,03	12,87	— 13
Arles.	6,41	23,71	14,87	— 6,20
Cherbourg.	6,50	16,10	11	— 2,50
Perpignan.	7,13	23,92	15,21	— 9,58
Ile d'Oléron.	7,17	20,58	14,63	— 6,25
Béziers.	7,43	23,23	14,67	— 7
Marseille.	7,49	21,27	14	— 17,50
Angoulême.	7,88	22,47	13,80	«

TEMPÉRATURE MOYENNE ANNUELLE; SES EFFETS. — Cette moyenne varie en France de + 5,5 à + 15,55. Les plus basses températures s'observent sur quelques montagnes élevées, et les plus chaudes dans le midi et dans l'ouest.

Une moyenne élevée peut provenir, ou de ce que les hivers sont doux, ou de ce que les étés sont très-chauds : la première condition se remarque sur les bords de l'Océan où les hivers, tempérés par les vapeurs de la mer, ont une moyenne de + 7 à + 8° ; et la seconde est propre aux côteaux éloignés de la mer qui, en raison de l'inclinaison du sol vers le sud et de la transparence de l'air, ressentent très-fortement l'influence des rayons solaires. Sur les rivages de l'Ouest, à Cherbourg, la température de l'hiver est de + 6,50 et diffère de 9 degrés à peu près de celle de l'été qui est de + 16,10 ; tandis que, à Manosque par exemple, la moyenne de l'hiver est de + 3, et celle de l'été de + 28 — différence 25°.

Il suffit de remarquer sur le tableau précédent que la température moyenne annuelle est la même à l'île d'Oleron et à

Angoulême qu'à Toulon et à Montpellier : la même à Saint-Malo et à Brest qu'à Orange et à Toulouse, pour comprendre qu'elle ne correspond pas avec la possibilité de cultiver les mêmes plantes.

TEMPÉRATURES MINIMA ET TEMPÉRATURES MOYENNES DES HIVERS ; LEURS EFFETS. — A l'occasion des *minima* de la température, nous ferons remarquer d'abord, que les chiffres qui les expriment ne méritent pas toujours une entière confiance : il y a peu d'années que les observations météorologiques se font sur une grande échelle, et comme elles ne comprennent, pour beaucoup de localités, qu'un petit nombre d'années , elles peuvent ne donner, pour ces localités, que des températures exceptionnelles.

Nous dirons ensuite, que les froids n'agissent pas seulement en raison de leur intensité, mais aussi en raison de leur durée. Il faut donc tenir compte des *moyennes*. Telle plante résiste à une nuit de — 15° qui périt sous l'influence d'un froid moindre qui dure 10 ou 15 jours : le froid pénètre alors plus profondément dans l'épaisseur du sol et de la tige. En outre, les plantes ne sont pas toujours également sensibles ; celles dont la sève a été mise en mouvement par quelques jours de soleil, souffrent plus d'un froid donné que celles qui ont été soumises à une basse température depuis le commencement de l'hiver. De même, le froid qui vient subitement, quand la terre est très-humide, déracine les blés et les détruit, sans avoir une très-grande intensité.

De toutes les conditions, la plus désavantageuse pour les plantes et les animaux, c'est l'alternative de journées chaudes et de nuits froides : le dégel ramollit la surface du sol, et la gelée qui lui succède la raffermit, et en la soulevant, arrache ou coupe les plantes au collet de la racine. C'est en raison de ces effets que les froids tardifs, sans être très intenses, sont si nuisibles ; que souvent les récoltes souffrent plus à l'exposition sud qu'à l'exposition nord, quoique à cette dernière, le froid soit plus fort.

Ajoutons qu'il peut y avoir intérêt à semer en octobre ou en novembre des plantes qui cependant ne résistent pas à certains hivers. Les produits abondants qu'elles donnent quand elles réussissent, compensent les pertes occasionnées, de loin en loin, par des froids exceptionnels. Les orges, l'avoine d'hiver, les vesces, certains blés, le colza, sont cultivés avec avantage comme récoltes d'hiver, dans des pays où ils sont, de temps en temps, détruits en partie par la rigueur des temps. La convenance de ces cultures se déduit de la comparaison des avantages qu'elles procurent avec la fréquence des froids qui leur nuisent.

MOYENNES DES ÉTÉS ; LEURS EFFETS. — Toutes les plantes qui donnent des produits utiles fructifient dans la belle saison. Aussi est-ce surtout d'après la température des étés, que sont établies les régions des diverses cultures. C'est de la chaleur en effet que dépend, sinon la possibilité de conserver les plantes, au moins la convenance de les cultiver avec avantage.

Les *plantes* ont besoin pour parvenir à leur maturité d'un certain nombre de degrés de calorique. Il faut à peu près : à l'orge, 1,800° ; au froment, 2,000 ; au maïs, 2,500 ; au raisin, 2,600 ; à la pomme de terre, 3,000.

Ces observations peuvent être utiles pour régler l'acclimatation des plantes. En tenant compte de la quantité de degrés dont une plante a besoin pour mûrir, et du temps pendant lequel elle végète, on peut prévoir si elle est susceptible d'être cultivée dans un pays dont on connaît la température pendant les divers mois de l'année.

Pour connaître la somme de chaleur nécessaire à la maturité d'une plante, on multiplie le nombre de jours pendant lesquels elle végète par la température moyenne de ces jours. Pour les plantes semées en automne, on ne commence à compter que du moment où la chaleur au printemps est assez forte pour imprimer de l'activité à la végétation.

Ainsi en multipliant 122, nombre de jours qu'a duré la végétation du maïs en Alsace, par 20", température moyenne de ces jours, M. Boussingault a trouvé 2,440. Depuis l'époque où le blé commence à végéter dans les environs de Paris, vers le milieu de mars, jusqu'au moment de la moisson, fin juillet, il y a 160 jours dont la température moyenne est 13 : $160 \times 13 = 2,080$; pour l'orge, $92 \times 19 = 1,748$; pour les pommes de terre, $157 \times 18 = 3,000$.

Ces nombres ne sont pas rigoureux. Si des plantes sont cultivées dans un sol de couleur claire qui s'échauffe difficilement, dans un sol humide, ou frais, ou bien fumé, elles mûrissent plus tard que celles qui sont dans des conditions moins favorables à leur végétation, quoique les unes et les autres soient à la même exposition : les premières auront donc besoin de recevoir une plus grande quantité de calorique.

D'un autre côté, on ne peut pas tenir compte de tous les phénomènes qui influent sur la chaleur d'un pays ; on ne saurait indiquer exactement tout le calorique que reçoivent les plantes. Il arrive que des journées pendant lesquelles le soleil accumule dans la terre beaucoup de calorique poussent plus la végétation,

proportionnellement à la température marquée par le thermomètre, que des journées nuageuses.

Dans tous les cas, il faut aussi tenir compte du degré de chaleur nécessaire pour exciter la végétation et pour l'entretenir.
Certaines espèces peuvent être cultivées plus au Nord que d'autres, qui cependant mûrissent avec une moindre quantité de degrés
thermométriques, parcequ'elles sont moins sensibles au froid,
qu'elles réclament moins de chaleur pour végéter, et qu'elles vé-
gètent pendant plus longtemps : la vigne et la pomme de terre,
qui exigent cependant plus de degrés de calorique que le maïs,
donnent des produits plus au Nord que ce dernier.

II. Circonstances qui influent sur la température des lieux.

Les observations météorologiques ne sont pas encore assez nombreuses pour permettre de résoudre *à priori* les questions agricoles qui se rapportent à la température du pays ; mais elles permettent d'entrevoir les lois selon lesquelles la chaleur se distribue
dans les deux principales saisons de l'année. Elles sont dans tous
les cas, fort intéressantes à connaître, et le cultivateur après les
avoir appréciées, se rendra facilement compte des phénomènes
thermométriques qu'il observera dans sa propre localité.

Si nous recherchons les causes de la distribution de la chaleur,
nous trouvons, que sur la surface très accidentée et peu étendue
de la France, la température a peu de rapports avec la latitude
des lieux.

Que l'on considère en effet, les noms des villes inscrites dans le
tableau page 275, on verra que les lieux ayant la même température sont disposés sans ordre régulier. Si par exemple on traçait
des lignes passant par les pays où l'on observe les mêmes *températures d'hiver* ou à peu près, celle des hivers très froids (une
température moyenne de — 1,84 à + 1,40) pourrait passer par
Strasbourg, Mulhouse, Epinal, Saint-Dié, Pontarlier, Genève, la
Grande-Chartreuse ; celle des hivers froids (température de + 2 à
+ 3) par Metz, Nancy, Besançon, Dijon, Lyon, le Puy ; celle
des hivers doux (température moyenne dépassant + 4) par Cherbourg, Saint-Lo, Saint-Brieuc, Nantes, l'île d'Oleron et Bordeaux.
On voit que ces zônes de température sont plutôt perpendiculaires
que parallèles à l'équateur, et qu'en se rapprochant de l'Océan, la
température des hivers devient de plus en plus douce.

Des lignes qui toucheraient les localités ayant la même *température moyenne de l'année*, passeraient : celle de 16° à peu près
selon la direction de la Seine jusqu'à Melun, se dirigeant sur Gray,

Besançon et Mulhouse ; celle de 11° partant de Cherbourg, passerait à Mayenne, Chartres, Montargis, Auxerre, Macon et Lons-le-Saunier ; celle de 12°, à Brest, Vannes, Nantes, Blois, Autun, Lyon, Vienne, Viviers ; ces lignes se dirigent assez directement de l'Ouest vers l'Est, mais en s'abaissant vers le Sud à mesure qu'elles s'éloignent de l'Océan.

Des lignes tracées selon la *température moyenne des étés* n'auraient pas la même direction; elles s'élèveraient au contraire de l'Ouest à l'Est; celle de 18, 19° suivrait Fontenay, Tours, Orléans, Nancy; plus au Sud la ligne 20° partirait de la Rochelle, et s'élèverait jusqu'à Hagueneau en passant par Blois, Montargis, Troyes et Metz.

Les observations météorologiques prouvent donc que lorsque l'influence des mers et celle des montagnes concourent, elles sont plus puissantes que celle de la latitude ; car les lignes de chaleur, celles du froid surtout, sont plutôt en rapport avec la direction de nos rivages et des chaînes de montagnes qu'avec les parallèles. C'est seulement quand les mers et les latitudes agissent dans le même sens, comme en Provence, que les zones de même température se rapprochent du parallélisme avec la latitude. Ainsi Perpignan, Béziers, Arles, Marseille, Toulon, se trouvent sur une ligne dont la température d'hiver est de + 6 à + 7, celle de l'été de + 22 à + 23 et celle de l'année de + 14 à + 15.

Il faut remarquer aussi que les zones ayant les mêmes moyennes de température pour toute l'année s'abaissent considérablement dans la région des montagnes, vers l'Auvergne et la Franche-Comté. L'influence des Vosges, du Jura, des Alpes, du Cantal, détermine dans les froids de l'hiver, un accroissement qui n'est pas compensé par la chaleur des étés.

C'est rarement d'après la latitude d'un pays, qu'on peut reconnaître son aptitude à produire telle ou telle plante délicate ; c'est plutôt d'après son altitude et son voisinage de la mer. Ainsi, les plantes vivaces qui craignent les froids rigoureux : la guimauve, la pomme épineuse, s'avancent plus vers le Nord à l'Ouest qu'à l'Est; le myrthe est cultivé comme plante d'ornement en Irlande, l'oranger est en espalier dans le Devonshire, le laurier-sauce, le laurier cerise, les magnoliers, vivent en pleine terre en Angleterre, dans la Normandie, en Bretagne, où le raisin ne mûrit pas, tandis qu'ils périssent en hiver sur nos montagnes de l'Est, et même à Lyon s'ils ne sont pas abrités.

Ces plantes délicates vivent dans les climats maritimes à de hautes latitudes, mais sans y fructifier. La fructification a besoin, pour se produire, d'une température élevée. Aussi remarquons-nous qu'elle est limitée du côté du Nord par des lignes qui se dirigent, en s'éloignant de l'équateur, du Sud-Ouest vers le Nord-Est.

Des détails qui précèdent, il résulte que pour régler les cultures d'après la température, il faut tenir compte, tantôt des moyennes annuelles, tantôt des moyennes de l'été, tantôt des extrêmes de l'hiver, selon les plantes que l'on veut obtenir.

Pour les *plantes annuelles*, par exemple, on doit se guider sur la température estivale. Il suffit que la chaleur soit assez forte, pour qu'elles puissent parcourir leur végétation entre les froids du printemps et ceux de l'automne. Ainsi le maïs, les avoines, les haricots, sont cultivés en France, quoique ne pouvant pas résister à nos hivers.

Pour les *plantes vivaces* et les *arbres cultivés pour les fruits*, il faut tenir compte du froid de l'hiver et de la chaleur de l'été; les plantes doivent résister aux rigueurs de la mauvaise saison et trouver, en été, une température assez élevée pour que les fruits parviennent à maturité.

Tandis que pour les *plantes cultivées pour les fanes*, les fourrages, et pour les *arbustes cultivés pour leur feuillage* ou *leurs fleurs*, on peut n'avoir égard qu'aux basses températures; il suffit qu'ils ne périssent pas pendant la mauvaise saison.

III. Distribution des cultures sur le sol de la France ; régions agricoles.

Young d'abord et de Candolle ensuite, avaient marqué les limites Nord des diverses cultures en France, par des lignes qui se rapprochent des lignes d'égale température d'été : celle qui marque la limite de la culture de l'olivier part de Carcassonne, passe à Anduse et s'étend jusqu'aux environs de Montélimart ; celle au-delà de laquelle le maïs ne mûrit pas, part de l'embouchure de la Gironde, passe à Saint-Jean d'Angely, Bourges et Strasbourg, et celle de la vigne, qui commence à l'embouchure de la Loire, à Guérande, se rapproche de la partie Sud de l'arrondissement d'Alençon, et s'avance vers Senlis, Saint-Hubert. La culture de cet arbrisseau ne dépasse pas, vers les rives de l'Océan, le 46e degré de latitude, tandis qu'en Alsace elle s'étend jusqu'au 50e et que plus vers le centre du continent européen, elle se prolonge jusqu'au 52e vers Dusseldorf, et même jusqu'au 54e à Kœnisberg.

Au point de vue météorologique, la France présente de grandes irrégularités qui s'expliquent cependant par l'influence des trois mers qui la baignent, par celle des vallées qui introduisent jusqu'à son centre, les unes les vents du Nord, les autres ceux du Sud; par l'altitude si diverse de son sol, et par l'influence que les hautes montagnes exercent quelquefois à de très grandes distances.

En prenant en considération ces circonstances, nous établirons pour le sol de la France, cinq climats ou régions agricoles. Cette division nous permettra de dire un mot des conditions favorables à chacune des principales productions de notre agriculture.

CLIMAT MÉDITERRANÉEN OU RÉGION DE L'OLIVIER. — Ce climat est caractérisé par des hivers courts et presque partout fort doux, et par un été long, sinon excessivement chaud à cause du voisinage de la mer, dont les vapeurs modèrent plus ou moins les ardeurs du soleil.

La température moyenne est au moins : celle de l'hiver de $+ 5°$ celle de l'année de $+ 14$ et celle de l'été de $+ 22$.

Malgré le voisinage de la mer, l'été est sec ; mais l'automne et le printemps sont pluvieux. Il y a dans l'année 50 jours de pluie à Marseille et 67 à Montpellier.

Le bassin où règne ce climat est abrité par les Pyrénées, les Corbières et la Montagne Noire ; par les Cévennes et les Alpes ; il commence dans la vallée du Rhône avec le département de Vaucluse et s'étend d'un côté vers l'Est en Piémont et en Italie ; de l'autre jusqu'aux Pyrénées.

On y cultive l'olivier ; les vins y sont spiritueux, et les fourrages rares, à moins d'irrigations. On y emploie l'âne et le mulet connus par leur sobriété. Il n'y a pas de races bovines à lait, et en général tous les animaux y sont petits, mais d'un facile entretien.

Le bassin de la Méditerranée est remarquable par la production des laines. La race ovine du Roussillon, et celle de la plaine de la Crau ont toujours été renommées. Cependant le voisinage de la mer rend quelques cantons marécageux ; mais le pays est assaini par les vents frais qui se précipitent des Alpes, des Cévennes et des Pyrénées pour remplacer l'air qui, échauffé par une haute température, s'élève dans l'espace. On a ensuite tiré un excellent parti des ressources locales : en faisant voyager les animaux l'été vers les régions fraîches des Alpes et des Pyrénées, l'hiver vers les plaines de la Provence, du Roussillon et du Languedoc, on les place dans des conditions aussi avantageuses au point de vue économique que favorables à la santé. (Voy. p. 286.)

Nous trouvons en Afrique le même climat, mais plus prononcé. Le blé y devient vigoureux en hiver quand le soleil, s'approchant du pôle Sud, rejette vers le Nord des masses d'air chaud, qui en se refroidissant, y déposent l'excès de leur humidité ; mais ces conditions favorables ne durent pas assez longtemps, la maturité des récoltes y est trop hâtive, et les grains ne prennent pas toujours tout le développement que la vigueur de la végétation promettait.

CLIMAT OCÉANIQUE, RÉGION DES PATURAGES. — Ce climat règne sur les rivages de la mer du Nord, de la Manche et de l'Océan, et s'étend de Dunkerque jusqu'à la Charente. Il suit les vallées de l'Aisne, de la Somme jusqu'à Lille, Valenciennes, et occupe la Basse Normandie, la Bretagne et la Vendée. Il est caractérisé par une température modérée constante ; il n'y a entre l'hiver et l'été que 12° de différence à Angers, 11 à Brest, 10 à Cherbourg et 14 à La Rochelle. Sur les bords de la mer la température est douce, même dans le Nord : elle est de + 16° à Christiana (Norvège) et de + 18 seulement à Mafra, (Portugal). Les brouillards et les vapeurs de la mer rendent l'été doux et l'hiver brumeux ; les vents occidentaux y entretiennent une humidité presque continuelle qui modère la température en été comme en hiver. On attribue aussi une grande influence à des courants d'eau qui, en se dirigeant de l'Amérique équatoriale vers le Nord échauffent les côtes de l'Europe occidentale.

Dans ce climat les pluies sont abondantes, surtout en automne ce qui empêche le raisin de mûrir : les récoltes y sont quelquefois difficiles à faire ; mais les arbres délicats : le laurier, le myrthe, le magnolier, y vivent en pleine terre.

Ce climat est favorable à la pousse de l'herbe et au régime du pâturage, qui peut durer le jour et la nuit, même l'hiver : les animaux de boucherie y sont volumineux sinon remarquables par le goût de leur chair, à l'exception de ceux des prés salés. Les vaches y donnent beaucoup de lait, et les moutons se font remarquer par la longueur de leur toison.

En France le climat des pâturages est peu tranché ; il se confond avec le suivant, puisque les céréales y réussissent presque partout, excepté dans les années très pluvieuses. La moisson est difficile dans quelques vallées des côtes de la Manche.

CLIMAT DES PLATEAUX OU RÉGION DES CÉRÉALES. — Les céréales peuvent être cultivées dans presque toute la France ; mais elles prospèrent d'une manière plus particulière sur les plateaux calcaires de la Bourgogne, de la Champagne, du Berry, de la Brie, de la Beauce, de la Haute-Normandie, de l'Ile de France, et de la Lorraine ; quelques cantons de la Bretagne, et du bassin de la Garonne leur sont aussi très-favorables.

La région des céréales est plutôt caractérisée par la constitution géologique du sol, par son élévation moyenne au dessus du niveau de la mer, que par des phénomènes météorologiques.

Il y règne un froid sec en hiver, et des pluies en mars, avril, mai, juin, qui favorisent l'élévation de la paille et le grossissement du grain. Dans quelques cantons, les pluies persistent quelquefois trop longtemps; on a de la peine à rentrer les récoltes : le climat présente alors les caractères de la région des herbages.

Ce climat est remarquable par les qualités des chevaux qu'on y élève et par la valeur des bêtes à laine qu'on y produit : c'est la conséquence de l'abondance des grains et des *facultés alibiles* des herbages. Si les fourrages sont médiocres, dans quelques vallées de la Picardie, les grains que le pays produit en abondance et que l'on distribue sans parcimonie, en préviennent les mauvais effets. Les cultivateurs tirant un bon profit de leurs animaux, font les sacrifices nécessaires pour les élever convenablement, et au besoin pour les améliorer.

On n'élève pas de grands troupeaux de bêtes à cornes dans la région des céréales et l'on en entretient peu.

CLIMAT DES COTEAUX OU RÉGION DES VIGNES. — Ce climat est limité au Nord par une ligne qui s'étend de l'embouchure de la Loire, vers Châteaubriand, à Mamers, Laval, Pontoise, Soissons, Mézières; on sait que la culture de la vigne présente des interruptions considérables dans le Maine, la Beauce, les Vosges, la Franche-Comté, le Forez et l'Auvergne.

Les régions de la vigne, à l'opposé de celles des céréales, sont essentiellement caractérisées par les phénomènes météorologiques. On y remarque des hivers rigoureux, mais des chaleurs fortes en été et prolongées dans le mois de septembre. Le voisinage des montagnes des Pyrénées, de l'Auvergne, des Alpes, des Vosges, refroidissent le temps en hiver. Aussi, à l'exception des rives de l'Océan, cette saison y est rigoureuse; même dans le midi; le thermomètre a marqué — 12° à Toulouse, — 20 à Rodez.

Pour la maturité de la vigne, il faut au moins une température moyenne annuelle de + 6°, une température moyenne d'hiver — 0 et surtout une température moyenne d'été de + 16°. Pour mûrir son fruit, la vigne a besoin après la floraison d'un mois dont la température soit au-dessus de 19°.

CLIMAT DES MONTAGNES; RÉGION DES PELOUSES ET DES FORÊTS. — Nos montagnes doivent à leur grande élévation et quelques-unes à leur éloignement de la mer, une température très-rigoureuse, à l'exception de celles qui sont inclinées vers le Midi, où se fait remarquer une forte chaleur pendant l'été. Les nuits y sont fraîches, les rosées abondantes, et les brouillards fréquents. La neige y reste trois, quatre, cinq, six, sept mois; il gèle sur quelques-unes, plus des deux tiers de l'année, et on y a vu quelquefois tomber de la neige dans toutes les saisons.

Les montagnes élevées ont une aptitude particulière à se couvrir de verdure, d'arbres dans les étages inférieurs, et de gazon sur les sommets élevés. Des mamelons, où cependant il n'existe ni source, ni suintement, sont constamment couverts d'herbe verte et touffue. L'humidité leur est fournie par les brouillards, les nuages et les vapeurs invisibles de l'atmosphère : l'air qui provient des régions inférieures se refroidit à mesure qu'il s'élève, perd sa puissance dissolvante, et abandonne l'eau qu'il contient : pendant que la température moyenne de $+$ 17° à Genève, de $+$ 20 à Grenoble, et de $+$ 24 à Perpignan, elle n'est que de $+$ 6 au Mont-Saint-Bernard, de $+$ 12 à la Grande-Chartreuse et de $+$ 14 à Mont-Louis; la capacité dissolvante de l'air diminue considérablement à mesure que ce fluide passe des plaines dans les hautes montagnes. L'air, qui contient 14 gr. 4 d'eau au niveau du lac Léman, 20 gr. à Grenoble, 24 à Perpignan, ne peut plus en contenir que 6 gr. 5 au Mont-Saint-Bernard, 10 à la Grande Chartreuse, 10 à Mont-Louis. Quand on a passé des nuits d'été sur une haute montagne, que l'on a été exposé au froid qui y règne, sans autres vêtements que ceux de la saison, sans autre abri que la cabane d'un gardien de troupeaux, on comprend combien doit être grande la quantité d'eau que l'air, échauffé par le soleil de la Provence et du Roussillon, transporte et dépose sur les Alpes et les Pyrénées pendant les mois de juillet et d'août.

Nous ferons remarquer que les vapeurs d'eau, les brouillards qui se condensent dans les régions élevées, contiennent, en raison de leur basse température, plus de matières fertilisantes, de composés ammoniacaux, de nitrates, d'acide carbonique que ceux qui se liquéfient dans les plaines. Nous savons d'ailleurs que les orages y sont fréquents, et que les composés azotés doivent être abondants dans les hautes régions de l'atmosphère:

Ainsi s'explique la formation de cette couche de carbone qui, sous forme de terreau, supporte les gazons et augmente sans cesse d'épaisseur, quoiqu'on n'y porte pas un atome de fumier, et quoique les troupeaux enlèvent annuellement sous forme de lait et de viande, des masses considérables de matière organique.

Mais cette herbe des montagnes ne manque-t-elle pas souvent d'éléments minéraux, de chaux, de potasse, de phosphore? on peut se poser cette question, sinon pour les pâturages qui reposent sur les terrains argilo-calcaires, et sur les produits volcaniques, du moins pour ceux qui sont situés sur le gneiss, le granite, et le micaschiste. Ce qui pourrait faire supposer que les éléments minéraux ne sont pas assez abondants dans ces derniers, c'est l'accroissement rapide que prennent les bestiaux quand ils passent des montagnes à roches primitives ou de transition, dans les plaines cultivées et fumées des vallées et des plateaux inférieurs.

Il n'est pas possible d'établir une culture active sur les hautes montagnes. La belle saison y est de trop courte durée : les récoltes, à l'exception de quelques plantes annuelles à végétation très-rapide, n'ont pas le temps d'y mûrir.

Ces montagnes sont couvertes de forêts ou servent de pâturage ; mais le gazon y est court, et il n'est pas possible d'en faucher de fortes quantités pour l'hiver. On ne doit donc pas chercher à y hiverner le bétail : dans les Pyrénées, les Alpes et les Cévennes, on loue les pelouses pour l'estivage des troupeaux nourris l'hiver dans le Roussillon, la Provence et le Languedoc ; dans la Haute-Auvergne, on prend à louage des troupeaux de vaches pour faire consommer les herbes, et on utilise leur lait à faire des fromages.

On a blâmé ce mode d'exploitation qu'on a attribué à un manque de capitaux ; on a supposé que les propriétaires des Alpes, par exemple, louent leurs herbages, parce qu'ils ne peuvent pas acheter des troupeaux pour les faire consommer.

Nous ne concevons pas de meilleur moyen d'utiliser ces terrains que celui qu'on y pratique. Comment pourrait-on songer à hiverner du bétail là où on ne peut ni récolter du foin, ni cultiver des fourrages artificiels? Peu importe que les animaux appartiennent à des propriétaires de la plaine, comme dans la Provence, ou de la montagne, comme dans le Roussillon.

Ce que nous blâmons, c'est l'abus du pâturage et le déboisement qui en est la conséquence ; c'est aussi la négligence que l'on apporte dans la manière de faire pâturer.

En parcourant les montagnes, on est frappé de l'inégalité que présente le terrain quant à la fertilité : ici vous trouvez un riche gazon, et à côté une surface aride. Cette différence est souvent indépendante de la nature du sol ; elle provient de ce que les pâtres conduisent leur troupeau en quittant le parc ou l'étable dans les parties les plus maigres de la montagne, pour aller ensuite se reposer dans un endroit qu'ils choisissent, ou parce qu'il est plus fertile et que les animaux y restent tranquilles, ou parce qu'il est dans le voisinage d'une fontaine ou d'un ombrage. Ils font ainsi fumer, par cette espèce de parcage, les parties les plus fertiles aux dépens des plus maigres, et c'est l'opposé qu'ils devraient faire.

Le produit des herbages de nos hautes montagnes sera considérablement augmenté quand on prendra soin de rendre aux parties les plus maigres, par un parcage intelligent, les engrais que les eaux et la dépaissance leur enlèvent sans cesse.

Nous avons vu dans les Hautes-Alpes porter le fumier du sommet des montagnes dans les vallées. Nous considérons cette opération comme mauvaise : elle appauvrit les herbages sans compensation ; car le fumier charrié dix ou douze kilomètres à dos de mulet, est acheté par les frais de transport.

§ 3. *De l'acclimatement des plantes et des animaux.*

Les moyens que nous avons de modifier les climats sont très-bornés, et au lieu de chercher à remédier aux inconvénients d'un froid trop intense, d'une chaleur trop forte ou d'une humidité trop grande, il est souvent rationnel de régler les cultures d'après les conditions climatériques du pays.

Cependant l'expérience démontre que le mode d'exploitation des terres, les travaux de l'homme, peuvent changer la température, l'état hygrométrique des lieux. A l'excès d'humidité qui rendait nos campagnes insalubres du temps des Gaulois, a succédé, dans beaucoup de localités, un excès de sécheresse par suite des défrichements ; de même en Afrique, à la grande fertilité qui permettait à ce pays de nourrir, du temps des Romains, une nombreuse population, a succédé par suite d'une mauvaise exploitation du sol, une aridité qui rend aujourd'hui la culture difficile dans beaucoup de localités. On sait également que l'insalubrité occasionnée par l'humidité, diminue en Amérique, à mesure que la terre est travaillée. Il suffit, du reste, de parcourir quelques-unes de nos contrées montagneuses dans le Rouergue ou les Cévennes, de comparer, dans les montagnes de Saône-et-Loire, les environs d'Autun, boisés et humides, aux environs dénudés du Creuzot, de Lucenay, de Toulon-sur-Arroux, pour voir l'influence considérable que par la culture, nous pouvons exercer, même sur le climat.

A mesure que notre sol se modifiera, soit par des défrichements ou le chaulage, soit par des irrigations ou par l'écoulement des eaux stagnantes, il deviendra, de plus en plus propre à produire des plantes et des animaux qu'il ne produit pas actuellement, mais peut-être aussi, deviendra-t-il impropre à conserver tous ceux qu'on y voit aujourd'hui.

En traitant du desséchement, nous avons noté l'écoulement des eaux comme avantageux dans les terrains où elles séjournent naturellement, et nous nous sommes demandé néanmoins s'il n'exercerait pas une influence nuisible sur le climat en rendant l'air trop sec pendant l'été.

Nous regrettons que l'on n'étudie pas la question du drainage à ce point de vue. Les particuliers peuvent avoir un grand intérêt immédiat à dessécher des sols qui sont improductifs à cause d'un excès d'humidité; mais ne serait-il pas à désirer, au point de vue du bien public, que l'on cherchât à donner au pays par des irrigations, l'humidité qu'on lui enlève par le desséchement?

Quoi qu'il en soit, de tous les moyens d'acclimatement, ceux qui agissent sur le sol et sur le climat sont les plus rationnels et les plus efficaces. Malheureusement ils ne sauraient être d'un emploi général, et les effets en sont lents : dans les circonstances les plus ordinaires, il faut agir surtout sur les êtres qu'on importe.

ACCLIMATEMENT DES PLANTES. — On a souvent intérêt à importer des plantes et des animaux, soit d'un autre État, soit seulement d'un autre canton. Après l'importation, il arrive quelquefois que par des soins on *naturalise* les espèces importées, c'est-à-dire on les rend susceptibles de se reproduire indéfiniment avec toutes leurs qualités dans le pays où on les a introduites. C'est ainsi que depuis des siècles nous multiplions le noyer, la vigne, l'olivier, le pêcher, le chanvre, la garance, la luzerne, et tant d'autres espèces devenues pour nous de première importance.

En permettant de varier les cultures, de nouvelles plantes sont toujours utiles, et quelquefois très avantageuses : elles nous fournissent le moyen d'établir des assolements appropriés aux diverses conditions culturales, et d'utiliser toutes les natures de terrain comme toutes les expositions. En outre, il est toujours de notre intérêt de cultiver des espèces végétales nombreuses et différant beaucoup les unes des autres par leurs produits, comme par leur mode de végétation : les temps qui nuisent aux unes favorisent les autres; c'est dans ces cultures variées, simultanées ou successives selon les circonstances, que se trouve le préservatif le plus efficace contre les disettes.

Mais il arrive souvent que les plantes importées dégénèrent après un temps plus ou moins long. On ne renonce pas cependant à leur culture ; on renouvelle les importations. Beaucoup de cultivateurs ont intérêt à acheter des semences de blé, de luzerne, de sainfoin, de chanvre, dans des contrées où ces plantes prospèrent d'une manière particulière.

Malgré la facilité de ces achats, il est toujours avantageux de soigner les semences que l'on importe ; cela est souvent nécessaire pour en obtenir de bons produits, et en outre on a plus rarement à faire des réimportations ; on évite ainsi des déboursés, et on est sûr de la semence quand on la récolte soi-même.

Les soins relatifs à l'acclimatement des plantes se rapportent au sol, à la température, à l'humidité, et au mode de culture.

Avant d'importer des plantes d'une autre région, il faut se demander si le *sol* qu'on leur destine leur convient, et à cet égard on prendra en considération la nature de la terre, sa fertilité, et l'altitude du lieu.

Par les amendements et les engrais, on peut rendre toutes les terres aptes à produire toutes les récoltes herbacées compatibles avec le climat ; cependant quand la nature de la terre ne convient pas à des plantes cultivées, il est souvent nécessaire de renouveler les semences : on peut rendre certaines espèces végétales susceptibles de donner de bonnes récoltes et ne pas les empêcher de dégénérer. Cela arrive pour le blé dans les terres siliceuses, quand le chaulage n'a pas été suffisant, pour le sainfoin à deux coupes dans les pays peu fertiles, et pour un grand nombre d'autres espèces utiles.

Ce que nous disons de la possibilité de préparer artificiellement un terrain pour le rendre apte à nourrir telle récolte que l'on voudrait lui confier, ne saurait s'appliquer à la culture des arbres. Il serait difficile de changer assez profondément les terrains calcaires pour y faire prospérer le châtaignier, ni les terres siliceuses pour que les sapins puissent y réussir.

Pour fournir aux plantes l'*humidité* dont elles ont besoin, il suffirait sans doute d'humecter convenablement le sol ; cependant nous ferons remarquer que quelques espèces ne se développent, avec toutes leurs qualités, que si elles sont plongées dans un air convenablement humide. C'est ainsi que l'ajonc ne pousse des rameaux tendres et médiocrement épineux, que sous le climat brumeux des côtes de la mer.

Rien n'est plus facile que de procurer aux plantes la *température* qui leur est la plus favorable, quand on veut faire les sacrifices nécessaires ; mais cela ne suffit pas toujours pour leur faire acquérir toute leur perfection. On n'a pas trouvé le moyen de faire produire dans nos climats, malgré tout le luxe de nos serres, les aromes que fait développer le soleil continu des régions équatoriales.

Nous savons d'ailleurs que le chauffage artificiel n'est pas praticable pour les plantes économiques, qu'il faut nous borner pour les cultures dont nous voulons obtenir du profit, à les placer dans des lieux abrités, à leur donner de bonnes expositions ; tout au plus, pouvons-nous, pour quelques espèces, les semer sur couches pour les devancer et les mettre à même de parcourir leur végétation pendant la période des fortes chaleurs.

Nous ne connaissons pas de moyens propres à neutraliser les inconvénients d'une *altitude* trop grande, ni ceux d'une plaine trop basse, exposée aux brouillards et aux vapeurs d'une grande masse d'eau ; seulement nous ferons observer, qu'on a plusieurs fois attribué au climat, à l'altitude, une action qui dépendait de la nature du sol. Ainsi, après le chaulage, on cultive le blé sur les terrains schisteux de l'Aveyron à une altitude où l'on croyait jadis que cette céréale ne pourrait pas mûrir. De même, nous avons vu du beau froment sur des plateaux des Pyrénées qu'on avait crus longtemps impropres à la culture de cette céréale. Toutefois, sur les très-hautes montagnes, comme dans les fonds très-bas, on n'obtient jamais un très-beau grain. La récolte y manque souvent.

Après le chaulage et l'ensemencement à l'époque la plus convenable, le renouvellement de la semence est le seul moyen connu d'obtenir des résultats passables.

Enfin, il existe dans plusieurs localités, des *conditions particulières* favorables à certaines cultures : le chasselas de Fontainebleau, le muscat de Frontignan, la pêche de Montreuil, la prune d'Agen, les haricots de Soissons, les marrons de Luc, pour ne citer que des exemples généralement connus, doivent leurs qualités à des causes encore ignorées.

Nous avons dans tous nos départements des variétés de plantes particulièrement estimées qui ne viennent que dans quelques cantons. L'étude des circonstances dans lesquelles elles se produisent, nous fera connaître les causes qui leur donnent leurs qualités, et nous permettra d'en produire de semblables. Disons en attendant, que leurs caractères tiennent ici à la nature ou à la fertilité du sol, ailleurs à des soins particuliers dont les cultures sont l'objet. Il en est ainsi de l'aspergule géante, du lin de Riga, du chanvre du Piémont. Quelques-unes de nos plus précieuses plantes, surtout dans les arbres fruitiers, sont dues exclusivement au hasard, à un jeu de la nature. Dans ces cas trop rares, on peut avoir l'espoir de les acclimater avec plus de facilité.

ACCLIMATEMENT DES ANIMAUX. — Nous venons de voir que, pour avoir des plantes étrangères au pays, on importe le plus souvent des semences : nous n'avons pas même parlé des importations que l'on fait quelquefois de végétaux levés ; cette importation des individus est peu intéressante dans le règne végétal. Il n'en est pas de même dans le règne animal : on importe assez rarement des reproducteurs ; tandis qu'on fait voyager constamment, d'une province à l'autre, ici des poulains, là des génisses, ailleurs des moutons ou des porcs, dans le but seulement de les élever ou de les utiliser.

Il est moins difficile d'acclimater des animaux que des plantes, parce qu'ils sont beaucoup moins directement soumis à l'influence des agents extérieurs, et que nous pouvons même les en préserver complétement : la production en Europe de chevaux aussi fins, aussi énergiques que ceux de l'Euphrate, démontre combien sont puissantes les ressources dont l'homme peut disposer.

Malgré ces beaux résultats, l'acclimatement qui offre le plus d'intérêt, est celui des animaux des races communes, que nous déplaçons d'une province à une autre, pour les élever, les faire reproduire ou les engraisser.

Pour cet acclimatement, il faut avoir égard à la nourriture et au climat comme modificateurs généraux de l'économie animale, et dans quelques cas particuliers, à l'humidité, aux marais, à l'état des routes, aux pratiques de l'hygiène, et à l'état sanitaire de la contrée où l'on conduit les animaux et de celle d'où on les tire.

Nous plaçons en première ligne la *nourriture*. Il faut qu'elle soit assez abondante et assez substantielle sans l'être en excès ; il suffit de l'énoncer ; mais il faut en outre que par sa nature, par les qualités particulières des aliments et des boissons, elle convienne aux animaux importés. Il serait très difficile d'indiquer les conditions qui, dans tous les cas, la rendent propre à remplir ce but.

Bornons-nous à faire remarquer que les grains varient moins selon les climats que le foin et la paille ; que lors même qu'ils sont de qualité inférieure, ils forment une bonne nourriture pour les herbivores si l'on en donne en suffisante quantité ; qu'il faut par conséquent en former la base de la nourriture, en réglant les rations d'après leurs qualités et les besoins des animaux.

Rarement il convient d'administrer l'eau pure. Il est toujours avantageux de la modifier, ou par un peu de farine, de remoulage, ou par un peu de sel ou de vinaigre. Toutes les eaux potables contiennent très peu de matières étrangères; il suffit donc d'y ajouter une très petite quantité de l'une des substances que nous venons d'indiquer, pour rendre celles qui ne conviendraient pas à un animal, indifférentes, bienfaisantes même.

Par des soins, on doit chercher à procurer aux animaux importés, des conditions de *température* à peu près semblables à celles dans lesquelles ils vivaient antérieurement. On obtient ce résultat à l'aide d'abris, de couvertures, d'étables bien orientées et convenablement aérées. Sans doute il n'est pas toujours facile de les préserver de la chaleur; mais un local approprié et une bonne ventilation, peuvent empêcher les plus hautes températures de nos climats de produire des effets nuisibles, à moins que les animaux ne soient extraordinairement impressionnables, et dans ce cas il n'y a aucun intérêt à les conserver.

Le climat est souvent plus nuisible par l'état, la vivacité de l'air, par l'humidité, et par des émanations marécageuses, que par le calorique. Les moyens à opposer à un milieu insalubre doivent varier selon les causes de l'insalubrité. Lorsque les animaux passent d'une température douce, uniforme, un peu humide, dans un lieu où l'air est vif, la température sujette à des variations brusques, ils sont exposés à des affections de poitrine. On les en préservera par l'usage de couvertures, et par des aliments bons, mais faciles à digérer. S'ils passent du Nord vers le Sud, ils souffrent d'affections cutanées, de maladies aux pieds et aux yeux; ils sont exposés à manquer de nourriture parce que les fourrages sont moins abondants dans les contrées chaudes que dans les lieux tempérés; en outre, la chaleur les prédispose aux maladies bilieuses, le plus souvent mortelles dans ces circonstances.

Dans un cas comme dans l'autre, il faut ne laisser les animaux dehors ni pendant la nuit, ni pendant les temps pluvieux; les préserver des fortes chaleurs; prévenir les irritations que le soleil, la poussière et les insectes font éprouver à la peau; enfin, nourrir et faire boire avec les précautions que nous avons indiquées.

Et ces précautions, quoique souvent inutiles pour les animaux qui ont subi de grands déplacements, le sont quelquefois pour ceux qui n'ont fait que changer de canton; car les effets du changement de climat ne sont pas toujours en rapport avec les distances parcourues.

Après un voyage pénible, un peu de diète est moins nuisible qu'un excès de nourriture; on aura donc soin de rationner les animaux nouvellement importés pendant quelque temps, et de les surveiller. Quelquefois, il est même nécessaire de les mettre en quarantaine afin de s'assurer qu'ils n'apportent pas des maladies dans l'étable. Il serait superflu de dire que cette précaution est de première nécessité à cause des épizooties qui règnent si communément, non pas seulement quand on sait que les animaux viennent d'une contrée infectée d'une maladie contagieuse, mais encore quand on ignore l'état sanitaire du lieu de la provenance.

Nous ne parlerons pas dans cet ouvrage de l'acclimatement dans nos fermes d'espèces animales nouvelles. En zootechnie, le progrès consiste à simplifier la nature des produits, à avoir des animaux qui exigent les mêmes soins et peuvent sans inconvénients vivre les uns avec les autres. Ainsi nous voyons, de plus en plus, les cultivateurs fonder leurs bénéfices, ici sur l'entretien des juments poulinières ou sur l'élevage des poulains ; là, sur l'engraissement de moutons que d'autres ont fait naître et élevés ; ailleurs sur la production des génisses ou l'engraissement des bœufs.

A certains égards cependant, l'acclimatement d'espèces étrangères est digne de la plus sérieuse attention, et des hommes très compétents s'en préoccupent beaucoup. Mais pour les cultivateurs, pour ceux qui exploitent les fermes, cette question offre peu d'intérêt. Nous dirons même que l'aclimatement de nouveaux herbivores en offre peu au point de vue de la richesse publique. malgré la pénurie de substances animales que nous subissons.

Comme nous l'avons démontré dans notre Hygiène appliquée, tome 1er, page 205, la cause de la rareté de la viande et des produits animaux utiles à l'industrie, ne provient pas de ce que nous n'avons pas le moyen de faire consommer utilement nos fourrages.

Il n'existe pas d'espèces aussi propres au travail que le cheval, l'âne, le mulet ou le bœuf, selon les pays ; aussi productives en viande que le porc, le bœuf et le mouton ; d'un goût plus exquis que nos oiseaux de basse cour ; aussi précieuses au point de vue de la lactation, que nos bonnes races bovines et nos chèvres ; aussi utiles pour leur toison que nos mérinos et nos métis mérinos.

A ces divers points de vue, nos devanciers ont choisi parmi les animaux connus, ceux qui offrent les plus grands avantages, et ce que nous avons de mieux à faire, c'est de perfectionner les espèces qu'ils nous ont léguées.

Ce qu'il importerait d'acclimater dans l'intérêt de la produc-

tion animale du pays, ce serait, s'il en existe, des plantes fourragères moins exigeantes que celles que nous cultivons, pouvant
s'intercaler plus facilement dans la succession des cultures, et
fournissant pour nos herbivores des aliments plus nutritifs ; des
plantes surtout, mieux adaptées à notre climat, craignant moins
ces sécheresses, qui dans beaucoup de nos départements, rendent
l'entretien du bétail si difficile pendant deux ou trois mois de
l'année, et ont été jusqu'à ce jour un obstacle insurmontable à
l'amélioration des races.

Cette différence entre les plantes et les animaux, quant au
nombre d'espèces qu'il convient de multiplier, ne peut pas être
méconnue. Elle ne l'a jamais été.

Depuis les temps historiques, nous avons cherché à importer
des pays nouvellement connus les espèces végétales qui leur sont
propres. Ainsi notre agriculture s'est enrichie et s'enrichit encore
des espèces utiles de l'Asie, de l'Afrique, de l'Amérique et de
l'Australie, qui peuvent résister à notre climat ; tandis que nous
n'avons emprunté aux contrées étrangères, sauf de très rares
exceptions, que quelques animaux de luxe. La sagesse instinctive
de nos pères obéissait aux lois qu'il convient de suivre à cet égard
avant que la science les eut formulées.

TABLE DES MATIÈRES

CONTENUES DANS CE VOLUME.

FIN DE LA TABLE DES MATIÈRES CONTENUES DANS CE VOLUME.